生态环境产教融合系列教材

环保设备自动化工程技术

主　编：武智瑛

副主编：邵　暖　王新强

参　编：刘亚迪　梁丽芬　姜明珠

　　　　盖楠楠　武一凡　冀广鹏

中国环境出版集团·北京

图书在版编目（CIP）数据

环保设备自动化工程技术 / 武智瑛主编 ; 邵暖，王新强副主编. -- 北京 : 中国环境出版集团，2024. 9.
（生态环境产教融合系列教材）. -- ISBN 978-7-5111
-5966-3

Ⅰ. X505

中国国家版本馆CIP数据核字第20242BQ268号

责任编辑　史雯雅
封面设计　宋　瑞

出版发行　**中国环境出版集团**
　　　　　（100062　北京市东城区广渠门内大街 16 号）
　　　　　网　　址：http://www.cesp.com.cn
　　　　　电子邮箱：bjgl@cesp.com.cn
　　　　　联系电话：010-67112765（编辑管理部）
　　　　　　　　　　010-67113412（第二分社）
　　　　　发行热线：010-67125803，010-67113405（传真）
印　　刷　北京中献拓方科技发展有限公司
经　　销　各地新华书店
版　　次　2024 年 9 月第 1 版
印　　次　2024 年 9 月第 1 次印刷
开　　本　787×1092　1/16
印　　张　22.75
字　　数　580 千字
定　　价　72.00 元

中国环境出版集团郑重承诺：
中国环境出版集团合作的印刷单位、材料单位均具有中国环境标志产品认证。

前　言

环保设备自动化的任务是在了解并熟悉环境工程处理工艺流程和运营过程中的静态、动态特性参数的基础上，根据现代环保设备工程产业特点，推进其自动化监控的技术手段不断提高，同时将信息技术、物联网 plus 智能 App 技术与实践应用进一步融合，以达到对环保设备系统优化运营的目的，进而实现其自动化、智能化、物联网 plus 以及 App 远程化的实时、在线、高效管理。

环保设备工程领域是多学科交叉的阵地，环保设备工程专业开设的相关设备系统运行与控制课程中，一般只涵盖环保设备所涉及的基础性电气与程控知识，远不能满足环保设备工程产业自动化的需求。

本书分设备系统概述、环保设备电气基础、环保设备仪表通用知识基础、环保设备电气信号、环保设备电气化、环保设备自动化、环保设备信息化与智能化 7 章内容，旨在构建环保设备工程系统的多交叉与多融合的技术、开发、设计等典型应用知识链体系。

编　者

2023 年 5 月

目 录

第 1 章　设备系统概述

设备有通用设备、专用设备之分。本章重点介绍通用设备中的特种设备、机械设备、电气设备、网络互联设备、环保设备等设备系统的结构。

设备（equipment），指可在生产中长期使用，并在反复使用中基本保持原有实物形态和功能的劳动资料和物质资料。设备通常是一群中大型的机具器材集合体，一般须有固定的台座，需由力、电、机械之类动力驱动而运作。从系统控制论角度，任何设备都由输入（Input，I）、中间传递与转换（Transfer and Transform Function，TTF）、输出（Output，O）三部分构成。结构示意图如图 1-1（a）所示。

通用设备包括特种设备、机械设备、电气设备、办公设备、运输车辆、仪器仪表、计算机及网络设备等；专用设备包括矿山专用设备、化工专用设备、航空航天专用设备、公安消防专用设备等。

环保设备（environmental protection equipment）是基于环保处理工艺的多类设备（特种设备、机械设备、电气设备、仪器仪表、计算机及网络设备、化工专用设备等）与构筑物的集成系统。新生代环保设备应包括机械设备、电气设备、化工设备、仪器仪表、计算机网络设备以及物联网智能 App 终端设备。结构示意图如图 1-1（b）所示。

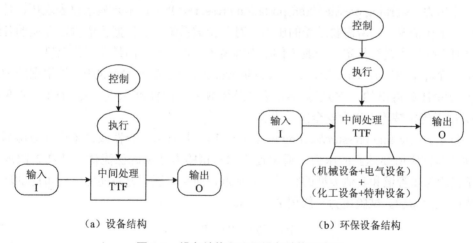

（a）设备结构　　　　　　　　　　（b）环保设备结构

图 1-1　设备结构和环保设备结构示意图

1.1　特种设备

特种设备（special equipment）是指涉及生命安全且危险性较大的设备，如锅炉、压力容器（含气瓶）、压力管道、电梯、起重机械、客运索道、大型游乐设施、场（厂）内专用机动车辆。特种设备包括其附属的安全附件、安全保护装置和与安全保护装置相关的设施。

1.1.1 锅炉

锅炉（boiler）是一种承载一定压力且需要密闭的能量转换设备。锅炉输入（I）的是化学能和电能，锅炉输出（O）的是具有一定热能的蒸汽、高温水或有机热载体。

1.1.2 压力容器

压力容器（pressure vessel）指盛装气体或者液体、承载一定压力的密闭设备。压力容器输入（I）、输出（O）的均是气体或液体。

流体静压力（hydrostatic pressure）是流体分子由于地球引力而相互作用的力。这种力发生在流体运动或完全静止的情况下，当遇到阻力最小的区域时，它迫使流体向前或向外运动。正是这种能量迫使水从纸杯的孔中流出，迫使气体从管道的泄漏位置逸出，迫使血液从血管进入周围的组织。

（1）压力容器设计压力、公称压力、工作压力及试验压力

设计压力（design pressure/ensured pressure，Pe）主要用于确定容器的尺寸，是指容器内壁上的瞬时压力，一般采用工作压力及残余水锤压力之和。设计压力一般用 Pe 表示，一般设计压力= 1.5×工作压力。

公称压力（nominal pressure，PN）也就是标称压力，是与部件耐压能力有关的参考数值，是与部件机械强度有关的设计给定压力，其材料不同，基准温度也不同。公称压力一般用 PN 表示，单位为 MPa。

工作压力（working pressure/transportation pressure，Pt）通常是显示仪表表压，是正常安全运行工作情况下，所需要承受的压力。对于管道系统，要根据管道输送介质的各级工作温度对工作压力进行规定。一般工作压力温度 $t \times 10 =$ 制品的最高工作温度。

最大允许工作压力（maximum allowable working pressure，MAWP）是根据结构材料和容器尺寸计算得出的，它是容器在发生毁坏故障之前能够承受的压力的一种度量。MAWP 用于确定装置上压力安全阀的设置。

试验压力（testing pressure/sealing pressure，Ps）是管道、容器或设备进行耐压强度和气密性试验规定所要达到的压力。通常使用水压试验方法来确保流体保持在封闭的环境中，不仅确保了管道和其他类型的容器没有泄漏，而且验证了材料能够承受可能的环境变化带来的压力增加。试验压力一般用 Ps 表示。

$$Ps > PN > Pe > Pt \tag{1-1}$$

$$Pe = 1.5Pt \tag{1-2}$$

（2）法兰与阀门

阀门（valve）是控制管路中介质流动或停止、流动方向、流动速度的管路附件。法兰（flange），是相互连接的零件，可用于管路以及附件之间的连接。阀门和法兰示意图如图 1-2 所示，压力容器法兰与阀门公称压力如表 1-1 所示，压力容器最大允许工作压力、盛装公称压力与容积（V）的关系如表 1-2 所示。

（a）阀门　　　　　　　　　　（b）法兰

图 1-2　阀门与法兰示意图

表 1-1　压力容器法兰与阀门公称压力（PN）

7 个等级压力容器法兰 PN	真空阀 PN	低压阀 PN	中压阀 PN	高压阀 PN	超高压阀 PN
0.25MPa、0.6MPa、1MPa、1.6MPa、2.5MPa、4MPa、6.4MPa	<1 atm*	<1.6MPa	2.5～6.4MPa	10.0～80.0MPa	>100MPa

注：* 1atm（标准大气压）= 1.013 25×10⁵Pa。

表 1-2　压力容器最大允许工作压力、盛装公称压力与容积（V）关系

最大允许 Pt（MAWP）	≥0.1MPa	盛装 PN	≥0.2MPa
$Pt \cdot V$	≥2.5MPa·L	$PN \cdot V$	≥1.0MPa·L

1.1.3　压力管道

压力管道（pressure pipeling），指在一定压力下输送气体或者液体（液化气体，蒸汽介质或者可燃、易爆、有毒、有腐蚀性介质）的管状设备，其 MAWP 大于或者等于 0.1MPa（表压），最高工作温度高于或者等于液体介质的标准沸点。

1.1.4　电梯

电梯（lift/elevator），建筑物中用电作动力的升降机，代替步行上下的楼梯，包括载人（货）电梯、自动扶梯、自动人行道等。

1.1.5　起重机械

起重机械（lifting equipment），是指用于垂直升降或者垂直升降并水平移动重物的机电设备。

1.2　机械设备

1.2.1　机械设备介绍

机械设备（mechanical equipment），把驱动装置（drive device）、变速装置（speed variator）、

传动装置（transmission device）的动力，通过齿轮、轴承、连杆、凸轮、曲柄等传给工作机构的中间设备（intermediate device）、工作装置（working device）、制动装置（brake rigging）、防护装置（protective device）的设备系统，通常将壳（shell）、罩（hood、casing）、屏（screen、shield）、门（gate）、盖（cover）、栅栏（bars）、封闭式装置（enclosed device）等作为物体障碍，将人与危险隔离，并配有润滑系统（lubrication system）、冷却系统（cooling system）等设备以保护功能。工作模式示意图如图 1-3 所示。

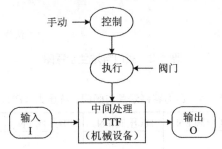

图 1-3 机械设备工作模式示意图

（1）机械设备技术参数

根据物料搬运系统的要求、物料装卸地点的各种条件、有关的生产工艺过程和物料的特性等，机械设备主要技术参数有：

1）输送能力（transmission capacity）：输送机的输送能力是指单位时间内输送的物料量，以每小时输送物料的质量或体积计算。

2）输送速度（transportation speed）：高速运转的带式输送机需注意振动、噪声和启动、制动等问题；对于以链条作为牵引件的输送机，输送速度不宜过大，以防止增大动力载荷；进行工艺操作的输送机，输送速度应按生产工艺要求确定。

3）构件尺寸（component size）：输送机的构件尺寸包括输送带宽度、板条宽度、料斗容积、管道直径和容器大小等，这些构件尺寸都直接影响输送机的输送能力。

4）输送长度和倾角（transport length and dip angle）：输送线路长度和倾角大小直接影响输送机的总阻力和所需的功率。

（2）机械设备节能调速

现代机械设备的原动力装置主要是交流电机。电机启动时，电流会比额定值高 5～6 倍，这既使电机减寿又使其能耗更多。在系统设计时，电机选型要留余量，同时在实际使用过程中，要出现不同的运行速度。加装调速装置实现电机软启动，如变频器（inverter）（图 1-4），通过改变设备输入电压频率不仅达到节能调速的目的，还能给设备提供过流、过压、过载等保护功能。

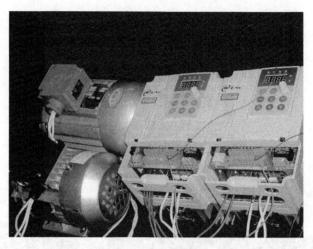

图 1-4　变频器

（3）永磁传动

永磁传动（magnetic driving）利用磁力驱动负载工作，实现了电机与负载之间非接触的扭力传递。电机驱动的主动转子高速旋转，在从动转子产生的磁场中切割磁力线，从而产生感应磁场，通过磁场之间相互作用力，驱动负载工作，实现扭力的传递。永磁传动技术如图 1-5 所示。

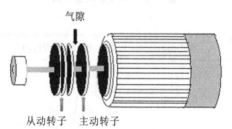

图 1-5　永磁传动技术

主动转子与从动转子之间的气隙越小，永磁传动传递的扭力越大，负载转速越高；气隙越大，永磁传动传递的扭力越小，负载转速越低。通过调整气隙的大小，可实现对负载的无级调速。

1）永磁传动适用设备：泵、风机、皮带机、破碎机、磨煤机、空预器、斗轮机、刮板机、冷却塔风机等。

2）技术特点：安全、可靠、故障率低、维护少、安装简单、对心方便、降低或隔离振动、实现电机缓冲启动、过载或堵转保护、无级调速、高效节能、无谐波、无环境污染。

1.2.2　环保机械

环保机械包括水污染防治设备（图 1-6、图 1-7）、大气污染防治设备（图 1-8）、固体废物处理设备等。

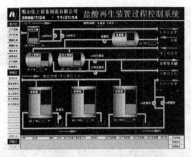

图 1-6 水污染处理设备

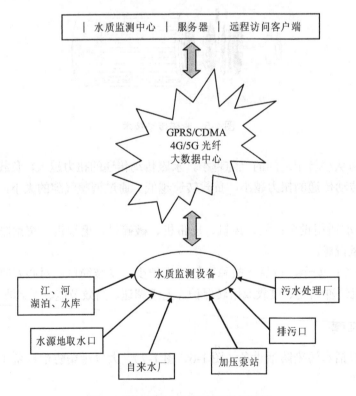

图 1-7 全水域水污染防治设备系统

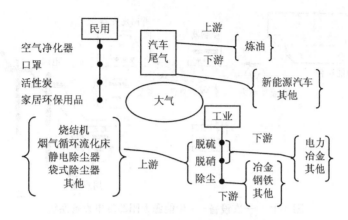

图 1-8　全空域大气污染防治设备系统

1.3　电气设备

电气设备（electrical equipment）主要是指工业上使用的与电有关的设备。

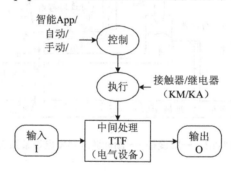

图 1-9　电气设备工作模式示意图

1.3.1　电力一次设备

电力一次设备（primary power equipment）主要是发电、变电、输电、配电、用电等直接产生、传送、消耗电能的设备，如发电机（图 1-10～图 1-12）、变压器（图 1-13）、架空线等。

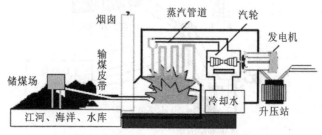

图 1-10　一次设备——传统发电设备系统

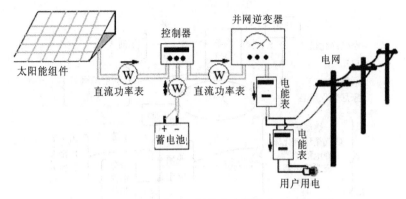

图 1-11　一次设备——新能源太阳能发电设备系统

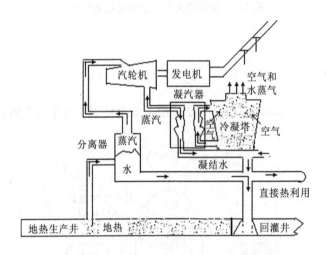

图 1-12　一次设备——新能源地热发电设备系统

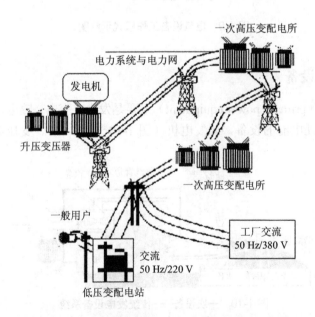

图 1-13　一次设备系统——二次变电、输电、用户

1.3.2　电力二次设备

电力二次设备（secondary power equipment），是对电力系统内一次设备进行监察、测量、控制、保护、调节的辅助设备，即不直接和电能产生联系的设备。

1.3.3　电气二次设备

电气二次设备（electrical secondary equipment），是指对一次设备的工作进行监测、控制、调节、保护以及为运行、维护人员提供运行工况或生产指挥信号所需的低压电气设备，如熔断器、控制开关、继电器、控制电缆、仪表、信号设备、自动装置以及配电柜（图 1-14）、开关柜（图 1-15、图 1-16）等。

图 1-14　二次设备——低压电器柜设备系统

图 1-15　二次设备系统——抽屉柜

图 1-16　二次设备系统——开关柜内部结构

1.3.4 电器设备

从普通民众的角度来讲，电器设备（electrical appliance）主要是指家庭常用的一些为生活提供便利的用电设备，如电视机、空调、冰箱、洗衣机、各种小家电等。

1.4 网络互联设备

1.4.1 硬件设备

中继器（repeater，RP）在开放式系统互连（open system interconnection，OSI）的物理层工作，适用于完全相同的两类网络的互连，主要功能是通过对数据信号的重新发送或者转发，来扩大网络传输的距离。

集线器（hub）在OSI的物理层工作，主要功能是对接收到的信号进行再生整形放大，以扩大网络的传输距离，同时把所有节点集中在以它为中心的节点上。

网桥（bridge）操作涉及OSI的数据链路层，像一个"聪明"的中继器，是一种对帧进行转发的技术，也叫桥接器，是连接两个局域网的一种存储/转发设备。

路由器（router）在OSI的网络层工作，是连接互联网中各局域网、广域网的设备，它会根据信道的情况自动选择和设定路由，以最佳路径，按前后顺序发送信号。路由器是互联网络的枢纽，被称为"交通警察"。

网关（gateway）在OSI的最高层应用层，又称网间连接器、协议转换器，是最复杂的网络互连设备，仅用于两个高层协议不同的网络互连，既可以用于广域网互连，又可以用于局域网互连，使用在不同的通信协议、数据格式或语言，甚至体系结构完全不同的两种系统之间，网关是一个"翻译器"。

1.4.2 网络连接设备

网络连接设备包括网卡（network interface controller）、调制解调器（modem）。

1.4.3 终端设备（terminal device）

计算机显示终端是计算机系统的输入、输出设备。

服务器（server）也称伺服器，是提供计算服务的设备，分为文件服务器、数据库服务器、应用程序服务器、Web服务器等，由中央处理器（CPU）、芯片组、内存、磁盘系统等组成。

交换机（switcher）在OSI的物理层工作，是一种网络开关，可以同时接收多个端口信息，并可以同时将这些信息发向多个目标地址对应的端口。

工作站（work station）是一种高端的通用微型计算机。它为单用户提供服务，并提供比个人计算机更强大的性能。

网络互联设备系统见图1-17。

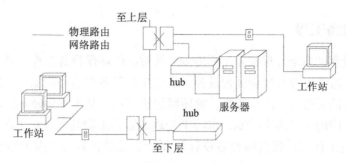

图 1-17　网络互联设备系统

1.5　环保设备

1.5.1　环保设备介绍

环保设备（environmental protection equipment）是指用于控制环境污染、改善环境质量而由生产单位或建筑安装单位制造和建造出来的机械产品、构筑物及相关设备系统，如过滤除尘设备、污水处理设备、空气净化设备、固体废物处理设备、噪声防治设备、环境监测设备、消毒防腐设备、节能降耗设备、环卫清洁设备等。环保设备还应包括输送含污染物流体物质的动力设备，如水泵、风机、输送机等；同时还包括保证污染防治设施正常运行的监测控制仪表、仪器，如检测仪器、压力表、流量监测装置等。

随着信息技术与物联网+技术的发展，环保设备已从基于处理工艺的机电设备，发展为以机电为主要框架、以现代物联网+信息技术为主要手段，借助计算机硬软件及机电设备配方集成的载体，其将被设计成为如图 1-18 所示的基于智能 App 终端的新生态环保设备。

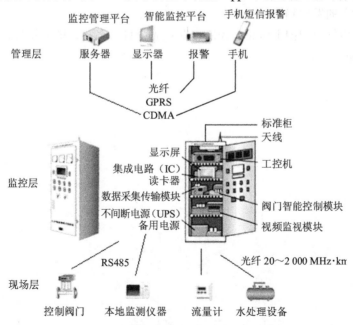

图 1-18　现代新生态环保设备系统

1.5.2　环保设备工程

2011年，教育部新增环保设备工程专业，其对应的环保设备工程产业主要涉及污染控制与减排设备、污染清理与废物处理设备、清洁生产设备与洁净产品、节能设备、生态设计和与环境相关的服务等。该专业要了解环境保护产业的基本结构及环保产业在国民经济中的地位作用；明确大气污染控制、水污染处理、固体废物处理等相关产业的市场需求。该专业覆盖环境工程和环保机械设备设计与制造交叉学科相关方面的专业技术和专业技能；基于环境设备工程实现环保设备的设计与制造、操纵与维护以及设备功能的改进和完善等。

1.5.3　环保设备工程技术

环保设备工程技术可以说是基于处理工艺的机电设备，其设计与制造技术是机械电子、电气、自动化、数字化、智能化等技术的交叉融合。

未来环保设备的设计与制造中，各工艺环节要不断渗入现代化机械、电气、电子、信息、数字、智能技术，整体设备或设备系统要走集成化设计与制造途径，只有这样，环保设备工程技术才能更快、更好地发展。

思考题

1. 举例说明环保设备与环保设备系统的区别。
2. 举例说明环保设备与其他工业、农业设备的区别。
3. 为什么说"环保设备是基于处理工艺的机电设备"？
4. 环保处理工艺在环保设备的设计与制造中的作用有哪些？
5. 环保设备的发展趋势是什么？
6. 统计出电气原理图主电路、控制电路主要器件（名称、图形符号、文字符号），并写出它们的功能。

第 2 章　环保设备电气基础

电气控制是设备的灵魂，环保设备同样离不开电气技术的支撑，本章侧重介绍环保设备工程中常用的电气基本常识与基础知识。

2.1　电气安全

2.1.1　电气绝缘

电气绝缘（electric insulation）指使用不导电的物质将带电体隔离或包裹起来，以对触电起保护作用的一种安全措施，该措施可通过测量其绝缘电阻、耐压强度、泄漏电流和介质损耗等参数来衡量。

2.1.2　安全距离

安全距离（safe distance）指为了防止人体触及或过分接近带电体，或防止车辆和其他物体碰撞带电体，以及避免发生各种短路、火灾和爆炸事故，在人体与带电体之间、带电体与地面之间、带电体与带电体之间、带电体与其他物体和设施之间，都必须保持一定的距离。安全距离分为：①各种线路的安全间距；②变、配电设备的安全间距；③各种用电设备的安全间距；④检修、维护时的安全间距。

安全距离要求：①500 kV：5 m；②220 kV：3 m；③110 kV：1.5 m；④35 kV：1 m；⑤10 kV：0.7 m。

2.1.3　安全载流量

安全载流量（safe current carrying capacity），电线发出去的热量恰好等于电流通过电线产生的热量，电线的温度不再升高，这时的电流值就是该电线的安全载流量，又称安全电流。导线的安全载流量跟导线所处的环境温度密切相关。

2.1.4　电气标志

电气标志（electrical sign）一般有颜色标志、标示牌标志和型号标志等。颜色标志表示不同性质、不同用途的导线；标示牌标志一般作为危险场所的标志；型号标志作为设备特殊结构的标志。以下介绍前两种。

（1）电气颜色标志的代码

根据国际电工委员会发布的国际标准《颜色标志的代码》（IEC 757）（1983 年），电气颜色标志如表 2-1 所示。

表 2-1　电气颜色标志

黑色	棕色	红色	橙色	黄色	绿色	蓝色（包括淡蓝）	紫色（紫红）
BK	BN	RD	OG	YE	GN	BU	VT
灰色（蓝灰）	白色	粉红色	金黄色	青绿色	银白色	绿/黄双色	
GY	WH	PK	GD	TQ	SR	GNYE	

在同一部件上，将不同颜色的字母代码相连表示存在多种颜色。例如，红/蓝双色部件的颜色代码为 RDBU。

在不同部件上，各颜色标志的字母代码之间用加号"+"隔开。例如，具有两根黑色、一根棕色、一根蓝色和一根绿/黄双色的五芯电缆的颜色代码为：BK+BK+BN+BU+GNYE。

（2）电气标示牌标志

电气标示牌（electrical indication plate）主要有警告标示牌（warning sign）、禁止标示牌（ban sign）、提示标示牌（prompt sign）、允许标示牌（permission sign），如图 2-1 所示。

图 2-1　电气标示牌标志

2.2　电气设备安全接地技术

电气设备安全接地在过电压电力系统（overvoltage power system）中是不可忽视的，一般过电压电力系统应有避雷针、避雷线、避雷器（浪涌保护器）、保护间隙等过电压保护装置，其终端应具有接地保护措施（图 2-2）。

2.2.1　设备用电安全措施

对裸露于地面和人身容易触及的带电设备，应采取可靠的防护措施；设备的带电部分与地面及其他带电部分应保持一定的安全距离；低压电力系统应有接地、接零保护装置；在电气设备的安装地点应设安全标志。

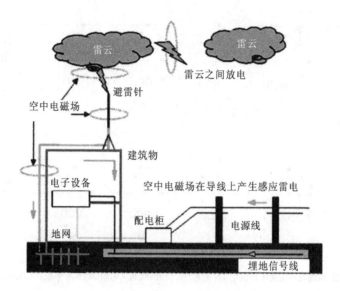

图 2-2　易产生过电压的电力系统

2.2.2　接地

接地（earthing）是指将电气设备的某一部位较好地与土壤进行电气连接。接地装置主要包括接地线与接地体两种。接地体是用来直接接触土壤的金属体；接地线是用来连接接地体与电气设备的导线（我国的是绿黄色接地导线，GNYE）。

（1）保护接地

保护接地（protective earthing）（图 2-3），把电气或电子设备的金属外壳、安装线路的金属管道、电缆外金属保护层、电流槽、电缆安装支架、光缆的外金属保护层和加强芯等金属部件接地，以免电路发生故障或设备绝缘破坏时发生触电事故。

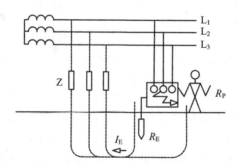

Z—电网第相对地绝缘电阻；R_P—人体电阻；R_E—保护性接地电阻；I_E—全部漏电流；$L_1/L_2/L_3$—相线

图 2-3　保护接地

（2）工作接地

工作接地（working earthing），由于电气设备与电力系统的运行需求，把电力系统的某个点接地以减少人体接触电压等。例如，采取将电力系统的中性点 N 接地的形式（图 2-4）。

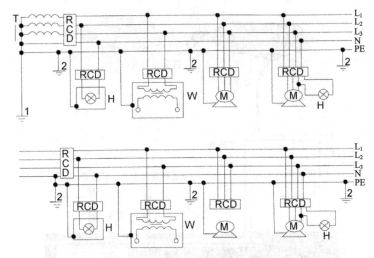

三相220V/380V接零保护系统为专用变压器供电TN-S系统/三相四线制供电局部TN-S系统：L₁/L₂/L₃-相线；N-工作零线；PE-保护零线、保护线；1-工作接地；2-重复接地；T-变压器；RCD-漏电保护器；H-照明灯；W-电焊机；M-电动机。

图2-4　三相220V/380V接零保护系统

（3）重复接地

重复接地（repeat grounding）（图2-5），就是在中性点N直接接地的系统中，在零干线的一处或多处用金属导线连接接地装置。对于接地点超过 50 m 的配电线路，接入用户处的零线仍应重复接地，重复接地电阻应不大于10 Ω。

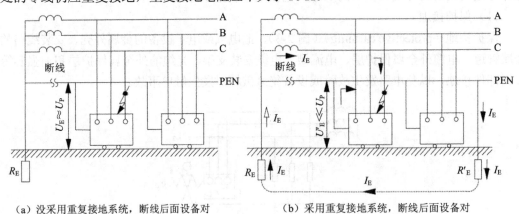

（a）没采用重复接地系统，断线后面设备对
　地电压 $U_E \approx U_P$（相电压）

（b）采用重复接地系统，断线后面设备对
　地电压 $U'_E \ll U_P$（相电压）

注：PEN—三相四线系统的中性线（N）与保护线（PE）合一时，称 PEN 线，即保护接零；R_E 为中性线 N 保护性接地电阻；R'_E 为保护接零 PEN 对地绝缘电阻；I_E 为对应电流。

图2-5　重复接地系统

（4）保护接零

保护接零（protective connect to neutral），是把电气设备的金属外壳和电网的零线可靠连接，以保护人身安全的一种用电安全措施。主要适用于城镇公用低压电力网和厂矿企业等电力客户的专用低压电力网。

对比以上几种接地方式，详见图 2-6。

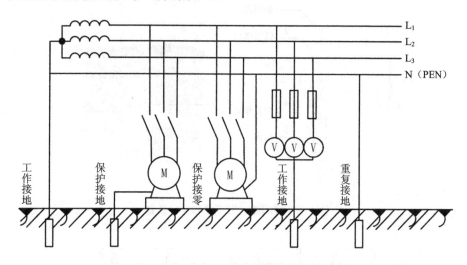

图 2-6 几种接地对比

（5）防静电接地

防静电接地（static electricity protection ground），由于静电的存在会对设备或人身带来一定的伤害，所以需要进行防静电接地。如图 2-7 所示的用来输送气体或液体的车辆或金属管道必须进行防静电接地处理。

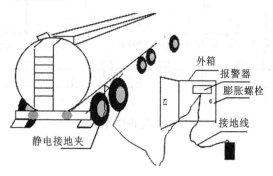

图 2-7 防静电接地示意图

（6）防雷接地

防雷接地（lightning protection grounding），雷电会产生过电压，为了避免设备或人身受到伤害，而采取将过电压保护设备接地的措施。用以保护建筑物、建筑物内人员和设备安全的接地称为防雷接地。如图 2-8 所示将避雷器、防雷针进行接地处理，可使接闪器（lightning receptor）截获直接雷击的雷电流或通过防雷器的雷电流安全泄放入地。

（7）等电位连接

等电位连接（equipotential bonding）（图 2-9），《建筑物防雷设计规范》（GB 50057—2010）规定：将分开的装置、诸导电物体用等电位连接导体或电涌保护器连接起来，以减小雷电流在它们之间产生的电位差。

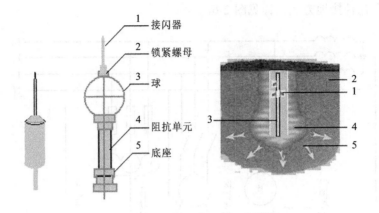

图 2-8　接闪器、引下线和接地装置

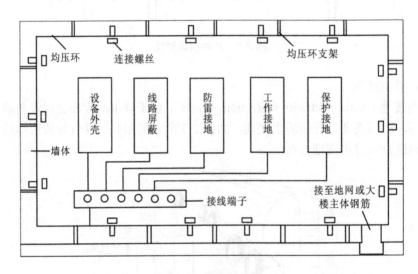

图 2-9　等电位连接

2.3　强电、弱电及低压配电供电系统

《电业安全工作规程》规定：对地电压在 1 000V DC 以下时，称为"低压"，对地电压在 1 000V DC 及以上时，称为"高压"。

2.3.1　强电与弱电

强电（strong electricity），36V 以上具有较大功率供给的电路。

弱电（weak electricity），指自动化装置、电子设备内部，用于控制通信信号的电路，这些电路电压通常在零点几伏到 36V 之间，功率小于几十瓦，甚至有时候微弱到可以看作零功率。

在一般建筑物中，强电与弱电的应用场合如图 2-10 所示。

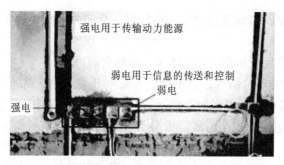

图 2-10　强电与弱电

2.3.2　低压配电 TT、TN 与 IT 供电系统

低压配电（low voltage distribution）是由配电变电所、高压配电线路、配电变压器、低压配电线路以及相应的控制保护设备组成的。

（1）TT 系统

在电源中性点直接接地的三相四线系统中，所有设备的外露可导电部分，均经各自的专用保护线 PE 分别直接接地，称为 TT 供电系统，第 1 个 T（touch），电源中性线接地；第 2 个 T（touch），所有设备均接地。如图 2-11 所示。在 TT 系统（三相四线制）中，负载的所有接地均称为保护接地。一般建筑单位采用 TT 系统，施工单位借用其电源作临时用电时，应用一条专用保护线 PE，以减少需接地装置的钢材用量。在 TT 系统中，共用接地线与工作零线没有电气连接，正常运行时，工作零线可以有电流，而专用保护线没有电流，适用于接地保护很分散的地方。

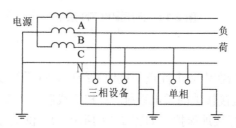

图 2-11　低压配电 TT 系统

（2）TN 系统

将电气设备的金属外壳与工作零线相接的保护系统，称作接零保护系统，即 TN 系统，如图 2-12 所示。N 系统（三相五线制）中，工作零线 N 线与 PE 线分开敷设，并且是相互绝缘的，同时与用电设备外壳相连接的是 PE 线而不是 N 线。

1）TN-C 系统是用工作零线 N 兼作接零保护线（C 为 combined，兼作），称作保护中性线，可用 PEN 表示。

2）TN-S 系统是把工作零线 N 和专用保护线 PE 严格分开的供电系统（S 为 separated，分开的）。在 TN-S 系统中通常对 PE 线进行重复接地，不许不经过漏电保护器（如断路器）。TN-S 供电系统的特点如下：

a）专用保护线 PE 上没有电流，只有工作零线上有不平衡电流；

b）专用保护线 PE 对地没有电压，电气设备金属外壳接零保护线接在专用的保护线 PE 上，安全可靠；

c）工作零线 N 只用于单相（AC 220V）照明负载回路；

d）专用保护线 PE 不许断线，也不许进入漏电开关（如断路器）；

e）干线上使用漏电保护器（如断路器），工作零线 N 不得有重复接地；

f）TN-S 方式供电系统安全可靠，适用于工业与民用建筑等的低压供电系统。在建筑工程开工前的"三通一平"（电通、水通、路通和地平）必须采用 TN-S 方式供电。

3）TN-C-S 系统，在建筑施工临时供电中，若前部分是 TN-C 方式供电，施工现场必须采用 TN-S 方式供电，在系统后部分现场总配电箱分出 PE 线。当三相电力变压器工作和接地情况良好、三相负载比较平衡时，TN-C-S 系统在施工用电实践中效果还是可观的。

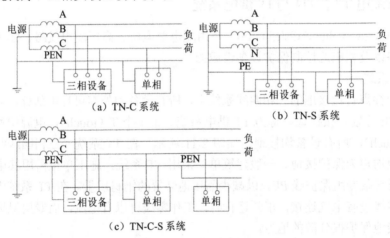

图 2-12　低压配电 TN 系统

（3）IT 系统

IT 系统（intouch）是指在电源中性点不接地系统中，将所有设备的外露可导电部分均经各自的保护线 PE 分别直接接地的供电系统（三相三线制），I 表示电源侧没有工作接地；T 表示负载侧电气设备进行接地保护。如图 2-13 所示。IT 供电方式一般用于不允许停电的场所，或者是要求严格地连续供电的地方，如电炉炼钢、大医院的手术室、地下矿井等处。地下矿井内供电条件比较差，电缆易受潮。运用 IT 方式供电系统，即使电源中性点不接地，一旦设备漏电，单相对地漏电流很小，不会破坏电源电压的平衡，所以比电源中性点接地的系统还安全。IT 系统发生接地故障时，接地故障电压不会超过 50V，不会引起相间电击的危险。

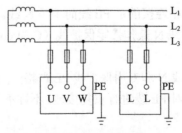

图 2-13　IT 系统

2.4　电子设备系统接地

电子设备要正确进行接地设计、安装，还要正确进行各种不同信号的接地处理。控制系统中，大致有表 2-2 所示的几种接地方式。

表 2-2　电子设备系统接地

	名称	备注
1	工作地（GND）	电压参考基点；分为电源地（PG）和保护地（PE）
2	信号地（Signal Ground）	传感器的接地
3	数字地（DGND）	逻辑地，是各种 DI/DO 信号零电位
4	模拟地（AGND）	模拟量信号零电位，如放大器、采样保持器、A/D 转换器和比较器的零电位参考点
5	交流地（N）	交流供电电源（L、N）的地线，即交流电的零线 N，这种地通常是产生噪声的地
6	直流地（0V、V−）	直流供电电源的地，零电位参考点
7	屏蔽地	也叫机壳地，为防止静电感应和磁场感应而设
8	功率地	大电流网络器件、功放器件的零电位参考点
9	热地（Isolated Switch Circuit Ground）	开关电源无须使用变压器，其开关电路的"地"和市电电网有关，即所谓的"热地"，它是带电的
10	冷地（Isolated Output Ground）	开关电源的高频变压器将输入端、输出端隔离，由于其反馈电路常用光电耦合，既能传送反馈信号，又将双方的"地"隔离，所以输出端的地称为"冷地"，它不带电
11	浮地（Floating Ground）	将系统电路的各部分的地线浮置起来，不与大地相连。这种接法，有一定抗干扰能力。但系统与地的绝缘电阻不能小于 50MΩ，一旦绝缘性能下降，就会带来干扰。通常采用系统浮地、机壳接地，可使抗干扰能力增强，安全可靠
12	一点接地（One-point Grounding）	在低频电路中，布线和元件之间不会产生太大影响，通常频率小于 1MHz 的电路采用一点接地
13	多点接地（Multi-point Grounding）	在高频电路中，寄生电容和电感的影响较大，通常频率大于 10MHz 的电路采用多点接地
14	PE、保护地（PGND）、FG（For Ground，接地线）	保护地或机壳
15	电源地（BGND）或 DC-RETURN	直流：−48V（+24V）电源（电池）回流
16	LGND	防雷保护地

一般来说：VCC =模拟电源；VDD =数字电源；VSS =数字地；VEE =负电源。

有些集成电路芯片（Integrated Circuit Chip，IC 芯片）既有 VDD 引脚又有 VCC 引脚，说明这种器件自身带有电压转换功能。对于数字电路来说，VCC 是电路的供电电压，VDD 是芯片的工作电压（通常 VCC＞VDD），VSS 是接地点。在场效应管（或 COMS 器件）中，VDD 为漏极（drain），VSS 为源极（source），VDD 和 VSS 指的是元件引脚，而不表示供电电压。混合电路里做标示时，VCC 表示模拟信号电源，GND 表示模拟信号地，VDD 表示数字信号电源，SS 表示数字电源地。

几种常见的接地符号如图 2-14 所示。其中，（a）用作直流电源正极或数字电路 VCC；

（b）用作数字地或数字模拟公共地；（c）用作模拟地；（d）用作机箱外壳或外壳接地。

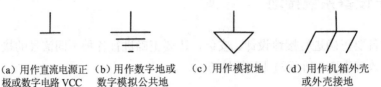

（a）用作直流电源正　（b）用作数字地或　（c）用作模拟地　（d）用作机箱外壳
极或数字电路 VCC　　数字模拟公共地　　　　　　　　　　或外壳接地

图 2-14　常见的接地符号

2.5　电气设备故障

（1）短路（short circuit），烧坏设备、引起火灾。

1）电源短路指电流不经过任何用电器，直接由正极经过导线流回负极，小则容易烧坏电源，大则引起火灾。

2）用电器短路也叫部分电路短路、局部短路，即一根导线接在用电器的两端，此用电器短路，有时是可以利用的（图 2-15）。

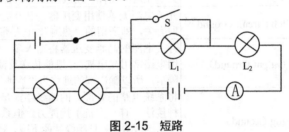

图 2-15　短路

（2）导线温度过高（overheated），易烧坏设备、引起火灾，应控制导线负荷量。

（3）电弧与电火花（arc discharge & electrospark），易引起火灾，应让易产生电弧与电火花的设备远离危险场地（图 2-16）。

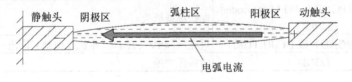

静触头　阴极区　　　弧柱区　　　阳极区　动触头

电弧电流

图 2-16　电弧

（4）谐波引发故障（harmonic wave faulty），设备误动作，应用控制策略消除、抑制谐波产生。由于谐波电流而导致的故障现象及原因如表 2-3 所示。

表 2-3　谐波电流导致的故障现象

现象	后果	原因
电缆过热	电缆早期老化，绝缘损坏	谐波电流的频率更高，电流发出的热量与频率的平方成正比

现象	后果	原因
变压器过热	缩短变压器寿命，降低变压器的有效容量	频率较高的电流产生更大的铜损和铁损
变压器噪声大	降低环境舒适性	谐波电流所在的频率更接近人耳的敏感区
零线中电流过大	电缆加速老化甚至诱发火灾	单相变频器产生的 3 次谐波在零线上叠加，电流有效值接近相线的 1.7 倍，而且电流频率更高（发热严重）
电网上的设备性能降低	发生数控机床（CNC）、可编程逻辑控制器（PLC）、不间断电源（UPS）、变频器等的误动作或者其寿命缩短	谐波电流流过电网阻抗时，产生了谐波电压，这些谐波电压对电子设备形成干扰
无功补偿电容过流	电容过热甚至损坏、谐波放大、电容不能投切等	谐波电流更容易流过电容，造成电容过载，谐波电流还会诱发谐振，在电容上产生更大的谐波电流，这是电机所不允许的
电机发热、振动	电机绕组或轴承损坏	谐波电流施加在电机上导致高频电流和负序电流，这是电机所不允许的
降低发电机或 UPS 的额定功率	发电机和 UPS 达不到额定的输出功率	发电机和 UPS 的内阻较大，谐波电流流过这些电源时，会产生更大的谐波电压，导致输出电压畸变过大，不能满足负载的要求
保护设备的误动作	意外跳闸、断电，影响正常生产	大部分保护设备是按照正弦波电压和电流进行设计和校准的，不适应谐波的场合

一个振动产生的波是一个具有一定频率（ω/f）和振幅（A）的正弦波/余弦波，该波叫基频波，高于基频波（ω/f）的小波叫作谐波。

电气谐波是指电流中所含有的频率为基波的整数倍的电量信号（图 2-17）。对于任何一个电气设备系统，其输入信号在某个时段不断再现，就可以近似为周期信号，输入信号向输出端传递时，经过设备系统各部件或与各部件相关的部件，对其产生谐波干扰。数学上，对周期性的信号（如 PWM 信号、三角波信号，也包括正弦信号）进行傅里叶级数分解，其大于基波频率的电量信号，就是干扰谐波信号。

给定输入信号 $u(t)$，是一个周期为 T 的函数，该信号经过设备系统时被干扰叠加后可表示为

$$u*(t) = \sum_{k=-\infty}^{+\infty} a_k e^{jk(\frac{2\pi}{T})t} , \quad j\ 是虚数单位 \tag{2-1}$$

$$a_k = \frac{1}{T} \int_T u(t) e^{-jk(\frac{2\pi}{T})t} dt \tag{2-2}$$

$f_k(t) = e^{jk(\frac{2\pi}{T})t}$ 是周期为 T 的函数，k 取不同值，周期信号 $u(t)$ 就会产生不同的谐波，因为 $u(t)$ 与 $f_k(t)$ 有一个共同的周期 T。$k=0$ 时，$u*(t)$ 为滞留分量，$k=1$ 时，$u*(t)$ 具有基波频率，$\omega_0 = \frac{2\pi}{T}$ 或 $f_0 = \frac{1}{T}$，称为基波角频率或基波频率，依此，$k=2$，$k=3$，…，有 2 次谐波、3 次谐波等，见图 2-17，谐波成分分别为 2 次谐波、3 次谐波、……，到 7 次谐波。

交流电网有效分量为工频单一频率（我国为 50Hz），因此任何与工频频率不同的成分都可以称为谐波。

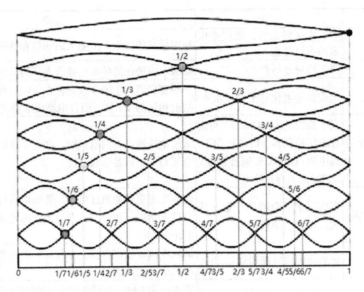

图 2-17 谐波频率与基波频率的关系

2.6 几种常用电气安全保护型低压元件

元件选型（electrical component selection），低压电气元件输入是手动机械动触点运动或电磁线圈得电失电，要根据具体的电气控制要求，选择出性价比最好的电气元件。

（1）电气隔离开关

电气隔离开关（electrical isolating switch）（图 2-18）的文字符号为 QS，主要用于隔离电源、倒闸操作、连通和切断小电流电路，是无灭弧功能的开关器件。

额定电压（rated voltage）= 回路标称电压（nominal voltage）×（1.1～1.2）。

额定电流（rated current）> 负载电流×150%。

额定短时热，即"额定短时热电流"（rated short-time thermal current）> 系统短路电流（2 s 时间内能够承受的电流有效值）。

（2）熔断器

熔断器（fuse）（图 2-19）的文字符号为 FU，是用于短路和过电流的保护器。

额定电压= 回路标称电压，220V/380V。

图 2-18 电气隔离开关

图 2-19 熔断器

额定电流：

1）照明电路（lighting circuit）：额定电流≥用电器工作电流和。

2）电动机（motor）：

单台直启，额定电流=（1.5～2.5）×电动机额定电流；

多台直启，额定电流=（1.5～2.5）×各台电动机额定电流和；

降压启动，额定电流=（1.5～2.0）×电动机额定电流；

绕线式，额定电流=（1.2～1.5）×电动机额定电流。

3）配电变压器（distribution transformer）：

低压侧额定电流=（1.0～1.5）×变压器低压侧额定电流。

4）并联电容器组（shunt capacitor bank）：

额定电流=（1.43～1.55）×电容器组额定电流。

（3）断路器

断路器（circuit breaker）（图 2-20）的文字符号为 QF。断路器通过手动方式，对设备电源线路进行电源通断控制并实行保护，当被控对象发生严重的过载或者短路及欠压等故障时能自动切断电路，断路器=熔断器式开关+过欠热继电器。

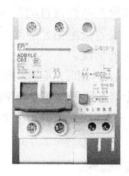
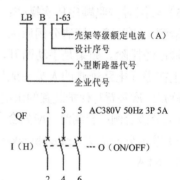

（a）微型断路器　　　　　　（b）漏电保护断路器　　　　（c）断路器型号标识与电气符号图

注：图中标号 1～6 为自定义标号，无特殊含义，可不连续，下同（除有注释的标号外）。

图 2-20　断路器

小型断路器额定工作电流（I_n）：1A、2A、3A、4A、5A、6A、10A、16A、20A、25A、32A、40A、50A、63A。

额定工作电压：50Hz/60Hz，AC230V/400V。

极数：1P、2P、3P、4P。

脱扣特性：C 型（瞬时脱扣范围 $5I_n$～$10I_n$）、D 型（瞬时脱扣范围 $10I_n$～$20I_n$）。

保护功能：过载长延时保护、短路瞬时保护。

例 2-1：CDB6-63/1PC16A，CDB6-微断型号；63-壳架电流为 63A；1P-单极；C-脱扣曲线，普通配电保护选用 C 曲线，电机保护选用 D 曲线；16A-额定电流为 16A。

（4）断路器分闸合闸（opening and closing of circuit breakers）

1）合闸顺序（closing sequence）（图 2-21）：先合电源侧开关的二次保险，再合电源侧开关，检查无误后，合负荷侧开关二次保险，再合负荷侧开关，确认无误后，合闸操作结束。

2) 分闸操作（opening sequence）：先拉开负荷开关，再拉开负荷侧开关的二次保险，确认无误后，拉开电源侧开关，然后拉开电源侧开关的二次保险，检查无误后操作结束。

3) 不管是合闸还是分闸，有几点需要注意：

操作时都应该侧身，不要正面面对设备，以免发生意外时伤害人身；

送电前，应检查送电的回路中有无短路或接地，否则不能送电；

如果回路中有刀闸，送电时应先合刀闸，后合开关，分闸时应先分开关，后分刀闸；

分合闸操作应有监护人在场，操作人员应戴好手套；

合闸后和分闸后，都应验电，必要时合闸应验明是否缺相。

4) 分闸时按照顺序依次操作：

检查二次装置及保护装置情况，如有主回路与二次回路并联的情况，应先断开主回路的电源，再断开二次回路的电源。

检查分闸位置。旋钮型开关，分闸位置一般在中间，但也有不同。不论任何开关，在分闸前，都必须检查清楚分闸应该打到什么位置上。

断开负载，在分断上一级电闸时，应将各支路电闸断开。分断支路电闸时，也应该将回路内大功率用电器关停。

5) 合闸时按照顺序依次操作：

检测电路故障，搞清分闸原因。如果是断路器自动跳闸，一定要向维修工人确认，电路故障已经排除。如果是手动断开，一定要搞清楚分闸的原因，切不可私自合闸，以免发生对正在进行电路维修的人员造成伤害的情况。

确定二次装置与保护装置的供电情况。合闸时，应首先给二次回路及保护装置回路供电。

6) 分级合闸：合闸时，应先合上上级断路器，减少合闸时所带负载。再逐级向下合闸。

7) 额定分断能力（rated breaking capacity），国内小型断路器产品的分断能力大部分处于 4.5～6 kA。

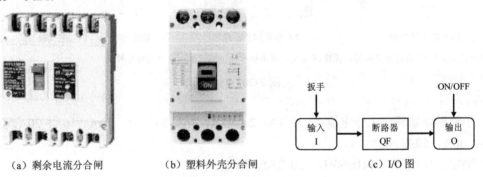

（a）剩余电流分合闸　　　（b）塑料外壳分合闸　　　　（c）I/O 图

图 2-21　分合闸断路器

（5）接触器

接触器（contactor）（图 2-22）的文字符号为 KM，通过线圈流过电流产生磁场，使触头闭合或断开，以达到控制负载电器的目的。

额定电压= 回路标称电压；

额定电流≈控制功率 ×2；

通断能力（make-break capacity）=（1.5～10）× 额定电流；

动作值（action value），指接触器的吸合电压值和释放电压值，吸合电压（pull-in voltage）≥线圈额定电压×85%；释放电压（release voltage）≤线圈额定电压×70%；

操作频率（operating frequency），通常有 300 次/h、600 次/h、1 200 次//h；

辅助触点（auxiliary contact）额定电流 = 执行电路工作电流；

吸引线圈（magnetized coil）额定电压 = 控制电路电压。

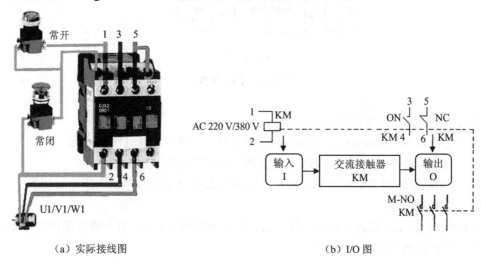

（a）实际接线图　　　　　　　　　　（b）I/O 图

图 2-22　交流接触器

（6）热继电器

热继电器（thermal overload relay）（图 2-23）的文字符号为 FR，电流热元件，传统热继电器电流产生热量使有不同膨胀系数的双金属片发生形变而推动连杆动作，使控制电路断开，进而使接触器失电，主电路断开，实现电动机的过载保护，现代数字式热继电器通过直接检测电流达到过载保护的目的。

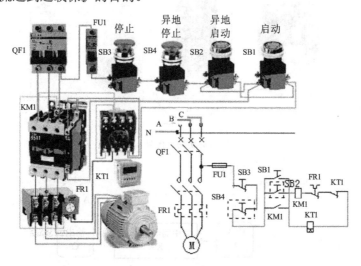

（a）实际接线图

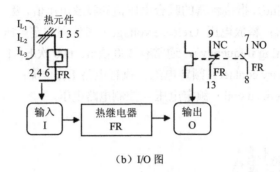

（b）I/O 图

图 2-23　热继电器

额定电压＝回路标称电压；

整定电流范围（setting current range）＝（0.95～1.05）× 电机额定电流：

1）若短时间内动作次数多，选用带饱和电流互感器的热继电器；

2）对于正反转和通断频繁的电动机，宜采用温度继电器或热敏电阻来做保护。

（7）中间继电器

中间继电器（auxiliary relay）（图 2-24）的文字符号为 KA，用于继电保护与自动控制系统中，以增加触点的数量及容量。

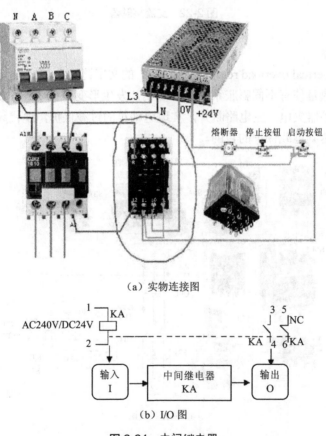

（a）实物连接图

（b）I/O 图

图 2-24　中间继电器

低压大电流中间继电器一般采用 5A 触点电流。例如，小型 24V 中间继电器线圈功率一般是 1W 左右，$I=P/U$，所以线圈消耗电流约为 1/24A（0.04A），中间继电器的触点额定发热电流小于 10A。

（8）电流互感器

电流互感器（current transformer）（图 2-25）的文字符号为 AT，是依据电磁感应原理将一次侧大电流转换成二次侧小电流来测量的仪器。它的一次侧绕组匝数很少，一、二次侧电流与绕组匝数成反比，即 $I_2/I_1 = N_1/N_2$，串在需要测量的电流的线路中：

1）额定一次侧电流应为运行电流的 20%～120%；

2）电流互感器的额定一次电压和运行电压相同；

3）注意使二次侧负载所消耗的功率不超过电流互感器的额定容量，否则电流互感器的准确等级将下降；

4）根据系统的供电方式，选择使用电流互感器的台数和不同的接线方式，二次侧不能开路；

5）根据测量的目的和保护方式的要求，选择电流互感器的准确等级。

（9）电压互感器

电压互感器（potential transformer）（图 2-26）的文字符号为 PT，是用来把线路上的大电压变化为用户侧小电压的仪器，电压互感器二次侧不能短路。

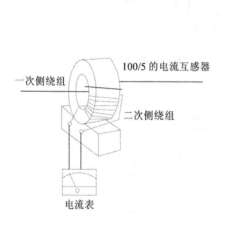

图 2-25　电流互感器

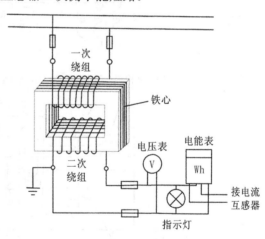

图 2-26　电压互感器

（10）剩余电流装置

剩余电流装置（residual current device，RCD）（图 2-27）又称漏电保护器，是防止人身触电、电气火灾及电气设备损坏的一种有效的防护措施。在大客流共享的公共场所，一定要按照评估要求安装 RCD，见图 2-4。

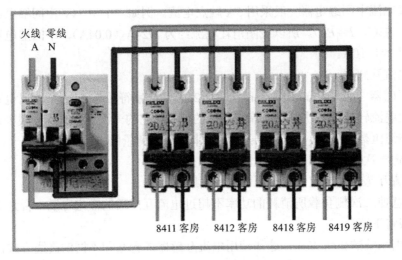

（a）实物连接图

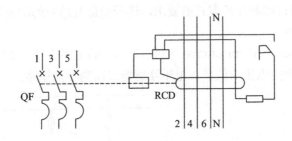

（b）结构图：漏电保护器（$I_{L1}+I_{L2}+I_{L3}+I_N \neq 0$ 产生剩余电流动作）

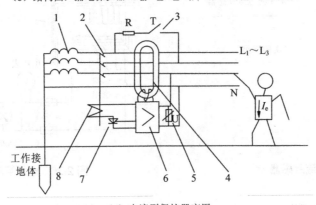

（c）电流型保护器应用

（c）中：1—供电变压器；2—主开关；3—试验按钮；4—零序电流互感器；5—压敏电阻；6—放大器；7—晶闸管；8—脱扣器

图 2-27　剩余电流装置

（11）浪涌保护器

浪涌保护器（surge protection device，SPD），SPD 在低压配电中应用很广泛，主要用于限制过电压和泄放浪涌电流。浪涌保护器一般与被保护的设备并联，当产生过电压时，可以起到分流和限压的效果，防止过大的电流与电压对设备造成损害（图 2-28）。

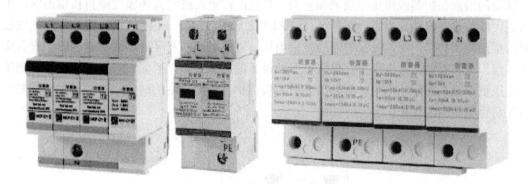

图 2-28　浪涌保护器实物

1）防雷区（LPZ）定义及划分原则（表 2-4）。

表 2-4　防雷区（LPZ）定义及划分原则

防雷区	定义与划分原则	应用举例
直击雷非防护区（LPZ0A）	本区内各物体都可能遭受直接雷击及导走全部雷电流。本区内电磁场强度无衰减	建筑物顶及避雷针保护范围以外的空间区域
直击雷防护区（LPZ0B）	本区内各物体不可能遭受大于所选球半径对应的雷电流的直接雷击。本区内电磁场强度无衰减	避雷针保护范围以内室外物体处没有采取电磁屏蔽措施的空间，如建筑窗洞处
第一防护区（LPZ1）	本区内各物体不可能遭受直接雷击，及流经各导体的电流比 LPZ0A 区进一步减小。屏蔽措施得当，本区内电磁场强度可能衰减	建筑物的内部空间，其外墙可能有钢筋或金属板等屏蔽设施
后续防雷区[LPZ（$n+1$）]	这些区内电磁环境条件应根据需要保护的电子/信息的要求及保护装置（SPD）的参数配合要求而定，防雷区的区数越高，电磁环境的参数越低	建筑物的内部电子系统设备房间，该房间设置有电磁屏蔽。设置于电磁屏蔽室内且具有屏蔽外壳的设备内部空间

2）SPD 类型。

a）SPD 按其工作原理可分为电压开关型、电压限压型及电压组合型。

①电压开关型 SPD。在没有瞬时过电压时呈现高阻抗，一旦响应雷电瞬时过电压，其阻抗就突变为低阻抗，允许雷电流通过，也被称为"短路开关型 SPD"。通流能力强，比较适用于 LPZ0A、LPZ0B 与 LPZ1 区交界处的雷电浪涌保护。

②电压限压型 SPD。当没有瞬时过电压时，为高阻抗，但随电涌电流和电压的增加，其阻抗会不断减小，其电流电压特性为强烈非线性，有时被称为"钳压型 SPD"。电压限制水平比电压开关型低，因此适用于 LPZ0B 与 LPZ1 以上的区。

③电压组合型 SPD。由电压开关型组件和限压型组件组合而成，可以显示出电压开关型或限压型或两者兼有的特性，这取决于所加电压的特性。

b）SPD 按其用途可分为电源线路 SPD（图 2-29）和信号线路 SPD。

①一般电源线路前端雷击能量非常巨大，要考虑将其分级泄放到大地。在直击雷非防护区（LPZ0A）或直击雷防护区（LPZ0B）与第一防护区（LPZ1）交界处，要安装 I 级分

类试验的浪涌保护器或限压型浪涌保护器，对直击雷电流或电源传输线路直接雷击时产生的巨大能量进行泄放。在第一防护区（LPZ1）之后的各分区（包含 LPZ1 区）交界处安装限压型浪涌保护器，对前级保护器的残余电压、巨能电磁以及区内感应雷击的防护设备实施二级、三级或更高等级保护。根据被保护设备的耐压等级，假如二级防雷就可以做到限制电压低于设备的耐压水平，就只需要做二级保护；假如设备的耐压水平较低，可能需要四级甚至更多级的保护。

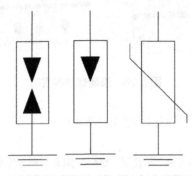

图 2-29　SPD 线路

②信号线路 SPD 其实就是信号避雷器，安装在信号传输线路中，一般在设备前端，用来保护后续设备，防止雷电波从信号线路涌入损伤设备。

3）SPD 的主要参数。

a）电源线路 SPD。

最大持续工作电压 U_c：允许施加于 SPD 两端的最大电压的有效值，U_c 的最小值按照下面确定，注意 U_c 越大的，限制电压 U_p 也会越大。

①最大持续耐压 $U_{c(rms)}$ 指可连续施加在 SPD 上的最大交流电压有效值或直流电压值。

②标称放电电流 I_n 是指流过 SPD 的 8/20 μs 电流波的峰值电流。

③最大放电电流 I_{max} 又称为最大通流量，指使用 8/20 μs 电流波冲击 SPD 一次能承受的最大放电电流。

④SPD 有配合的波形，10/350 μs 波是模拟直击雷的波形，波形能量大；8/20 μs 波是模拟雷电感应和雷电传导的波形。电压开关型 SPD 主要泄放的是 10/350 μs 电流波，电压限压型 SPD 主要泄放的是 8/20 μs 电流波，因此安装在 0 区和 1 区交界处的 SPD，应该选择 10/350 μs 的。

⑤限制电压 U_p：表征 SPD 限制接线端子间电压的性能参数，对于电压开关型指的是规定陡度下的最大放电电压，对于电压限压型是指在规定电流波形下的最大残压 U_{rmax}，这个应该从电压的优先级列表中选择，优先级列表中电压为 2.5 kV、2 kV、1.8 kV、1.5 kV、1.2 kV、1.0 kV。

⑥残压 U_r 指的是当流过放电电流（I_n）时电涌保护器指定端的峰值电压，也是雷电放电电流通过防雷设备时其端子间呈现的电压，在不同电流作用下出现的最大残压 U_{rmax} 值为电涌保护器的限制电压 U_p。

⑦电压开关型 SPD 主要泄放的是 10/350 μs 电流波，电压限压型 SPD 主要泄放的是 8/20 μs 电流波。SPD 的泄漏电流一般为微安级别。

表 2-5　低压 220V/380V 电源系统中 SPD 的最大持续工作电压 U_C

SPD 安装于	TN 系统		TT 系统		IT 系统	
	TN-S 系统	TN-C 系统	SPD 安装在 RCD 的负荷侧	SPD 安装在 电源侧	引出中性线	不引出中性线
L-N	$\geq 1.15U_{n1}$	不适用	$\geq 1.55U_{n1}$	$\geq 1.15U_{n1}$	$\geq 1.15U_{n1}$	不适用
L-PE	$\geq 1.15U_{n1}$	不适用	$\geq 1.55U_{n1}$	$\geq 1.15U_{n1}$	$\geq 1.05U_{n1}$	$\geq 1.05U_{n1}$
N-PE	$\geq U^*_{n1}$	不适用	$\geq U^*_{n1}$	$\geq U^*_{n1}$	$\geq U^*_{n1}$	不适用
L-PEN	不适用	$\geq 1.15U_{n1}$	不适用	不适用	不适用	不适用

注：U_{n1} 为系统标称相电压，U_{n2} 为系统标称线电压，对于 220V/380V 系统，$U_{n1}=220V$，$U_{n2}=380V$；RCD 带有漏电保护的断路器或剩余动作电流保护器；系数 1.15 中的 0.1 考虑系统的电压偏差，0.05 考虑电器保护功能的老化；标有*的值是故障下最坏的电压值，不需要考虑偏差系数。

b）信号线路 SPD。

①电压保护水平（U_P）的选择：U_P 值不应超过被保护设备耐冲击电压额定值（表 2-6），U_P 要求 SPD 与被保护的设备的绝缘应有良好配合。

在低压供配电系统装置中，设备均应具有一定的耐受电涌能力，即耐冲击过电压能力。当无法获得 220V/380V 三相系统各种设备的耐冲击过电压值时，可按《低压供电系统内设备的绝缘配合　第一部分：原则、要求和试验》（IEC 60664-1）和《建设物防雷设计规范》（GB 50057—1994，2000 年修订版）的给定指标选用。

②标称放电电流 I_n 的（冲击通流容量）选择：流过 SPD 的 8/20 μs 电流波的峰值电流。用于对 SPD 做 Ⅱ 级分类试验，也用于对 SPD 做 Ⅰ 级和 Ⅱ 级分类试验的预处理。

事实上，I_n 是 SPD 不发生实质性破坏而能通过规定次数（一般为 20 次）、规定波形（8/20 μs）的最大限度的冲击电流峰值。

③最大放电电流 I_{max}（极限冲击通流容量）的选择。

4）SPD 的配合和选择。

a）保护和测控装置过电压等级。

①过电压类别 Ⅰ 是指采取了特别措施，将冲击电压限制在额定冲击电压以下。

②过电压类别 Ⅱ 是指装置的输入没有直接连接电流互感器和电压互感器，且输出回路经过短导线连接负载。

表 2-6　额定冲击电压（波形：1.2/50 μs）　　　　　　单位：V

从直流或交流标称电压值导出的 线对中性点电压小于或等于	额定冲击电压			
	过电压类别			
	Ⅰ	Ⅱ	Ⅲ	Ⅳ
50	330	500	800	1 500
100	500	800	1 500	2 500
150	800	1 500	2 500	4 000
300	1 500	2 500	4 000	6 000
600	2 500	4 000	6 000	8 000
1 000	4 000	6 000	8 000	2 200

注：导出的线对中性点电压为优选值，要有不同的低压（有效值 50～1 200V）电网和它们的标称电压；海拔高度为 2 000 m 的额定冲击耐压注意查表；额定冲击电压的输入值不允许用于外部连接电源、测量和保护端子。

③过电压类别Ⅲ是指装置的输入直接连接电流互感器和电压互感器，或者输出回路经过长导线连接负载。

④过电压类别Ⅳ是指接近于电源使用，直接连接在一次回路（如直通式仪表）的装置。

b）SPD 配合

SPD 配合工业应用举例见表 2-7 和图 2-30，工控设备 SPD 理想安装位置见图 2-31。

表 2-7　工业厂房电源浪涌保护器配置举例

技术参数	第一级电源保护器	第二级电源保护器	第三级电源保护器	工控系统、测试系统电源保护器
U_c /V	230	230	230	根据系统最大工作电流以及最大数据传输频率来选择（图 2-29）
U_r /V	255	385	385	
I_{mp} /kA	50（10/350 μA）		2.5（8/20 μA）	
I_n /kA		20（8/20 μA）	7（8/20 μA）	
I_{max} /kA		40（8/20 μA）		
U_p /kV	≤2	≤1.2	1.0（L-N）；1.5（L/N-PE）	
过流保护空气开关容量（C 类脱扣曲线）	当电网已有小于 500A 熔丝时，无须后背保护空开	32A		
安装位置	厂房总配电柜	分路配电箱	被保护设备电源进线端	被保护工控设备信息线进线端
参考型（德国 OBO 公司）	MC50-B MC125-B/NPE	V20-C/3+NPE	CN53-D VF230-AC	工控 PLC 施耐德 PRD 浪涌保护器

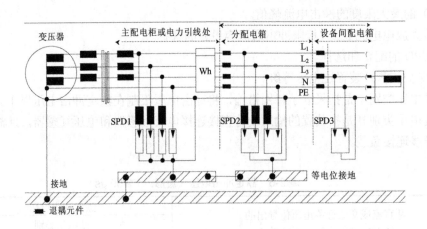

图 2-30　浪涌保护器应用举例

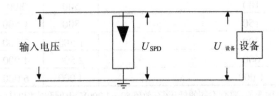

图 2-31　工控设备 SPD 理想安装位置

2.7　电气设备电气图

2.7.1　电气图

常用的电气图（electrical diagram）包括电气原理图、电器元件布置图、电气安装接线图。图纸尺寸一般选用 297 mm×210 mm、297 mm×420 mm、297 mm×630 mm、297 mm×840 mm 4 种，特殊需要可按《机械制图》（GB 126—74）选用其他尺寸，绘图软件有 AUTOCAD、protel99、Cadence 等。电气图主要提供如图 2-32 所示信息。

图 2-32　电气图信息

2.7.1.1　电气图功能信息

电气图功能信息可通过框图、原理图、程序图、时序图来呈现，见图 2-33。

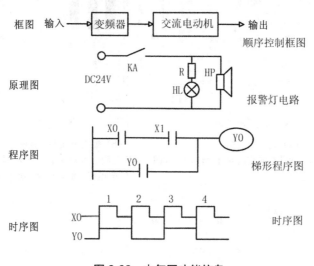

图 2-33　电气图功能信息

2.7.1.2　电气图位置信息

（1）安装简图（mounting diagram）

传送分拣设备俯视图如图 2-34 所示。

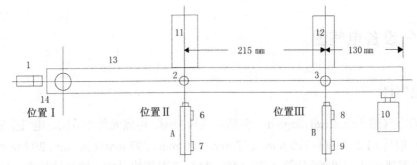

1—光电传感器；2—电感式接近开关；3—电容式接近开关；A、B—气缸；6、7、8、9—磁性开关；

10—交流异步电动机；11、12—出口溜槽；13—传送带；14—下料孔

图 2-34　电气图的位置信息

（2）元件布置图

电气元件布置图（electrical component layout）表明了电气设备上所有电气元件的实际位置，为电气设备的安装及维修提供必要的资料。图中无须标注尺寸，但是各电器代号应与有关图纸和电器清单上所有的元器件代号相同，在图中往往留有 10% 以上的备用面积及导线管（槽）的位置，供改进设计时使用（图 2-35）。

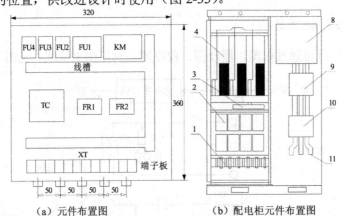

（a）元件布置图
（图中数字为元件布置空间尺寸标注。）

（b）配电柜元件布置图
（图中数字是配电柜元件布置空间结构标注，因只有展示配电柜一侧，数字不连续。）

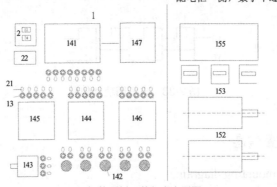

（c）柜体面板元件仪表布置图
（图中数字是柜体面板元件仪表布置图几种仪表或原件的自由定义标号。）

图 2-35　电气布置相关图件

（3）电气布置图设计原则

① 遵循相关标准设计和绘制；② 把体积较大和较重的安装在控制柜或面板下方；③ 发热元器件安装在控制柜或面板的上方或后方，热继电器安装在接触器的下面，方便与电机连接；④ 要经常维护、整定和检修的元件或监视仪器仪表，安装高度要适宜；⑤ 强电、弱电应该分开走线并做好屏蔽线的连接；⑥ 电器元器件的布置应考虑安装间隙，并尽可能做到整齐、美观。

（4）现场布置图

现场布置图，即各种电气设备控制柜、平台、通道的现场摆设空间位置，如图 2-36 所示。

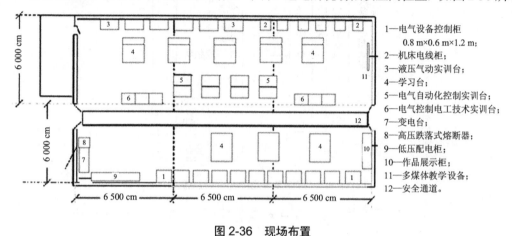

图 2-36　现场布置

2.7.1.3　电气图接线信息

（1）端子接线图

端子接线图，即电气装置输入、输出到外部按钮、传感器、执行器的接线图，如图 2-37 所示。

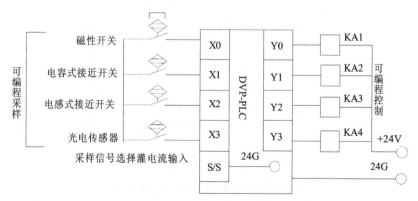

图 2-37　PLC 的 I/O 端子接线图（采样信号灌电流输入）

（2）设备互连接线图

设备互连接线图如图 2-38 所示，图 2-38（a）为 DVP-PLC 与变频器互连接线图，其中，DVP-PLC 的输入方式采用拉电流（S/S 和+24V 短连）。图 2-38（b）是 S7-200PLC 接线端子图，采用灌电流方式输入（IM 和 M 短连）。

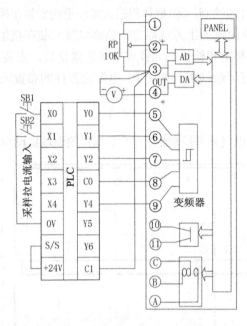

（a）DVP-PLC 与变频器互连接线图（拉电流输入）

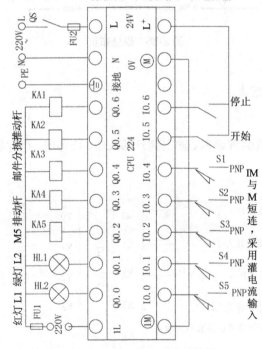

（b）S7-200PLC 接线端子图（灌电流输入）

图 2-38 设备互连接线图

2.7.1.4 电气图项目信息

电气图项目信息通常包括 CAD 电气制图中的标题栏样式信息及电气图中元器件、线路文字符号标注信息，如图 2-39 和图 2-40 所示。

更改	数量	更改单号	签名	日期	恒温恒湿压块箱 电气原理图	ELI071.247.766-7F4DL		
				06.12.09				
设计						平线标记	质量	比例
审核								
工艺								1：1
						第 1 张	共 1 张	
标准化						××电气公司		
批准								
制图					制图	制图 A3		

图 2-39　项目信息（电气图标题栏参考样式）

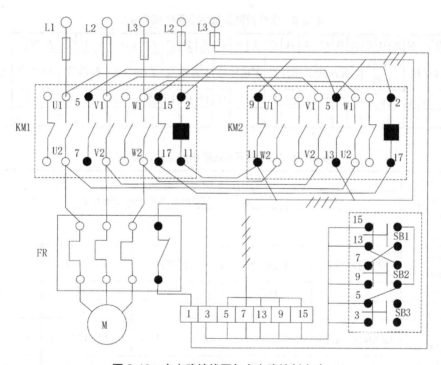

图 2-40　主电路接线图与主电路控制电路

2.7.2　电气原理图

2.7.2.1　电气原理图的含义

电气原理图（electrical schematic diagram），是电气系统图的一种，用图形符号、文字符号、项目代号等表示电路各个电气元件之间的关系和工作原理，是根据控制线工作原理绘制的，要结构简单、层次分明。一般由主电路、控制电路、执行电路、保护电路、配电电路等几部分组成。

2.7.2.2 电气原理图基本构成

电气原理图基本构成如表 2-8 所示。

表 2-8 电气原理图基本构成

电气原理图				
电气图表	技术说明	电气设备（或元件）明细表	标题栏	会签栏

（1）电气图表，在主令控制面板图下系统端子接线表中（表 2-9），对总电源进线、各个功能块电源接线及端子序号的信息进行说明；或在主电路下方，对相应各功能块中的接触器、断路器、熔断器对应的线圈相、触点表进行说明，以说明线圈和触点的从属关系，其中线圈相见表 2-9 第一行，触点号说明见表 2-10 第八行。

表 2-9 主令控制面板图下系统端子接线

	A	B	C	N	A	B	C	A	B	C	A	B	C	A	B	C	A	B	C	A	B	C	A	B	C	A	N	A	N
XT1	电源进线				干粉投加机			1#搅拌机			2#搅拌机			3#搅拌机			1#加药泵			2#加药泵			振荡器			电加热		电磁阀	
	1	2	3	4	5	6	7	8	9	10	11	12	13	14	15	16	17	18	19	20	21	22			25				30

表 2-10 主电路下方线圈和触点的从属关系

控制柜编号		户外电控箱				
控制柜尺寸		宽×高×深: 650 mm×800 mm×300 mm				
工艺池（槽、井）						
设备名称 设备编号		干粉投加机	1#搅拌机	2#搅拌机	3#搅拌机	1#加药泵
设备功率/kW		0.25	0.75	0.75	0.75	1.1
额定电流/A		0.7	1.8	1.8	1.8	3
主要器件型号规格	断路器（QF_）	OSMC32/3PD6	OSMC32/3PD6	OSMC32/3PD6	OSMC32/3PD5	OSMC32/3P D6
	接触器（KM_）	LCIE-0910 +F4-20	LCIE-0910 +F4-20	LCIE-0910 +F4-20	LCIE-0910 +F4-20	LCIE-0910 +F4-20
	热继电器（FR_）	LRE-25 0.6-0.8A	LRE-25 1.3-1.8A	LRE-25 1.3-1.8A	LRE-25 1.3-1.8A	LRE-25 2.8-3A
电缆型号规格		VV-1KV-4×1.0	VV-1KV-4×1.0	VV-1KV-4×1.0	VV-1KV-4×1.0	VV-1KV-4×1.0
电缆敷设方式 电缆编号		穿 SC25 电线管 GFTJJ.WP	穿 SC25 电线管 1#JBJ.WP	穿 SC25 电线管 2#JBJ.WP	穿 SC25 电线管 3#JBJ.WP	穿 SC25 电线管 1#JLB.WP
设备控制说明						

（2）电气图纸框架，如图 2-41 所示，其幅值一般规定为 1 号、2 号、3 号、4 号图纸。

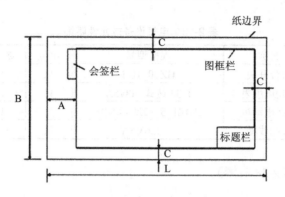

图 2-41　电气原理图图纸框架

将表 2-11 逆时针旋转 90°构成图 2-41 中左上角的会签栏。

表 2-11　首页电气原理图（主令控制面板图）会签栏（图 2-39 左侧）

	专业	签名	日期		职别	签名	日期
会签				业主签名			

（3）技术说明，在原理图上分成若干图区，并标明各区电路用途与作用。具体电气原理图中的技术说明示例如表 2-12 所示。

表 2-12　电气原理图中技术说明

控制要求：   药箱设高、中、低液位（4～20 mA）。   （1）当液位至低液位（0.1 m）时，系统低液位报警（Q14）（除液位开关出现故障时，才会至低液位，一般情况液位到中液位时，系统才能正常运行）。   （2）药箱到中液位（0.5 m）时，打开补水电磁阀（Q11），打开 PAM 干粉投加机（Q4），开启电加热（Q12），打开 1#搅拌机（Q5）、2#搅拌机（Q6）、3#搅拌机（Q7），打开振动器（Q10）。   （3）药箱到高液位（0.9 m）时，打开 1#加药螺杆泵（Q8）、2#加药螺杆泵（Q9）（一用一备，故障切换，每次中液位切换，常开），关闭补水电磁阀（Q11），停止 PAM 干粉投加机（Q4），停止振动器（Q10），停止电加热（Q12），停止 2#搅拌机（Q6）、3#搅拌机（Q7），1#搅拌机（Q5）延时 10 min 停，重复流程直至药箱达到中液位。   （4）无料时，即料位仪（I0）无输入，报警（Q15），并除加药螺杆泵外系统停止运行（只有低液位时才停），报警解除（I14）。

注：Q5～Q15 是美国 AB 系列 PLC 开关量输出 DO 的地址；I0、I14 为美国 AB 系列 PLC 开关量输入 DI 的地址。

（4）电气设备或元件明细表（表 2-13）。

表 2-13　电气设备或元件明细

序号	代号	名称	规格型号	单位	数量	备注
1	QS	组合开关	HZ10_10/1	只	1	
2	PJ1	有功电度表	DS2 达式 200/5A	只	1	
3	M	储能电动机	HDZ1_5～220V450W	只	1	
4	Y0	合闸线圈	～220V5A	只	1	

（5）标题栏（图 2-38 右侧）。

2.7.2.3　电气原理图图形用线规定与绘制要点

电气原理图图形用线规定与绘制要点详见表 2-14。

表 2-14　电气原理图图形用线规定与绘制要点

电气原理图图形用线规定				
粗实线	中实线	细实线	波浪线	双折线
虚线	细点划线	促点划线	双点划线	
电气原理图绘制要点				
表达形式	表达内容	表达要素	元件正常状态	配套相关图纸

（1）电气符号与项目代号

1）电气图形符号、文字符号，见书后附录 1。

2）电气图中项目代号：

设备中的任一项目代号均可用高层代号、位置代号、种类代号和端子代号组成（表 2-15），它们可以进行如下排列组合：

位置代号∪种类代号，例如，+5 – G2；

高层代号∪种类代号，例如，= 2 – G3；

高层代号∪种类代号∪位置代号，例如，= P1-QF2+C51S6M10，表示系统 P1 中断路器开关 QF2，位置在 C51 室 S6 列 M10 控制柜中。

表 2-15　项目代号

代号段	名称	定义	前缀符号	示例
第 1 段	高层代号	系统或设备中任何较高层次（对给予代号的项目而言）项目的代号	=	= S2
第 2 段	位置代号	项目在组件、设备、系统或建筑物中的实际位置的代号	+	+C15
第 3 段	种类代号	主要用以识别项目种类的代号	–	– G6
第 4 段	端子代号	用以外电路进行电气连接的电器导电件的代号	:	: 11

表 2-15 中所显示的项目代号信息为= S2+C15–G6：11，S2 系统的位置在 C15 室的发电机 6 的端子号 11 处。

（2）回路标号

回路标号（circuit marking），表征电气回路种类和特征的方案符号和数字符号，回路标号由三位或三位以下的数字组成。回路标号按照"等电位"的原则进行标注，即回路中接在同一点上的所有导线具有同一电位，要标注相同的回路标号。直流回路标号示例如表 2-16 所示。

表 2-16　电气原理图中的回路标号

直流回路标号："个性十回百电源"	
回路正极侧按个位奇数顺序 1、3、5、7……	回路负极侧按个位偶数顺序 2、4、6、8……
例：1、2、3 回路正极 11、21、31	1、2、3 回路负极 12、22、32
在同一回路中经过压降元件（R/C）变标号极性、线段极性不明则奇数偶数任意标	
一次回路（配电前）中个位数字的奇偶数区分回路的极性，用十位的顺序区分回路中不同线段	
用百位数字的顺序区分不同供电电源的回路，回路中共用同一电源，百位数可省略	
A 电源的正、负极回路标号用 101、111、121，102、112、122	
B 电源的正、负极回路标号用 201、211、221，202、212、222	
交流回路标号："个相十回"	
个位数顺序区分回路中的相别，1、2、3（L1、L2、L3）	十位数顺序区分回路中不同段
例：L11 为第一相第一段、L12 为第二相第一段、L13 为第三相第一段，L21 为第一相第二段	
二次回路（用电）经过压降元件时的不同线段分别按奇数和偶数的顺序标号	
对于不同供电电源的回路，也可用百位数字的顺序标号进行区分	

（3）元器件/装置数字代码

元器件/装置数字代码（component/device numeric code）表示各种电气元件、装置的种类或功能，须按顺序编号，还要在技术说明中对数字代码意义加以说明。比如 3 个继电器，可以分别表示为"KA1""KA2""KA3"。

（4）线号

线号（line number），电气原理图中的电气图形符号的连线处经常要有数字，即线号，线号是区别电路接线的重要标志。现场的线号主要作用是：在更换器件或者线路脱落时可快速将线路恢复到原来位置。

图 2-42（a）中，KM1 与 KA2，其连接点 13/14 以及 11/12/14 均被标在图纸中，而实际接线也是完全和它对应的，即实物中 KM1 接触器的 14 号连接点和 KA2 继电器的 11 号连接点相连。因连接线都是基于连接点的，可以将连接点作为线路的线号进行标识，电气原理图中不需要再标注线号，只需要在图纸规范中进行描述即可，如图 2-42（b）所示。对于任何一个元器件，它上面的连接点是不会相同的，因此很多德国公司直接使用连接点作线号，而舍去元器件的名称与前缀，如图 2-42（c）所示。

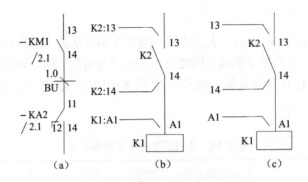

图2-42 电气原理接线处标注——线号

（5）导线的图形表示

1）单根导线（表2-17）。

表2-17 单根导线的表示方法

2）多根导线：

多根导线的表示方法如表2-18所示，其中（e）表示水平三根线与垂直三根线交叉但不相连；（f）表示水平三根线是由垂直的三根线引出的。

表2-18 多根导线的表示方法

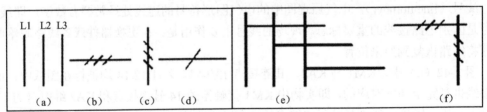

（6）导线类型与特殊接线端子标记

在电气图中，可以用不同的图形符号表示线的走向及布线方式（表 2-17），其中布线数量见表2-18，电源及负载电机的端子符号见表2-19。

表 2-19 导线类型与特殊接线端子标记

交流电源		
相线 L1、L2、L3 A 相、B 相、C 相 黄 YE、绿 GN、红 RD	中性线 N 蓝 BU	保护接地线 PE 黄绿双色相间 YEGN
不接地保护 PU	机壳或机架接地 MM	等电位连接 CC
中性保护体（保护接地线与中性线共用）PEN		低噪声（抗干扰）接地 TE
直流电源		
正极 L+ 棕色 BN	负极 L-蓝色 BU	中间线 M
三相交流电动机		
相线首端子 U1、V1、W1	相线末端子 U2、V2、W2	零线（中性线）端子 N
多台#1U1、#1V1、#1 W1	#1U2、#1V2、#1 W2	#1L1、#1L2、#1L3
直流电动机		
正极端子 C	负极端子 D	中间线端子 M

（7）主令控制、电气控制、可编程控制与执行结构的画法

主令控制、电气控制、可编程控制与执行结构的画法如图 2-43 所示。

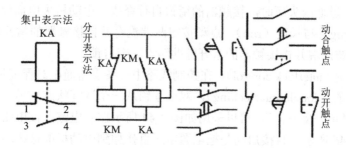

图 2-43 电气控制、执行器件图形符号的画法

2.7.2.4 电气原理图绘制原则

电气原理图绘制原则如下：

1）触点的绘制位置。垂线左侧的触点为常开触点，垂线右侧的触点为常闭触点；水平线上方的触点为常开触点，水平线下方的触点为常闭触点。

2）主电路、控制电路、执行电路和辅助电路应分开绘制。

主电路是负载设备的驱动电路，是大电流从电源到电动机通过的路径。

控制电路是由接触器和继电器线圈组成的逻辑电路，实现所要求的控制功能。

执行电路按控制逻辑要求，由各种电气控制触点执行各种功能电路。

辅助电路，包括输入信号采样、照明、保护电路。

3）将动力电网电路的电源电路绘成水平线，受电的动力装置（电动机）及其保护电器支路应垂直于电源电路。

4）主电路用垂直线绘制在图的左侧，控制电路用垂直线绘制在图的右侧，控制电路中的耗能元件画在电路的最下端，其他执行、辅助电路可以单独画出电路模块。

5）图中自左而右或自上而下表示操作顺序，并尽可能减少和避免线条交叉。

6）图中有直接电联系的交叉导线的连接点（导线交叉处）要用黑圆点表示。

7）在原理图的上方将图分成若干图区，并标明该区电路的用途与作用（技术说明）；在继电器、接触器线圈下方列有触点表，以说明线圈和触点的从属关系（电气图表）。

2.7.2.5 电气原理图标注

电力拖动电气回路中的元器件要有图形符号和文字符号。常见的元器件名称文字符号标注有：QS 刀开关、GF 断路器、FU 熔断器、KM 接触器、KA 中间继电器、KT 时间继电器、KS 速度继电器、FR 热继电器、SB 按钮、SQ 行程开关（国际 ST）。

元器件名称的文字符号，要用小号字体注在其图形符号旁边。

2.7.2.6 电气原理图元件技术数据

元器件名称、符号、功能、型号、数量等，参见电气元件明细表。

2.7.2.7 电气原理图常用设计

1）失电压、欠电压保护（under voltage protection）由接触器本身的电磁结构来实现，当电源电压严重过低或失压时，接触器的衔铁自行释放，电动机失电而停机。

2）点动（jog）与长动（run），点动按钮两端没有并接接触器的常开辅助触点（不带自锁）；长动按钮两端并接接触器的常开辅助触点（带自锁）。

3）联锁控制（interlock control），在控制线路中一条支路通电时保证另一条支路断电。

4）双重互锁（double interlocking），双重互锁从一个运行状态到另一个运行状态可以直接切换，即"正—反—停"，可以采用如图 2-44 所示控制电路，该电路的操作和动作如图 2-45 和图 2-46 所示。直接启动是把电源电压直接加到电动机的接线端，这种控制线路结构简单，成本低，仅适合于实现电动机不频繁启动，不可实现远距离的自动控制。

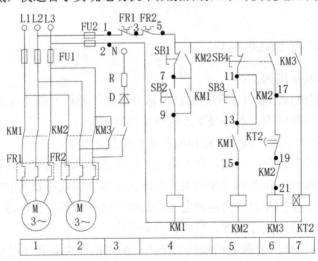

注：图中小黑点旁标注的数字 1、3、5、7、9、11、13、15、17、19、21 为控制电路火线线号标号，2 为控制电路中性线线号标号；图下一栏中数字 1～7 为 7 个电气回路数标号。

图 2-44 电气联锁与双重互锁控制

SB2/ON（4）→KM1/得电（4）→KM1 主触点/ON（1）

→KM1/ON 自锁（4）　　　　→M1（1）运行

→KM1/ON（5）M2 启动准备

SB3/ON（5）→KM2/得电（5）→KM2 主触点/ON（2）→M2（2）运行

→KM2/ON 自锁（5）

→KM2/ON（4）→短接 SB1 使 M1 停止按钮失效

图 2-45　电机 M1 与 M2 启动与运转控制过程

SB4/OFF（5）→KM2/失电（5）→KM2 主触点/OFF（2）→M2（2）停止

→KM2/OFF 断开（4）→解除对 SB1 短接→M1 停止

→KM3/得电（6）→KM3 主触点/ON（3）→M2（2）绕组接入直流制动

→KM3/ON 自锁（7）

→KT/得电（7）→设定时间到 KT/OFF（6）→KM/失电（6）

→KM3 主触点/OFF（3）→M2（2）解除直流制动

→KM3/OFF 解除自锁→KT/失电（7）

SB1/OFF（4）→M1（1）停止

图 2-46　电机 M1 与 M2 停止指定控制过程

5）欠压启动（undervoltage starting），指利用启动设备将电压适当降低后加到电动机的定子绕组上进行启动，待电动机启动运转后，再使其电压恢复到额定值正常运行。

2.7.2.8　安装配线图

安装配线图（wiring layout diagram）主要用于电气设备的安装配线、线路检查、线路维修和故障处理。在图中要表示出各电气设备、电器元件之间的实际接线情况，并标注出外部接线所需的数据。在电气安装接线图中，各电器元件的文字符号、元件连接顺序、线路号码编制都必须与电气原理图一致。一般可将电气原理图标好线号后直接作为安装接线图。

一般情况下，电气安装图和原理图需配合起来使用。绘制电气安装接线图应遵循的主要原则如下：

1）必须遵循相关国家标准绘制电气安装接线图。

2）各电器元件的位置、文字符号必须和电气原理图中的标注一致，同一个电器元件的各部件（如同一个接触器的触点、线圈等）必须画在一起，各电器元件的位置应与实际安装位置一致。

3）不在同一安装板或电气柜上的电器元件或信号的电气连接一般应通过端子排连接，并按照电气原理图中的接线编号连接。

4）走向相同、功能相同的多根导线可用单线或线束表示。画连接线时，应标明导线的规格、型号、颜色、根数和穿线管的尺寸。

电气安装接线图是为了进行装置、设备或成套装置的布线，提供各个安装接线图项目之间电气连接的详细信息，包括连接关系、线缆种类和敷设线路。具体说明如表 2-20所示。

表 2-20　导线敷设位置、规格与材质说明

① ————————— BV-500-（3×16+1×10）

单塑绝缘铜线—额定电压 500V-（三相导线截面积 16 mm^2+中性线截面积 10 mm^2）

② ————————— TMY-3（80×6）+（30×4）

硬铜母线-3 相、相线截面（宽×厚）80 mm×6 mm+中性线线截面 30mm×4mm

③ ╱———————— BLY-500-（3×70+1×35）SC70-WE

聚氯乙烯绝缘铝线-额定电压 500V-（三相导线截面积 70 mm^2+中性线截面积 35 mm^2）-穿内径为 70 mm 的焊接钢管-沿墙明敷

2.7.2.9　电气配线

线号管（pipe line），实际电气接线、配线用于套在导线端头的标有接线线号的 PVC 管上；线号（wiring label），就是套在接线位置处的标记，如图 2-47（a）所示。正规 PVC 管上的线号由如图 2-47（b）所示的线号机打印完成。

（a）线号管使用示例

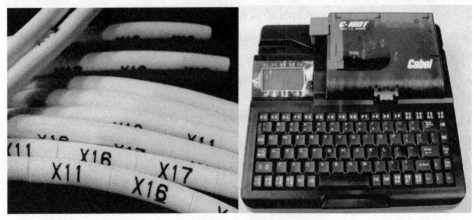

（b）线号、线号机

图 2-47　配线管、接线线号与线号机

2.7.2.10　敷设线路规范

敷设（laying），就是指线管或线缆由一处至另一处之间的安装。

电气设计施工图中常用线路敷设方式如表 2-21 所示。

表 2-21　电气设计施工图中常用线路敷设方式

序号	名称		文字符号
1	沿钢线槽敷设	steel route	SR
2	沿屋架或跨屋架敷设	bridge embed	BE
3	沿柱或跨柱敷设	column embed	CLE
4	沿墙面敷设	wall embed	WE
5	沿天棚面或顶棚面敷设	ceiling embed	CE
6	在人能进入的吊顶内敷设	across ceiling embed	ACE
7	暗敷设在梁内	beam cross	BC
8	暗敷设在柱内	column cross	CLC
9	暗敷设在墙内	wall cross	WC
10	暗敷设在顶棚内	ceiling cross	CC
11	暗敷设在人不能进入的顶棚内	acentric ceiling cross	ACC
12	暗敷设在地面内	floor cross	FC
13	吊顶内敷设，要穿金属管（要考虑散热）	steel ceiling embed	SCE

思考题

1．简述电气安全，并解释哪些场所需要等电位接地，利用物理学规律解读等电位接地的原理。

2．常用电气安全保护元件有哪些？有何保护作用？

3．简述剩余电流装置（residual current device，RCD）与浪涌保护器（surge protective device，SPD）在低压配电电气系统中的作用。

4．简述电气原理图的基本构成。

5．什么是回路标号？解答回路标号的规范与规律。

6．绘制电气安装图应遵循的主要原则是什么？

7．简述电气设计施工图中常用线路敷设方式。

8．简述电气设备系统中的短路故障与谐波电流导致的故障现象。

第 3 章　环保设备仪表通用知识基础

在工业生产过程中，设备系统的仪器仪表可实现自动控制、报警、信号传递和数据处理等功能。本章侧重介绍与分析环保设备中设计的仪表的基础知识。

3.1　仪器仪表的发展

3.1.1　人类早期的度量器具

（1）人类最早的度量器具

称重器和计时器是人类最早的度量器具（measuring instruments），反映了人类早期的认识和生活需求。早在公元前 2500 年，人类就开始使用天平。原始的计时器主要有影钟、水钟和水运天文台 3 种。公元前 1450 年，古埃及就有绿石板影钟。古代用以表示时间的可靠的方法是日晷或影钟。

（2）指南针、浑天仪、地动仪

在公元前 300 年—公元前 100 年，中国发明了磁罗盘（定向仪器），宋代时指南针发展成熟。中国西夏时期就有观测和记录天文的浑天仪，其原理在现代工程测量、地形观测和航海仪器中广泛使用。东汉时期，张衡发明了世界上第一台自动天文仪，开创了人类使用仪器测量地震的历史。

（3）文艺复兴时期的科学仪器

15 世纪后期，随着自然科学的发展，早期的科学仪器也以不同的背景和形式逐渐形成，主要有光学仪器、温度计、数学仪器等。

1）光学仪器。

1590 年前后，荷兰人扎哈里那斯·詹森制造了第一个非常精确的复合显微镜，18 世纪后半叶，所有的光学仪器都是在开普勒式透镜组合的基础上改造。

2）温度计。

伽利略在早期的实验中，用玻璃管制成了空气温度计。约 1714 年，华伦海特创造了华氏温度计。17 世纪末，在仪器制造贸易中，人们把气压计和温度计与刻度标尺、指针和其他配件配合安装在一起，构制成相应的仪器仪表。

3）数学仪器。

英格兰的吉米尼（Thomas Gemini）率先进行数学仪器的制造，其后不久英国雕刻匠和制模匠科尔（Humfray Cole）开始从事仪器的专门制作，从星盘、日晷和象限仪，扩展到观测和测量用仪器，还有一系列演示"自然科学实验"的仪器。

4）其他仪器。

到 1650 年后，新型的精密仪器就不断地被制造出来。如测量用的圆周仪、量角器，航海用的高度观测仪和反向式八分仪，绘图和校仪用的分度尺和绘图仪，还有经纬仪、气泡水平仪、新型望远准镜、测探仪、海水取暖器、比重计、摆钟等。这些精密仪器为 17 世纪后自然科学的发展提供了重要保障，是科学技术发展的标志，也为科学仪器的进一步发展打下了良好的基础。

3.1.2　近代仪表

由于科学研究和科学课堂的需求，到了 18 世纪初，制造者们开始设计和生产标准的仪器和配件。仪表工匠与其他专业制造者联合起来，制造了光学、气动、磁力和电力等方面的仪器，从此将仪器与仪表正式结合起来，使仪器、仪表融为一体，成为一个专门的学科。

20 世纪初，电子技术的发展使各类电子仪器快速产生，尤其是电子与计算机崛起式发展，使仪器仪表从模拟式仪器过渡到数字式仪器，见图 3-1。

图 3-1　模拟仪表与数字仪表

20 世纪中期以后，随着自动控制理论的产生和自动控制技术的成熟，以 A/D（数字/模拟转换）环节为基础的数字式仪器得到快速发展。

随着计算机、通信、软件和新材料、新技术等的快速发展与成熟，人工智能、在线测控成为可能，使仪器走向智能化、虚拟化、网络化。

数字仪器、智能仪器、个人计算机仪器、虚拟仪器和网络仪器，代表了 20 世纪现代科学仪器发展的主流与方向。

3.1.3　智能仪器

智能仪器（smart instrument）（图 3-2）是把嵌入式系统［如单片机、数字信号处理（digital signal processing，DSP）等微型计算机系统］嵌入数字式电子测量仪器中而构成的独立式仪器。

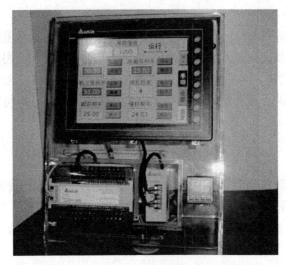

图 3-2　现代智能仪表

智能仪器在结构上自成一体，仪器内部带有通用接口总线（general purpose interface bus，GPIB）接口，能独立完成测试。如图 3-3 所示，这种智能仪表省去传统意义的分散显示仪表，将现场的一次仪表（传感器）信号直接引入 GPIB 接口或 VXI（VMEbus Extension for Instrumentaion）总线接口（图 3-4），再借助计算机系统的各种组态软件（supervisory control and data acquisition，SCADA），形成虚拟显示仪器仪表。

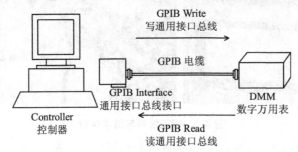

图 3-3　基于 GPIB 现场显示仪器仪表

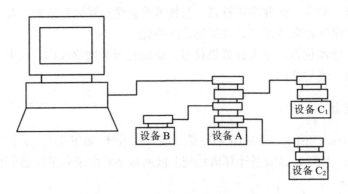

图 3-4　基于 VXI 总线技术现代智能仪表

3.1.4 个人仪器

个人仪器/微机仪器（personal computer instrument，PCI）亦称 PC（personal computer）仪器，是将原独立式智能仪器中的测量部分制作成仪器卡，插入 PC 的总线插槽，而原独立式智能仪器所需的键盘、显示器及存储器等均借助于 PC 的资源，再配置相应的测试软件，使计算机能够完成测量仪器的功能，构成一个以 PC 为基础的个人计算机仪器，如 NI 公司的 LabviEW。

3.1.5 虚拟仪器

虚拟仪器（virtual instrument）实质上是"软硬结合""虚实结合"的产物。它充分利用计算机技术来实现和扩展传统仪器的功能。在虚拟仪器中，硬件只是信号传输的介质，软件才是整个仪器系统的关键。

用户可根据自己的需要通过编制不同的测试软件（如 LabviEW、Forcecontrol、HMI 等），来构建不同功能的测试系统。其中，许多硬件功能可直接由软件实现，系统具有极强的通用性和多功能性。基于 LabviEW 与 GPIB 技术的虚拟仪表见图 3-5。基于 WindowCE 的虚拟仪表见图 3-6。

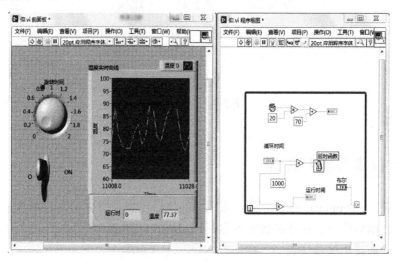

图 3-5 基于 LabviEW 与 GPIB 技术的虚拟仪表

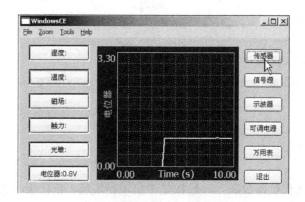

图 3-6 基于 WindowCE 的虚拟仪表

3.1.6　网络仪器

网络仪器（network instrument）是计算机技术、虚拟技术、网络技术完美结合而产生的新一代仪器仪表。

网络仪器可实现任意时间、任何地点对系统的远程访问，实时获得仪器的工作状态。与传统的仪器相比，网络仪器具有如功能分散、危险分散、地理分散、管理集中、通信功能强、网络隔离度高、分布广泛等无可比拟的优势。

3.1.7　基于物联网+智能 App 的便携式网络仪器

基于物联网+智能 App 的便携式网络仪器是把网络仪器的所有功能，通过物联网+接口设计与开发，移植到智能 App 手机终端上（图 3-7）。

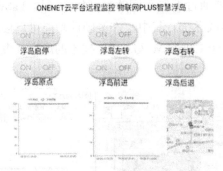

图 3-7　手机 App

3.2　仪器仪表分类及特点

仪器仪表（instrumentation），现代意义上的仪器仪表是用以检出、测量、观察、计算各种物理量、物质成分、物性参数等的器具或设备，如图 3-8 所示的压力表、温度、湿度检测传感器等均属于仪器仪表。

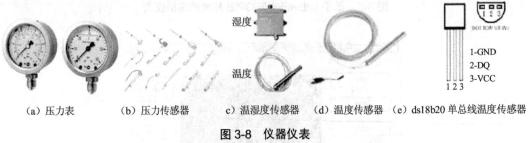

（a）压力表　　　（b）压力传感器　　c）温湿度传感器　　（d）温度传感器　　（e）ds18b20 单总线温度传感器

图 3-8　仪器仪表

3.2.1　分类

设备系统中的现代仪器仪表，一般按是否出现在现场，把仪表分为一次仪表和二次仪表（图 3-9）。一次仪表指传感器这类直接感触被测信号的部分；二次仪表指放大、显示、传递信号部分。

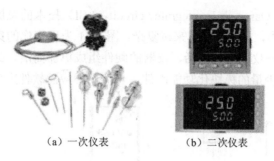

（a）一次仪表　　　（b）二次仪表

图 3-9　一次仪表与二次仪表

3.2.2　特点

（1）软件化

微电子技术（micro-electronic technology）和数字信号处理技术（DSP）在仪器仪表中的广泛应用，使得一些实时性要求很高、原本由硬件完成的功能，可以通过软件来实现。数字滤波（digital filtering）、FFT（Fast Fourier Transformation）、相关分析（correlation analysis）、卷积（convolution）等是信号处理的常用方法，其共同特点是，主要运算都是由迭代式的乘和加（n times iteration）组成（图 3-10），数字信号处理器通过硬件完成上述乘、加运算，大大提高了仪器性能，推动了数字信号处理技术在仪器仪表领域的广泛应用。

目标函数：$\vec{\theta}^{*} = \arg\max_{\vec{\theta}} \mathcal{L}(\{x_i, y_i\}_{i=1}^{N}; \vec{\theta}) + \Omega(\vec{\theta})$

迭代优化：$\vec{\theta}^{*} \leftarrow$ 随机值：

  for $(t = 1\,\text{TO}\,T)$

  {

    其他操作；

    $\vec{\theta}^{(t)} \leftarrow g\left(\vec{\theta}^{(t-1)}, \left.\dfrac{\partial \mathcal{L}}{\partial \theta}\right|_{\vec{\theta}=\vec{\theta}^{(t-1)}}\right)$；

    其他操作；

  {

  return $\vec{\theta}^{(T)}$；

$$\theta^0 = 1$$
$$\theta^1 = \theta^0 - \alpha \times J'(\theta^0)$$
$$= 1 - 0.4 \times 2$$
$$= 0.2$$
$$\theta^2 = \theta^1 - \alpha \times J'(\theta^1)$$
$$= 0.04$$
$$\theta^3 = 0.008$$
$$\theta^4 = 0.0016$$

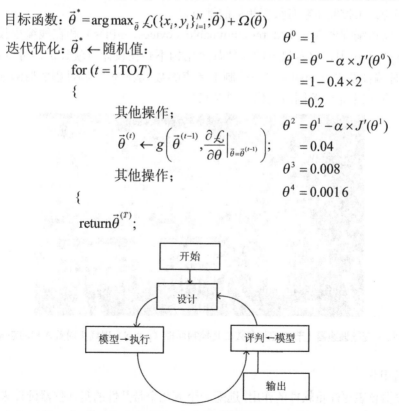

图 3-10　迭代式的乘和加

（2）集成化

大规模集成电路（large-scale integrated circuit，LSI）技术的发展使集成电路的密度越来越高，体积越来越小，内部结构越来越复杂，图 3-11 为现代化的集成电路的温度传感器模块化功能硬件，使得仪器更加灵活，仪器的硬件组成更加简洁，比如在需要增加某种测试功能时，只需增加少量的模块化功能硬件，再调用相应的软件来使用此硬件即可。

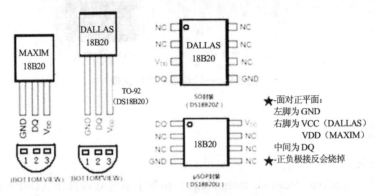

图 3-11　单总线数字式温度传感器模块 DS18B20

（3）参数可编程自整定

整定参数（setting parameter）是通过改变控制单元参数，如比例 P、积分时间 T_i、微分时间 T_d 等，改善系统的动态、静态特性，以求取较佳的控制效果的过程。例如，炉温控制、PI 控制与人工控制策略有很多相似的地方。

由于现场可编程器件（field programmable devices，FPDs）和在线编程技术（online programming）的出现，仪器仪表的参数甚至结构不必在设计时就确定，可以在仪器使用的现场，实时编程设定（set point，SP）控制工艺点参数，从而使控制过程的监测参数（process variable，PV）在限定的范围内变化（图 3-12）。

图 3-12　变频调速器［节能控制参数由其控制面板（panel）现场实时置入和动态修改］

（4）通用化

现代仪器仪表更注重软件的作用，选配一个或几个带共性的基本仪器硬件来组成一个通用硬件平台（如计算机），通过调用不同的软件来扩展或组成各种功能的仪器或系统。

现场一次仪表也就是传感器（sensor）。根据《传感器通用术语》（GB 7665—2005），传感器是能感受到被测量的信息并按照一定规律转换成可用输出信号的器件或装置，原理框图如图 3-13 所示。传感器利用物理效应、化学效应、生物效应，把被测的物理量、化学量、生物量等转换成符合需要的电量。

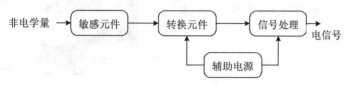

图 3-13 传感器原理

传感器是仪器仪表实现检测的接口，更是设备系统实现监控的主角。控制必须以检测输入信息（监测，monitoring）为基础，以确定控制达到的精度（accuracy）和状态（state），没有明确控制效果（accuracy & state）的控制是盲目的控制。所以，传感器也常被称为现场一次仪表（primary instrument）。图 3-14 列举了一些常见的现场一次仪表。

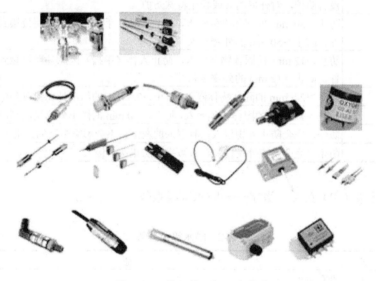

图 3-14 常见的现场一次仪表

3.3 仪器仪表防护等级

防护等级（ingress protection，IP）是由国际电工委员会（IEC）组织起草和制定的，将仪器仪表依其防尘、防湿气等特性加以分级。防护等级由两个数字组成，第 1 个数字表示仪器仪表和电器离尘、防止外物侵入的等级；第 2 个数字表示仪器仪表和电器防湿气、防水侵入的密闭程度，数字越大表示其防护等级越高（图 3-15）。

图 3-15　仪器仪表的防护等级结构编码含义

1）防护等级（IP）第 1 个数字——防尘等级系数，见表 3-1。

表 3-1　防尘等级系数

	X	X	表征
IP		0	没有防护，对外界的人或物无特殊防护
		1	防止＞50 mm 的固体物体侵入，防止人体（手掌）因意外而接触到电器内部的零件，防止＞50 mm 的外物侵入
		2	防止＞12 mm 的固体物体侵入，防止人体（手指）因意外而接触到电器内部的零件，防止＞12 mm 的外物侵入
		3	防止＞2.5 mm 的固体物体侵入，防止＞2.5 mm 的细小外物接触到电器内部的零件
		4	防止＞1.0 mm 的固体物体侵入，防止＞1.0 mm 的微小外物接触到电器内部的零件
		5	防尘，完全防止外物侵入，且侵入的灰尘量不会影响电器的正常工作
		6	防尘，完全防止外物侵入，且可完全防止灰尘侵入

2）防护等级（IP）第 2 个数字——防水等级系数，见表 3-2。

表 3-2　防水等级系数

	X	X	表征
IP		0	没有防护
		1	防止滴水侵入，垂直滴下的水滴不会对电器造成有害影响
		2	倾斜 15°时仍可防止滴水侵入，仪器仪表和电器倾斜 15°时滴水不会对电器造成有害影响
		3	防止喷洒的水侵入，防雨，或防止与垂直方向＜60°方向所喷洒的水侵入仪器仪表和电器造成损坏
		4	防止飞溅的水侵入，防止各方向飞溅的水侵入仪器仪表和电器造成损坏
		5	防止喷射的水侵入，防止各方向喷射的水侵入仪器仪表造成损坏
		6	防止大浪侵入，防止大浪侵入安装在甲板上的仪器仪表和电器造成损坏
		7	防止浸水时水的侵入，仪器仪表和电器浸在水中一定时间或在一定标准的水压下，能确保仪器仪表和电器不因进水而造成损坏
		8	防止沉没时水的侵入，仪器仪表和电器无限期地沉没在一定标准的水压下，能确保仪器仪表不因进水而造成损坏

3.4 仪器仪表防爆标志

根据可能引爆的最小火花能量，定义防爆性物质区域（explosion-proof zone），详见表 3-4～表 3-8。

防爆等级：

将工厂或矿区的爆炸危险介质，按其引燃能量、最小点燃温度以及现场爆炸性危险气体存在的时间周期，进行科学分类分级，以确定现场防爆设备的防爆标志和防爆形式。

1）ia 等级。

在正常工作、出现 1 个故障和出现 2 个故障 3 种情况下均不能点燃爆炸性气体混合物的电气设备。

①正常工作时，安全系数为 2.0；

②1 个故障时，安全系数为 1.5；

③2 个故障时，安全系数为 1.0。

注：有火花的触点须加隔爆外壳、气密外壳或加倍提高安全系数。

2）ib 等级。

在正常工作和出现 1 个故障时不能点燃爆炸性气体混合物的电气设备。

①正常工作时，安全系数为 2.0；

②1 个故障时，安全系数为 1.5；

③正常工作时，有火花的触点须加隔爆外壳或气密外壳保护，并且有故障自显示的措施，有 1 个故障时，安全系数为 1.0。

危险场所危险性划分见表 3-3。

表 3-3　危险场所危险性划分

爆炸性物质	区域定义	中国标准	北美标准
气体 CLASS Ⅰ	在正常情况下，爆炸性气体混合物连续或长时间存在的场所	0 区	Div.1
	在正常情况下，爆炸性气体混合物有可能出现的场所	1 区	
	在正常情况下，爆炸性气体混合物不可能出现，仅在不正常情况下，偶尔或短时间出现的场所	2 区	Div.2
粉尘 CLASS Ⅱ 纤维 CLASS Ⅲ	在正常情况下，爆炸性粉尘或可燃纤维与空气的混合物可能存在联系，在短时间频繁地出现或长时间存在的场所	10 区	Div.1
	在正常情况下，爆炸性粉尘或可燃纤维与空气的混合物不能出现，仅在不正常情况下，偶尔或短时间出现的场所	11 区	Div.2

表 3-4　防爆类型适用区域

序号	防爆型式	代号	国家标准	防爆措施	适用区域
1	防爆型	d	GB 3836.2	隔离存在的点火源	Zone1，Zone2
2	增安型	e	GB 3836.3	设法防止产生点火源	Zone1，Zone2
3	本安型	ia	GB 3836.4	限制点火源的能量	Zone0，Zone2
	本安型	ib	GB 3836.4	限制点火源的能量	Zone1，Zone2
4	正压型	p	GB 3836.5	危险物质与点火源隔开	Zone1，Zone2

序号	防爆型式	代号	国家标准	防爆措施	适用区域
5	充油型	o	GB 3836.6	危险物质与点火源隔开	Zone1，Zone2
6	充砂型	q	GB 3836.7	危险物质与点火源隔开	Zone1，Zone2
7	无火花型	n	GB 3836.8	设法防止产生点火源	Zone2
8	浇封型	m	GB 3836.9	设法防止产生点火源	Zone1，Zone2
9	气密型	h	GB 3836.10	设法防止产生点火源	Zone1，Zone2

表 3-5　防爆气体类型

工况类别	气体分类	代表性气体	最小引爆火花能量/mJ
矿井下	I	甲烷	0.280
矿井外的工厂	IIA	丙烷	0.180
	IIB	乙烯	0.060
	IIC	氢气	0.019

表 3-6　防爆温度组别

温度组别	安全的物体表面温度/℃	常见爆炸性气体
T1	≤450	氢气、丙烯腈等46种
T2	≤300	乙炔、乙烯等47种
T3	≤200	汽油、丁烯醛等36种
T4	≤135	乙醛、四氟乙烯等6种
T5	≤100	二硫化碳
T6	≤85	硝酸乙酯和亚硝酸乙酯

表 3-7　Ex（ia）IIC T6 的含义

标志内容	符号	含义
防爆声明	Ex	符合某种防爆标准，如我国的国家标准
防爆方式	ia[①]	采用ia级本质安全防爆方法，可安装在0区
气体类别	IIC	被允许涉及IIC类爆炸性气体
温度组别	T6	仪表表面温度不超过85℃

表 3-8　Ex（ia）IIC 的含义

标志内容	符号	含义
防爆声明	Ex	符合欧洲防爆标准
防爆方式	ia[①]	采用ia级本质安全防爆方法，可安装在0区
气体类别	IIC	被允许涉及IIC类爆炸性气体

3.5　仪器仪表性能指标

衡量仪器仪表性能的主要技术指标有精确度、准确度、灵敏度、响应时间等。

---

① 本安型仪表有 ia、ib 两种，从本质安全角度讲，ia 型仪表适用于工厂，ib 型仪表适用于煤矿井下。

3.5.1 精确度与精确度等级

（1）精确度

精确度（precision）表示仪表测量结果（x）的一致性程度。一般是指测量结果（x）与被测量真值（A）的一致程度。

（2）精确度等级

精确度等级（level of precision），仪器仪表的精确度常用精确度等级来表示，如 0.1 级、0.2 级、0.5 级、1.0 级、1.5 级等。0.1 级表示仪表总的误差不超过±1.0%范围。精确度等级数小，说明仪表的系统误差和随机误差都小，这种仪表精密度高。我国工业仪表精度等级有 0.005、0.02、0.05、0.1、0.2、0.35、0.4、0.5、1.0、1.5、2.5、4.0 等。

（3）数字仪表的精确度等级表示

1）精度等级表示相对误差的范围。

$$RE = \pm \frac{LP}{100}\%F.S. \tag{3-1}$$

例如，0.5 级，其最大引用误差 RE =±0.005%F.S.，F.S. 是"full scale"的缩写。

2）精度等级用测量值（x）与真值（A）的误差绝对值（$|x-A|$）和真值的比定义：

$$LP = \frac{|x - A|}{A} \times 100\% \tag{3-2}$$

相对误差的范围是：

$$RE = \pm \frac{LP}{100}\%RD \tag{3-3}$$

例如，RE =±0.021%RD（reading）。RD（reading）：测量读数。

3.5.2 准确度

准确度（accuracy），指在一定实验条件下多次测定的平均值（$\bar{x}$）与真值（A）相符合的程度，以误差来表示。

$$准确度 = \frac{|\bar{x} - A|}{A} \times 100\% \tag{3-4}$$

精确和准确的区别可由图 3-16 产生直观的认识。简单地说，就是去测量一个东西，这个东西本来是 5 cm（$A = 5$ cm），测了好多次的数据都几乎是 4 cm，精确但是不准确，因为测量结果有很大误差。准确则是测出来的都与 5 cm 偏差很小。精确度高不一定准确，但是准确度高一定精确度高。实验数据很精准时，才会有高度的再现性，实验数据才是可信的。因此实验数据需要具有高精密度（多次量度或计算的结果的一致程度）。

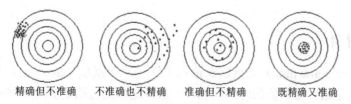

精确但不准确　　不准确也不精确　　准确但不精确　　既精确又准确

图 3-16　准确（accuracy，0～1）和精确（precision）示意

单次测量的直接不确定度一般用测量仪器的最小刻度与 $\sqrt{3}$ 的比值来计算，如图 3-17 所示，游标卡尺的直接测量不确定度为 $(\frac{1}{20})/\sqrt{3}$ mm。

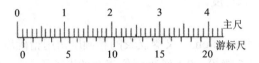

图 3-17　单次测量的不确定度为 $(\frac{1}{20})/\sqrt{3}$ mm

3.5.3　灵敏度

仪表灵敏度（meter sensitivity）表示对被测量变化的敏感程度，一般定义为测量仪器指示值（指针的偏置角度、数码的变化、位移的大小等）增量 Δy_{RD} 与被测量增量 Δx 之比。如示波器输入电压时，显示屏上光点偏移的距离就定义为偏转灵敏度，单位为 mV/div、V/div。如 GA1102CAL 的垂直灵敏度为 2 mV/div～5V/div。检测红外光发射遥控器的灵敏度见图 3-18。

$$灵敏度 = \frac{\Delta y_{RD}}{\Delta x} \times 100\% \tag{3-5}$$

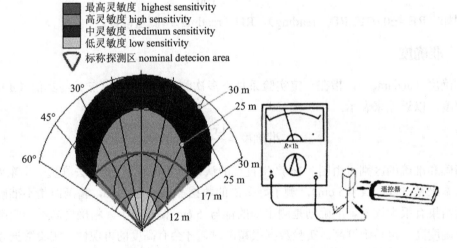

图 3-18　检测红外光发射遥控器的灵敏度

3.5.4　响应时间

响应时间（response time）是指仪表输入（I）一个阶跃量（step）时，其输出（O）由初始值第一次到达最终稳定值的时间间隔，一般规定以到达稳定值的 95%时的时间为准，此时间决定仪表的在线性应用（图 3-19、图 3-20）。

图 3-19　对输入信息的反馈时间

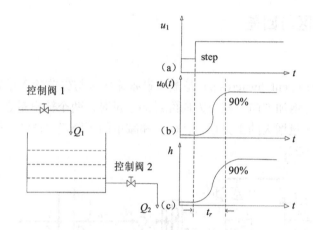

图 3-20　流量输出对控制调节阀输入阶跃电压的响应时间

3.5.5　仪表的重复性（再现性）、线性度、漂移

（1）重复性

重复性（repeatability）指的是相对标准偏差（relative standard deviation，RSD），用检测数据（x）的标准偏差（δ_x）和平均值（$\bar{x}$）的比值计算而得：

$$\text{RSD} = \frac{\delta_x}{\bar{x}} \times 100\% \tag{3-6}$$

一般仪器对重复性 RSD 的要求小于 10%。

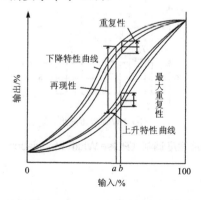

图 3-21　仪表重复性

（2）线性度

线性度（linearity）表征线性刻度仪表的输出量与输入量实际校准曲线与理论直线的吻合程度，是仪表最大偏差（$\Delta Y_{\max}$）与满量程输出（F.S.）的百分比：

$$\delta_L = (\Delta Y_{\max}/\text{F.S.}) \times 100\% \tag{3-7}$$

（3）漂移

在一段时间内，由于外界的影响，仪表的输入和输出之间产生非所期望的逐渐变化。零点漂移（zero drift），又被简称零漂，即输入电压为零，输出电压偏离零值。

3.6 滞环、死区与回差

（1）滞环

仪表滞环（instrument hysteresis）是测量设备输出量与先前输入量顺序有关的一种特性。当输入量分别由增加方向、减小方向经过同一量时，两个输出量之差称为滞后误差。仪表的滞环是由输入量增大的上升段（i^*+h）和减小的下降段（i^*-h）构成的特性曲线所表征的现象，见图3-22。

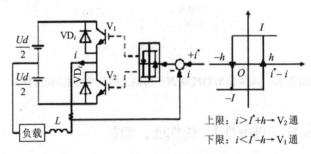

（a）电流滞环跟踪控制时电流波形

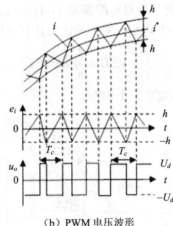

（b）PWM电压波形

图3-22　滞环比较跟踪脉冲宽度调制（Pulse Width Modulation，PWM）控制波形示意图

（2）死区

死区（dead band，DB）是输入量的变化（Δx_{DB}）不致引起输出量有任何可察觉的变化的有限区间，见图3-23。死区用输入量程的百分数表示。

$$f(\Delta x_{DB}) = 0 \qquad\qquad (3\text{-}8)$$

$$DB = \frac{\Delta x_{DB}}{F.S._{IN}} \times 100\% \qquad\qquad (3\text{-}9)$$

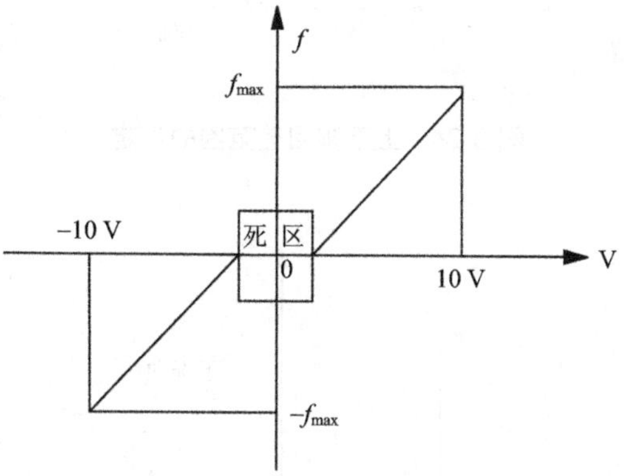

图 3-23　仪表死区

（3）回差

1）回差（hysteresis variationr，HV）也叫变差（variation），是指在仪表全部测量范围内，被测量值上行和下行所得到的两条特性曲线之间的最大偏差。回差是装置或仪表依据施加输入值的方向顺序给出对应于其输入值的不同输出值的特性，按输出量程的百分比表示为：

$$HV = \frac{2f_{max}}{F.S._{OUT}} \times 100\% \qquad\qquad (3\text{-}10)$$

例如，输入值是 100，标准输出值是 98，那么如果上行值是 97.5，下行值是 97，则回差是多少？

答：

$$HV = \frac{97.5 - 97}{98} \times 100\% = 0.5\%$$

2）回差电压（hysteresis voltage）属于施密特触发器的参数。当输入信号电压上升到 U_K 时，施密特触发器状态会从第 1 种状态 A 转变为第 2 种状态 B；当输入信号电压下降到 U_T 时，它又会从第 2 种状态 B 翻转到第 1 种状态 A。这两个电压的差值称为回差电压：

$$\Delta U = U_K - U_T \qquad\qquad (3\text{-}11)$$

式中，U_K——施密特触发器的上门限电压；

U_T——下门限电压。

（4）仪表的滞环、死区、回差及关系

仪表回差 = 滞环+死区

滞环是由于仪表或其元件吸收能量而产生的，见图 3-22。回差是在仪表全部测量范围内，被测量值上行和下行所得到的两条特性曲线之间的最大偏差 $2f_{max}$。对这个最大偏差值进行设定，就称为"回差设定"，包括滞环和死区的设定，如图 3-24、图 3-25 所示。

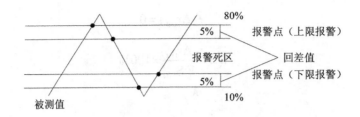

图 3-24 上下限回差范围的设定

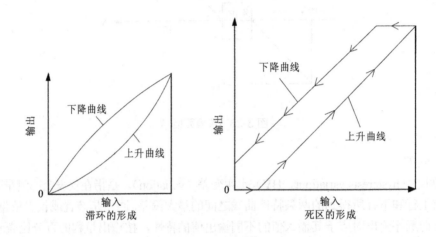

图 3-25 死区与滞环的形成

在实际应用中，回差就是把控制点变成控制段。若没有回差，被监测值在报警值周围波动变化时，开关就在不停动作，对控制设备有极大的损害。例如，当湿度上限设置 80%RH[①]，回差设置 5%RH，则当湿度上升超过 80%RH 时，输出开关量信号，当湿度降回到 75%RH 时，开关量取消。

3.7 二次仪表与变送器

3.7.1 二次仪表

二次仪表（secondary instrument）用以指示、记录或计算来自一次仪表的测量结果。比如，国产二次压力仪表一般有 3 种：

①气动信号，20～100 kPa（0.02～0.1MPa）；

②DDZ-Ⅱ型电动单元仪表信号，0～10 mA DC；

③DDZ-Ⅲ型电动单元仪表信号，4～20 mA DC；

④二次仪表直接指示物理量，如远传压力表（图 3-26），于现场工作时检查。

---

① RH（relative humidity）：相对湿度。

图 3-26 远传压力表

3.7.2 正常工作条件

正常工作条件包括电源、环境温度（0～50℃）与湿度（≤85%RH）、大气条件（无腐蚀性气体或粉尘的场合）、外磁场（≤400A/m）等方面。

3.7.3 二次仪表技术参数

技术参数（specification fields/technical parameters）包括馈电输出、变送输出、控制输出、通信输出、设定点偏差、可设置范围、回差、周期时间、PID 调节仪表参数设置、报警参数等。

（1）馈电输出

馈电（infeed）是指二次仪表带有向传感器、低压显示仪供电的功能。馈电输出（feed output），一般二次仪表的馈电输出，通常为 DC 5V±5%、12V±5%、24V±5%（负载电流≤30 mA）。

（2）变送输出

变送输出（transmitting output）是将一次仪表（sensor）输入的信号，转换成标准的电流信号（0～20 mA 或者 4～20 mA）或电压信号（0～5V 或者 0～10V），以供显示仪表或者 DCS/FCS/PLC 采集用。

（3）控制输出

控制输出（relay output）是指该二次仪表内部带有继电器功能，通过其常开或常闭接点，可以进行继电输出。在测量值（PV）高于或低于设定值（SP）后，这些常开或常闭接点发生动作，用于报警或控制其他电气设备。

（4）通信输出

通信输出（communication），通信格式 RS-232（其传输信号采用 DB9 接口的 PIN5、PIN2、PIN3）或通信格式 RS-485（其信号一般标为 A 信号、B 信号：对于 delta，1、8 脚；对于 Siemens，3、8 脚，半工差分信号）。

（5）设定点偏差

①设定点偏差（Bias）指输出变量按规定的要求输出时，仪表所指示的被控变量示值（process variable，PV）与设定值（set point，SP）的差值。

$$Bias = SP - PV \tag{3-11}$$

②切换差（differential gap）指上、下行程切换值（up and down switching value）之差。切换差是可调节的，一般先将切换值调到最小，打压减压 3 次，取平均值；再把切换

值调到最大，打压减压 3 次，取平均值；最后求得两个平均值的差值，即为所求切换差。

③仪表实际设定点偏差，计算时应用（SP-上行和下行切换平均值）。

例 3-1：假设压力控制器设定 SP = 50 kPa，上行切换值 = 56.0 kPa，泄压后的下行切换值 = 48.0 kPa，求该压力控制器设定点偏差为多少？

解：上行和下行切换平均值：（56.0+48.0）/2 = 52.0 kPa，则设定点误差：52-50 = 2 kPa。

④模拟量数显仪表设定偏差，有≤|±（1%F.S+2 d）|或≤|±（0.5%F.S+2 d）|可选。

d = digit，指仪表显示值最后一位数字，也叫最小分辨率（仪表能够检测到被测量最小变化的本领）。

例 3-2：某温控仪表的设定偏差为±（0.25%F.S.+1 d），T 型热电偶输入范围为-199.9～400.0℃。求该温控仪的设定偏差为多少？

解：F.S. = 400 –（-199.9）= 599.9℃

0.25%F.S. = 599.9×0.25/100 = 1.499 75≈1.5℃

T 型热电偶输入范围-199.9～400.0℃，带有一位小数，所以其最小分辨率为 0.1℃，则 1 d = 0.1℃，所以该温控仪表的设定偏差≤（1.5+0.1）= 1.6℃。

数字处理的仪表参见图 3-27。

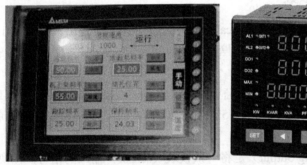

图 3-27 1d5 和 1d6 数字处理的仪表

（6）可设置范围（setting range）

①刻度盘或拨码设置的仪表≥1%F.S.～100%F.S.；

②模拟处理式数显仪表≥1%F.S.～100%F.S.；

③数字处理式仪表≥1%F.S.～100%F.S.。

（7）回差

回差（hysteresis variation）实际上就是把控制点变成控制段，防止被监测点在报警值周围波动变化时，开关频繁动作，损害控制设备。

①模拟处理的仪表回差≤0.5×基本误差。

基本误差（intrinsic error/measure relative error）又称固有误差，是表示仪表测量精度的重要指标：

$$R_m = \frac{|\Delta x_{max}|}{x_{max} - x_{min}} \times 100\% \tag{3-12}$$

式中，$x_{max} - x_{min}$——仪表量程 F.S.。

②数字处理的仪表回差在 0.2～20 可调。

（8）周期时间

周期时间（cycle time，T）指二次仪表完成一个工艺点某一被监测量显示总共需要的时间。

①模拟式时间比例控制仪表：40 s±10 s；

②数字处理式仪表等：25 s±5 s；

③驱动固态继电器及可控硅：2 s±0.5 s。

（9）PID 调节仪表参数设置

①PID，比例（proportion）、积分（integral）、微分（derivative）的简称，PID 控制的难点是控制器的参数整定（setting parameter）。

②PID 调节仪表出厂参数设置值，一般 $P = 5\%$；$I = 210$ s；$D = 30$ s。

（10）报警参数

报警参数（alarm parameter）是对工艺监测点的特殊监测值变化进行值守的参数。

①偏差报警。偏差报警（deviation alarm）主要用于报警温度需要随着 SP 改变而改变的场合，控制值+（4%F.S.～6%F.S.）。

a）偏差上限报警（跟随式上限报警）（follow-up upper deviation），是指报警值设定参考点以设定值 SP 为基准，使用其设定上限偏差报警。

例如，SP = 100℃，报警值设成 110℃，PV≥110℃时报警。

b）偏差下限报警（跟随式下限报警）（follow-up lower deviation），对上例，PV＜110℃时报警。

②绝对值报警（alarm based on zero）。报警值设定参考点以 0℃ 为基准，和 SP 值无关。

例如，报警值设成 110℃，PV≤110℃时报警。绝对值报警，主要用于固定温度警报的场合。

③范围报警（range alarm）。报警值可设置时的范围为 1%F.S.～100%F.S.；

④回差报警（hysteresis variation alarm）。仪表采用报警输出带回差，以防止输出继电器在报警输出临界点上下波动时频繁动作。

a）测量值下行［图 3-28（a）］。

若将下行下限设为 SP1，下限报警回差设为 AH1，当监测值小于等于 SP1 时仪表报警触点动作开始报警；当输入增大，监测值小于 SP1 后，仪表不会马上退出报警状态，而是直到仪表监测值大于等于 SP1+AH1 后，仪表才退出报警状态。

b）测量值上行［图 3-28（b）］。

若上行上限设定值 SP2，上限报警回差设为 AH2，当采样值大于等于 SP2 时仪表报警触点动作；当输入减小，采样值小于 SP2，仪表不会马上退出报警状态，而是直到仪表采样值小于等于 SP2-AH2 后，仪表才退出报警状态。一般 AH1≠AH2。

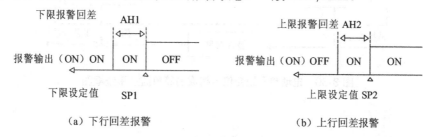

（a）下行回差报警　　　　　　　（b）上行回差报警

图 3-28　回差报警

3.7.4 变送器

变送器（transmitter），用于将模拟输入信号变成标准化信号（standardized signal）的装置，可以说是一种输出为标准化信号（0～10V，0～20 mA）的传感器。

（1）常用变送器分类

1）按变送信号分，有压力变送器、电感变送器、液位变送器、温度变送器、电流变送器、电压变送器、隔离变送器、风速变送器等。

2）按驱动能源分，可分为气动变送器和电动变送器。

①气动变送器

气动变送器（pneumatic transmitter）（图 3-29），对电磁场、放射线及温度、湿度等环境影响的抗干扰能力较强，能防火、防爆，价格也比较便宜；缺点是响应速度较慢，传送距离受到限制，与计算机连接比较困难。

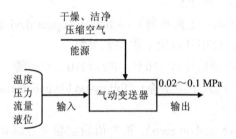

图 3-29　气动变送器（IO）

②电动变送器

电动变送器以电为能源（driving power），信号之间联系比较方便，适用于远距离传送，更便于与电子计算机连接。电动变送器内部机构（图 3-30）按输出信号类型可分为电流输出型和电压输出型两种（图 3-31）。

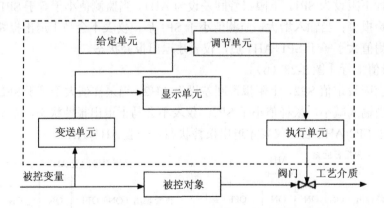

图 3-30　电动单元组合仪表构成的简单监控系统框图

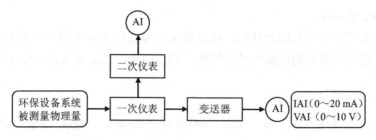

图 3-31 环保设备模拟输入监测点（AI）

a）电流输出型。

电流输出型变送器（transmitter with current output）（图 3-32）可以直接将被测主回路交流电流或者直流电流，转换成按线性比例输出的 DC 4～20 mA（通过 250 Ω电阻转换 DC 1～5V，或通过 500 Ω电阻转换 DC 2～10V）恒流环标准信号。

例如，LF-DI11-54A1-0.2/4～20 mA 电流输出型变送器：

输入范围：0～5A 内可选，如 4～20 mA，0～100 mA；

精度等级：≤0.2%F.S.；

温度特性：≤50PPM/℃（0～50℃）；

整机功耗：≤30 mA+输出电流；

绝缘电阻：≥20MΩ（DC 500V）；

冲击电压：5 kV（峰值），1.2/50 μs；

响应时间：≤300 ms；

过载能力：1.2 倍电流连续；

工作环境：–10～50℃，20%～90%无凝露。

图 3-32 电流输出型变送器

电流输出型变送器具有恒流源的性质，适用于远程传输，在使用屏蔽电缆信号线时，可达数百米。本安电流信号的标准为 0～10 mA、0～20 mA、4～20 mA，首选为 4～20 mA，0 mA 通常被用作电路故障或电源故障指示信号，断线监测。

b）电压输出型。

电压输出型变送器（transmitter with voltage output），将被测交流电压、直流电压、脉冲电压转换成按线性比例输出直流电压信号的装置。

电压输出型变送器，具有恒压源的性质，但远程传送的模拟电压信号的抗干扰能力较差，适合于将同一信号送到并联的多个仪表上，且安装简单，拆装其中某个仪表不会影响其他仪表的工作。电压输出型变送器输出电压信号的范围为 1～5 V、0～10 V、–10～10 V，首选为 1～5 V、0～10 V。

电流输出信号适合于远距离传输，电压输出信号使仪表可采用"并联制"连接。在控制表系统中，进出控制室的传输信号采用电流输出信号，控制室内部各仪表间的联络采用电压输出信号。

（2）变送器输出的接线方式

变送器输出的接线方式分为二线制（two-wire system）、三线制（three-wire system）和四线制（four-wire system）3 种。

①二线制变送器（图 3-33），其供电为 24V.DC，输出信号为 4～20 mA.DC，负载 RL 电阻为 250 Ω，24V 电源的负线电位最低，它就是信号公共线，对于智能变送器，还可在 4～20 mA.DC 信号上加载 HART 协议的 FSK 键控信号。

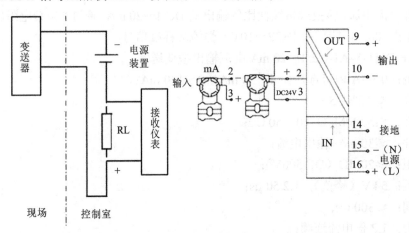

（a）二线制变送器的安装图　　　　（b）二线制变送器单路输入、单路输出的接线图

图 3-33　二线制

二线制一般只适用于小功率的一次传感器，如压变、差压变、温变、电容式液位计、射频导纳、涡街流量计等。

如果传感器本身用电由二线制中得到，则势必影响其带载能力。二线制变送器只有两根外部接线，它们既是电源线又是信号线，电流信号的下限不能为零，但二线制变送器的接线少，传送距离长。

②三线制变送器（图 3-34，图 3-35）就是电源负端和信号负端共用一根线。其供电大多为 24V.DC，输出信号有 4～20 mA.DC，负载电阻 R_L 为 250Ω或者输出信号为 0～10 mA.DC，负载电阻为 0～1.5 kΩ；有的还有 mA 和 mV 信号，但负载电阻或输入电阻，因输出电路形式不同，数值有所不同。

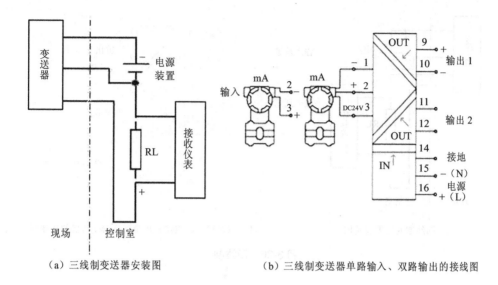

（a）三线制变送器安装图　　　　　（b）三线制变送器单路输入、双路输出的接线图

图 3-34　三线制

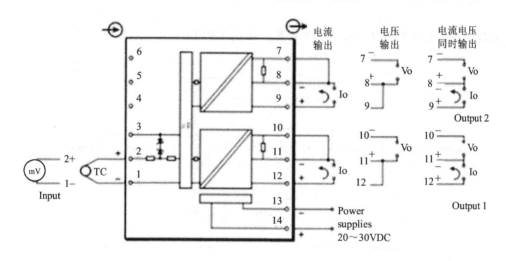

图 3-35　三线制电压源或热电偶（TC）单路输入、双路输出变送器

如果采取三线制，可将导线一根接到电桥的电源端，其他两根（电源、信号公共管与信号输出）分别接到热电阻低电位点的桥臂及与其相邻的桥臂上，就可消除导线线路电阻带来的测量偏差。

③四线制变送器（图 3-36），其供电大多为 220V.AC，也有供电为 24V.DC 的。输出信号为 4～20 mA.DC 和负载电阻 R_L 为 250 Ω，或者输出信号为 0～10 mA.DC 和负载电阻为 0～1.5 kΩ；有的还有 mA 和 mV 信号，但负载电阻或输入电阻，因输出电路形式不同而数值有所不同。

四线制变送器有两根电源线和两根信号线，对电流信号的零点及元件的功耗无严格要求。四线制的优点是，由于是将电源和功率分开，所以本机的功率与信号是没有功率上的关联的，适用于大功率的传感器，如超声波（为了加大抗干扰能力，发射的功率会很大）。

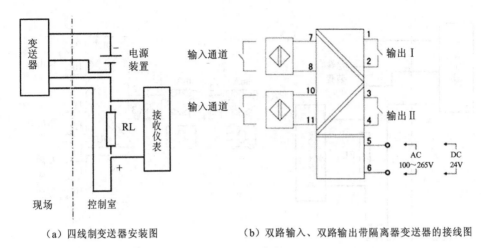

（a）四线制变送器安装图　　　　　　（b）双路输入、双路输出带隔离器变送器的接线图

图 3-36　四线制

3.8　二次仪表的 PID 监控参数整定

PID 监控中仪表中有 P、I、D 3 个参数，如图 3-37 所示。

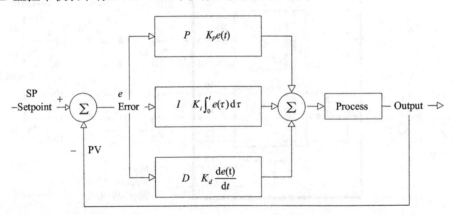

注：e 为控制器的输入（$e=$ PV–SP）。

图 3-37　PID 对被控过程的调节

（1）比例作用

比例作用（proportion，P），在图 3-37 中，若控制器 $u=\mathrm{d}P=K_pe$，（$\mathrm{d}P$ 为对比例的微分，K_p 为比例增益，可小于 1，也可大于 1，e 为误差），则增大比例系数 K_p 一般会加快系统响应（response）。

例 3-3：图 3-38 为一水箱液位监控系统，向其注水达到某个高度，注水龙头的开关大小（开度 x）就是控制变量，其控制数学模型 $\mathrm{d}x=u=K_pe$。

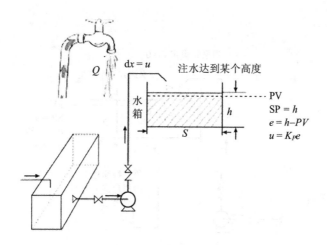

图 3-38　比例作用 *P* 模型 1

本例中，K_p 的大小代表了水龙头的开度（数值是一个百分数），即出水量 Q 大小对液位误差 e 的敏感程度（假设水龙头开度与误差成正比关系），水龙头开度越大，调得越快，增大比例系数，就会加快系统响应，相应曲线如图 3-39 所示。

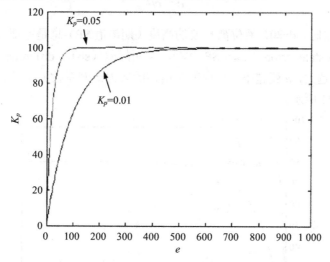

图 3-39　比例作用 *P*（增大比例，加快响应）

假设上例中水箱不仅是装水的容器，还需要持续稳定地给用户供水，系统如图 3-40 所示。则该系统的监控数学模型为：$dx = u - c = K_p e - c$，其中 c 是为用户供水的漏水流速，正常数。

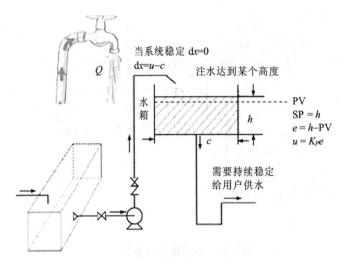

图 3-40 比例作用 P 模型 2

若控制器只有一个比例环节,当系统稳定时,$dx = 0$,则 $K_p e - c = 0$,那么

$$e = c/K_p \tag{3-13}$$

当系统不稳定时,$dx \neq 0$,液位离想要的高度(期望值 SP)总是差那么一点,这点就是稳态误差(steady-state errors,$e_{ss} = SP - PV$),又叫静差(static difference)。若漏水流速 c 固定,那么当 K_p 越大,e 就越小。这也就是所谓的增大比例系数 K_P,有利于减小静差 e_{ss},变化曲线如图 3-41 所示。

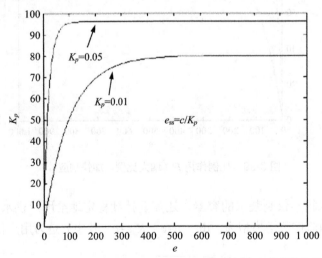

图 3-41 比例系数变化曲线

由图 3-41 可知,当 $e_{ss} = e = c/K_p$ 时,K_p 再大也不可能把 e_{ss} 变成 0。也就是说,比例系数 K_p 可以使系统静差变小,但不能消除(K_p 不可能为 0)。

(2)积分作用(K_i)

上例中为用户供水的水箱与只储水的水箱相比,由于增加了漏水环节,使得系统静差无法消除。为了解决这个问题可以引入积分环节，将之前的控制器变成比例环节+积分环节：

$$u = K_p e + K_i \int_0^t e \mathrm{d}t \qquad (3\text{-}14)$$

此例中，增加积分环节控制，就相当于又增加了一个注水水龙头，当水箱中水位比预定高度（SP）低，就加大此水龙头的注水流量；比预定高度（SP）高，就减小此水龙头的注水流量。调节到这个积分水龙头出水的速度恰好跟水箱漏水的速度 c 相等时，静差 e_{ss} 就为 0 了。因此，积分环节 $K_i \int_0^t e \mathrm{d}t$ 可以消除系统静差 e_{ss}。

在 PID 监控里，K_i 表示积分环节敏感度的系数，是积分时间常数。可以看出，K_i 常数越大，积分环节作用就越小，积分环节就越不敏感（也就是这个积分水龙头越细）。

在上例中，只有比例水龙头注水时 $u = K_p e$，往水池内注水时，离期望水位 SP 越近，水龙头开度 P 越小；当用两个水龙头（比例水龙头、积分水龙头）注水时，在没到 SP 前，第二个积分水龙头可以一直往大了拧，当到达 SP 时，它恰好拧到最大，自然而然就会注多水，这部分多的水的术语叫作"超调"。第二个积分水龙头越粗（K_i 越小），多注的水就会越多，它调到恰好等于漏水速度 c 的时间就会越快，同时会有更多波折。

可见，积分时间常数 K_i 越大（相当于积分水龙头越细），越有利于减小超调，减小振荡，使系统的稳定性增加，但是系统静差 e_{ss} 消除时间变长（K_i 不能过小），相关特性曲线如图 3-42 所示。

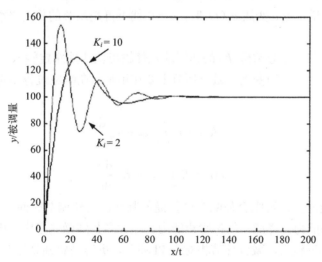

图 3-42 不同积分时间常数 K_i 的误差曲线

在上例中，PI 控制规律出现超调的原因是，当水箱液面到达目标液位时，积分水龙头积分系数恰好开到最大。因此，在积分时间常数 K_i 相同的情况下，K_p 越大则对超调现象的抑制能力越强，相关特性曲线如图 3-43 所示。

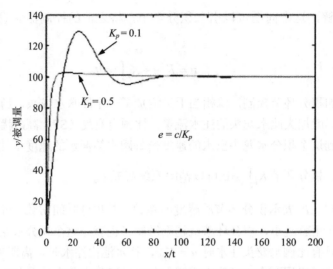

图 3-43　积分时间常数 K_i 相同、比例系数 K_p 不同时的误差曲线

（3）微分作用（K_d）

用户用水实际情况和上例不同，其水量往往是变化的，实际系统的模型：

$$dP = u - c(t) = K_p e - c(t) \tag{3-15}$$

当系统稳定时，$dP = 0$，$e = c(t)/K_p$，$c(t)$ 始终是变化的，因此 e 不恒为零，de 不恒为零。也就是说，当 c 变成 $c(t)$ 时，$e = 0$ 就不再是系统的稳定平衡点了，经典意义上系统不再稳定。

当加入微分环节，微分常数 K_d 的作用就是使输出快速地跟定输入，即输入偏差 e 变大，K_d 立刻变化，抑制 e 的变大。微分环节主要作用是，在响应过程中抑制偏差向任何方向的变化。

$$u = K_p e + K_i \int_0^t e \, dt + K_d \frac{de}{dt} \tag{3-16}$$

$$c(t) = K_i \int_0^t e \, dt + K_d \frac{de}{dt} \tag{3-17}$$

微分常数不能过大，否则会使响应过程提前制动，延长调节时间。通常微分环节 K_d 会提高系统抗扰动能力，降低系统抗噪声能力。在大多数细微测量中，由噪声引起的误差 e 很小，但瞬时的 de 较大，微分环节相对于 PI 环节，更容易感知到这些细微噪声的影响。但是，无论如何选取微分参数，PID 控制都不能使系统稳定。这也是 PID 控制单独使用的局限。

3.9　仪器仪表未来发展

未来仪器仪表产业要面向传统产业改造提升和战略性新兴产业发展的需求，针对过程监控中的感知、分析、决策、控制和执行等环节，融合集成先进制造、信息和智能等技术，实现制造业的自动化、智能化、精益化和绿色化，面向以下几个重点发展方向不断向前迈进。

（1）自动化成套生产线

重点发展综合性分散型控制系统（distributed control system，DCS），具有与现场总线设备实现动态数据交换功能的现场总线控制系统（fieldbus control system，FCS），逻辑控制、运动控制、模拟控制等功能有机集成的可编程控制系统（programmable logic controller，PLC），先进高效发动机及其智能控制系统，新能源、新材料、节能环保等新兴产业所需要的专用控制系统。

（2）精密和智能仪器仪表与试验设备

重点发展高精度、高稳定性、智能化压力、流量、物位、成分仪表与高可靠执行器，智能电网先进量测仪器仪表（auto measurement instrument，AMI），材料分析精密测试仪器与力学性能测试设备，新型无损检测及环境、多用热值测定仪。

（3）智能专用装备

重点发展机器人产业，矿山用智能自卸电铲、智能化全断面掘进机、快速集成柔性施工装备为代表的大型施工机械，数字化、智能化、高速多功能印刷机械，大型先进高效智能化农业机械，各种基于环境污染处理工艺、大数据技术与软件控制策略的智能化配方式环保设备系统。

思考题

1. 仪器仪表的性能指标包括哪些？
2. 什么是一次仪表与二次仪表？
3. 举例说明仪表的重复性、线性度、滞环、死区与回差的区别与联系。
4. 简述虚拟仪器仪表的特点，虚拟仪器与智能仪器仪表、网络仪器仪表的关系。

第4章 环保设备电气信号

本章将环保机械、处理工艺环节以及电气设备的各个监控点，定义为环保设备电气点。

4.1 模拟量与模拟信号

（1）模拟量

模拟量（analog quantity）（图 4-1），在时间上、数值上都是连续变化的物理量。大部分自然界的初始变量都是模拟量。

图 4-1 模拟量信号

（2）模拟信号

模拟信号（analog signal）是指信息参数在给定范围内表现为连续的信号，或在一段连续的时间间隔内，其代表信息的特征量可以在任意瞬间呈现为任意数值的信号（图 4-2），如温度、湿度、压力、长度、电流、电压等。因此，模拟信号也就是通常意义上连续信号（continuous time signal），它在一定的时间范围内可以有无限多个不同的取值，是时间的连续函数。

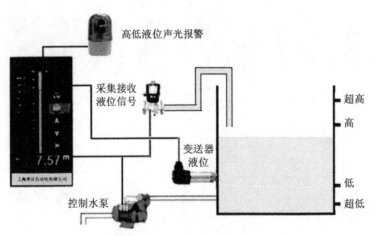

图 4-2 设备系统的模拟信号

4.2 环保设备模拟输入信号

（1）模拟输入信号

模拟输入信号（analog input，AI）即监测环保设备系统中的过程参数或工艺物理量的数值，如现场被监测的水位、流量、温度、pH、溶解氧量、污泥浓度、流速、BOD、COD、TP、TN、NH_3、CO_2、SO_2、泵与风机出口压力和出口流量等，是一切工艺、工程、设备、系统、工艺参数或技术数据的数值量点。

（2）模拟输入信号的获取

模拟监测点信号，可经被检测物质的传感器（transducer/sensor）获取。传感器可把被测量物理量转换成电学量（电压或电流）。传感器一般由敏感元件、转换元件、变换电路和辅助电源四部分组成，如图 4-3 所示。

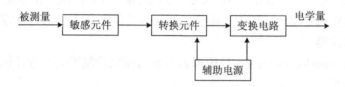

图 4-3 传感器（现场一次仪表）

环保设备的控制要以被检测输入信息为基础（监测，monitoring），以确定控制达到所要求的精度（accuracy）和状态（state），没有传感器（sensor），环保设备的控制就变成盲控。所以，传感器也常被称为"现场一次仪表"（primary instrument）。

（3）模拟输入信号的标准化

对非电模拟量信号进行测量、处理、控制时，其信号值一般按国际电工委员会（IEC）规范，调整至 0～10V 或–10～10V 的模拟电压信号，或转换为标准的本安信号电流信号 4～20 mA 或 0～20 mA，如图 4-4 所示。

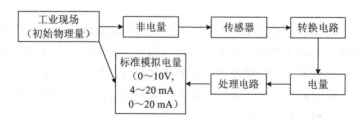

图 4-4 模拟输入信号的标准化

4.3 环保设备模拟输出控制

（1）模拟调节器

模拟调节器（analog regulator）（图 4-5），如各种模拟调节仪表。其作用是按一定的调节规律产生模拟输出信号，推动执行器（final controlling element），消除偏差，使受控参数（PV）保持在给定值（SP）附近或按预定规律变化。

图 4-5　压力数显式模拟调节仪表中 PV、SP

（2）模拟控制器

模拟控制器（analog controller），对变送器的测量值（PV）与给定值（SP）相比产生的偏差 e，进行比例（P）、积分（I）、微分（D）运算，并输出统一的准信号，去控制执行机构的动作，以实现对温度、压力、流量、液位及其他工艺变量的 PID 控制。

（3）模拟监控器

模拟监控器（analog monitor）是模拟调节器与模拟控制器的组合体机构。

（4）模拟输出

模拟输出（analog output，AO），用模拟调节器调节的环保机械、处理工艺环节的执行节点，用于各种压力、力量、液位等工艺、工程、机械参量参数的调整。控制框图如图 4-6 所示。

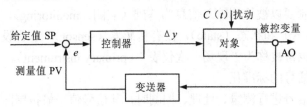

图 4-6　环保设备模拟输出（AO）控制点

（5）执行机构

执行机构（actuator），使用液体、气体、电力或其他能源，并通过电机、气缸或其他装置，将该能源转化成驱动作用。基本的执行机构用于把阀门驱动至全开或全关的位置，用于控制阀的执行机构能够精确地使阀门走到任何位置。执行机构包含了位置感应装置、力矩感应装置、电极保护装置、逻辑控制装置、数字通信模块及 PID 控制模块等，而这些装置全部安装在一个紧凑的外壳内。

（6）执行机构选型

1）执行机构要素。

①驱动能源：电源或流体源。

②阀门类型：多回转驱动、单回转驱动、往复式驱动，单行程、角行程驱动等。多回转气动执行机构，比点动多回转执行机构昂贵。

③力矩大小：90°回转阀门，如球阀、蝶阀、旋塞阀，要弄清相应阀门力矩大小；多回转阀，分为往复式（提升式）运动-阀杆不旋转、往复式运动-阀杆旋转、非往复式运动-

阀杆旋转，必须测量阀杆的直径、阀杆连接螺纹的尺寸。

2）执行机构控制方式。

①开关控制。对于远距离的操作阀门，需铺设一些管线连接控制室和执行机构，驱动电源能通过管线直接激励电动或气动执行机构，通常用 4～20 mA 信号来反馈阀门的位置。

②连续控制。若执行机构被要求用于控制过程系统的液位、流量或压力等参数，这就要求执行机构频繁动作，可以用 4～20 mA 或 0～10V 的模拟量作为控制信号，然而这个信号可能会和过程一样频繁地改变。

③通信控制。当一个过程中需要多台执行机构时，可以通过使用数字通信系统，将各个执行机构连接起来，这样可以大大降低安装费用。数字通信回路可以快速高效地传递指令和收集信息。

4.4　环保设备数字信号

数字量（digital）是物理量的一种，是不连续的分立量，只能取几个分立值。若量化取 2 个分立值，表示为二进制数字变量，就只能取 0、1 两个值，如图 4-7 所示。

图 4-7　二进制数字变量

4.4.1　智能环保设备的模拟信号数字化

（1）数字信号

若想将外部的模拟量输入电脑芯片中，严格地进行数字表示，对应的数字量须表示为无限的位数信号（bit signal），这称为数字信号。

数字信号（digital signal）指自变量是离散的、因变量也是离散的信号。在计算机中，数字信号的大小，常用有限位的二进制数表示。例如，字长为 2 位的二进制数，可表示 4 种数字信号：00、01、10 和 11。若某信号的变化范围在−1～1，则这 4 个二进制数可成为 4 段数字范围的编码表示，见表 4-1。

表 4-1　4 段模拟数的数字信号表示

[−1，−0.5)	[−0.5，0)	[0，0.5)	[0.5，1]
00	01	10	11

（2）模拟量的数字化处理

数字化（digitalization），将任何连续变化的输入，使用代表值，分段置换一定范围内的量，也称量化（quantization）。

将图 4-8 中实线表示的模拟量转化成量子化输出，连续的曲线会变为阶梯状的折线，这样就可用有限的值中的某一个数字表示模拟信号。若我们将阶梯的第一个台阶作为1，用十进制数表示，再将这个十进制数置换为二进制数后，变为如图4-8所示的样子。这样，就用4个比特位数字，将模拟量数字化了，这是将模拟量数字量化的基本思考方法。

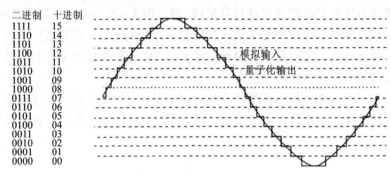

图4-8 模拟量的数字化处理与表征

例如，手机将大家的语音（模拟）转换成数字信号后进行通话。

（3）模拟量信号如何进驻智能芯片

模拟信号要进驻芯片，必须要经过模/数（A/D）转换变为数字信号，该转换分软件和硬件A/D变换。

模数转换器（analog-to-digital convert，ADC）是将模拟量信号转变为数字信号的电路装置，如图4-9所示。模拟信号可以是电压、电流等电信号，也可以是压力、温度、湿度、位移、声音等非电信号。

注：输入A/D转换器的输入信号，必须把各种物理量经传感器转换成电压信号或电流信号。

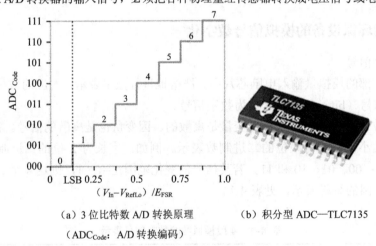

（a）3位比特数A/D转换原理　　　　（b）积分型ADC—TLC7135

（ADC$_{Code}$：A/D转换编码）

图4-9 A/D转换原理及示例

（4）常用A/D转换器

1）积分型ADC。

积分型ADC是将输入电压转换成时间（脉冲宽度PW信号）或频率（脉冲频率），然后由定时器/计数器获得数字值。双积分型A/D转换电路的工作原理及框图见图4-10～图4-12。

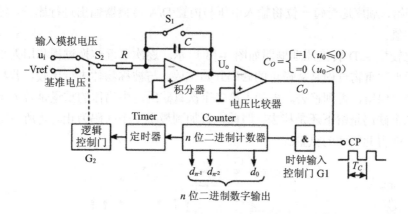

图 4-10　双积分型 A/D 转换电路的工作原理

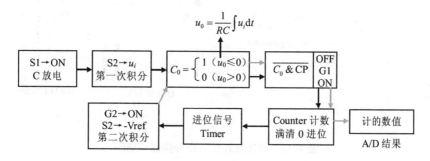

图 4-11　双积分型 A/D 转换工作原理框图

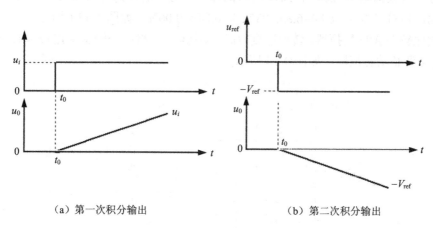

（a）第一次积分输出　　　　　　　（b）第二次积分输出

图 4-12　双积分型 A/D 转换

积分型 ADC 的优点是用简单电路就能获得高分辨率（对于模拟，是仪表能够检测到被测量最小变化的本领），但缺点是转换精度依赖于积分时间，因此转换速率极低。例如，图 4-9 所示的 TEXAS INSTRUMENTS（TI）的 TLC7135，4.5 位 ADC，0.003 kSPS（sample per second），混合 BCD 输出，真差动输入，单通道。

2）逐次比较型 ADC。

逐次比较型 ADC 由一个比较器和 D/A 转换器通过逐次比较逻辑构成，从 MSB（最高有效位）开始，顺序地对每一位将输入电压与内置 D/A 转换器输出进行比较，经 n 次比较而输出数字值。

逐次比较型 A/D 转换原理框图如图 4-13 所示。逐次逼近转换过程和用天平称物重非常相似。天平称重物过程是从最重的砝码开始试放，与被称物体进行比较，若物体重于砝码，则该砝码保留，否则移去。再加上第二个次重砝码，由物体的重量是否大于砝码的重量决定第二个砝码是留下还是移去。照此一直加到最小一个砝码为止。将所有留下的砝码重量相加，就得此物体的重量。

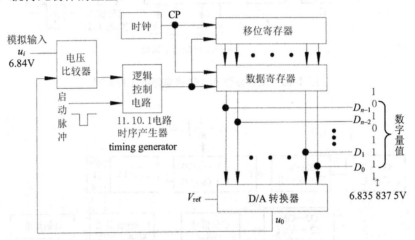

图 4-13 逐次比较型 A/D 转换原理框图

实际输入模拟电压 6.84V，A/D 转换的数字量对应的模拟电压 6.835 937 5V，与实际输入相比，相对误差＝（6.84–6.835 837 5）/6.84 = 0.06%，如图 4-13 所示。

逐次比较型 A/D 转换器，转换速度较高、功耗低，价格由分辨率决定（n＜12 位便宜），通过 V_{ref} 可调整动态范围，如图 4-14 所示。

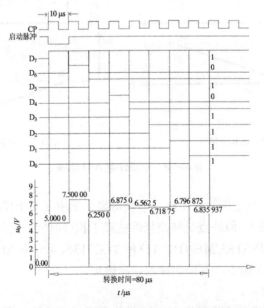

图 4-14 分辨率 n = 8 位逐次比较型 A/D 转换器时序与波形图

例如，STC12C5A60S2（图 4-15）中有 8 路 10 位逐次比较电压输入型的 ADC，在 P1 口，速度可达 250 kHz（25 万次/s）。

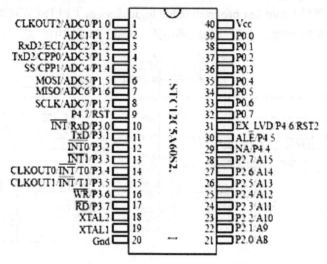

图 4-15　STC12C5A60S2 芯片引脚图

3）并行比较型/串并行比较型 ADC

①并行比较型 ADC，采用多个比较器，仅作一次比较就实行转换，又称 FLash 型。由于转换速率极高，价格也高，只适用于 A/D 转换器等速度特别快的领域。

②串并行比较型 ADC，其结构介于并行比较型和逐次比较型之间，最典型的是由 2 个 $n/2$ 位的并行比较型 A/D 转换器配合 D/A 转换器组成，用两次比较实行转换，所以称为 Halfflash 型。例如，TLC5510（图 4-16），是 TI 公司生产的 8 位半闪（Halfflash）结构模数转换器，CMOS 工艺制造，最小采样率 30 Msps。可广泛用于数字 TV、医学图像、视频会议、高速数据转换以及正交振幅调制（quadrature amplitude modulation，QAM）解调器等方面。

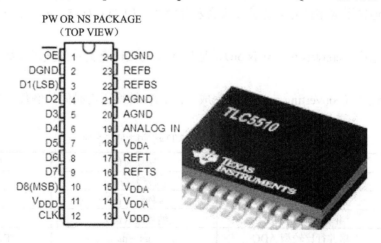

图 4-16　TLC5510 特征与引脚图

③现场可编程门阵列。

现场可编程门阵列（field programmable gate array，FPGA），像单片机、PLC 一样，是

可编程方式，半定制设计硬件编程电路，即可以通过编程语言，编制所需电路。FPGA 是在可编程阵列逻辑（programmable array logic，PAL）、门阵列逻辑（gate array logic，GAL）、复杂可编程逻辑器件（complex programmable logic device，CPLD）等可编程器件的基础上，发展出来的时序逻辑产物。它在专用集成电路（ASIC）领域中，是一种半定制电路。

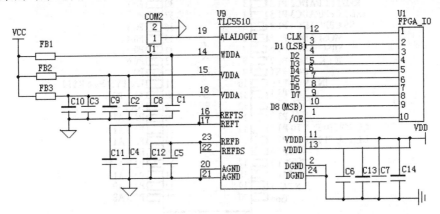

图 4-17　FPGA 与 TLC5510 接口电路（TLC5510 将采样的模拟信号
高速转换为数字信号进驻 FPGA）

4）A/D 转换器技术指标。

①分辨率（resolution）指数字量变化一个最小量时，模拟信号的变化量，定义为满刻度（full scale range，FSR）与 2^n 的比值：

$$分辨率 = \frac{FSR}{2^n} \tag{4-1}$$

例如，8 位 ADC，输入电压为 0～5V，可被量化为 256 个数值，则有：

$$分辨率 = （5-0）/256 = 0.019\,5V$$

所以，通常用数字信号的位数 n 来表示分辨率，如 TLC7135，$n = 4.5$ bit，TLC0831，$n = 8$ bit。

②转换精度（converting precision），是与 A/D 的设计有关系的技术参数，精度绝对值要大于分辨率。

③转换速率（converting rate），指完成一次 A/D 转换所需时间的倒数，见表 4-2。

表 4-2　几种类型的 A/D 转换时间与速率

序号	类型	转换时间	转换速率
1	积分型 ADC	毫秒级（ms）	低速
2	逐次比较型 ADC	微秒级（μs）	中速
3	并行比较型 ADC	纳秒级（ns）	高速
4	串并行比较型 ADC	μs～ns	中速～高速

④采样速率（sample rate）又称采样时间，是指两次转换的时间间隔。为了保证转换的正确完成，采样速率必须小于或等于转换速率。因此，有人习惯上将转换速率在数值上等同于采样速率也是可以接受的。常用单位是 kSPS/MSPS（kilo/million samples per second）。

⑤量化误差（quantizing error）是由 A/D 的有限分辨率而引起的误差，即有限分辨率 A/D 的阶梯状转移特性曲线（图 4-18 中折线）与无限分辨率 A/D（理想 A/D）的转移特性曲线（图 4-18 中光滑曲线）之间的最大偏差。通常是 1 个或半个最小数字量的模拟变化量，表示为 1LSB、1/2LSB。

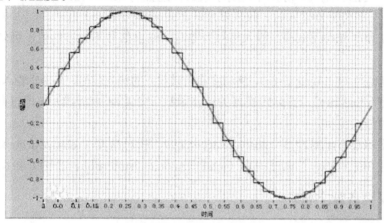

图 4-18　A/D 转换量化误差

例如，实际输入的电压，可能是在 0～0.019 5V，这时，0000 0001 就是 1 LSB（least significant bit），其对应量化误差 0.019 5V，则 1/2 LSB 对应量化误差 0.019 5/2 = 0.009 8V。见表 4-3。

表 4-3　八位 A/D 转换量化原理

数字量化	量化数码乘以分辨率	量化值对应的模拟电压值
0000 0000	0× 0.019 5V	= 0V
0000 0001	1 × 0.019 5V	= 0.019 5V
0000 0010	2 × 0.019 5V	= 0.039 0V
0000 0011	3 × 0.019 5V	= 0.058 5V
……	……	……
1111 1111	255 × 0.019 5V	= 4.980 468 75V

又如，MAX11200，宽动态范围、高分辨率的低功耗 24 位、Σ-Δ ADC，其热电偶在 1LSB 温度分辨率和无噪声分辨率分别为

$$R_{tLSB} = \frac{V_{REF} \times (T_{c\max} - T_{c\min})}{F.S. \times (V_{t\max} - V_{t\min})}$$

$$R_{tNFR} = \frac{V_{REF} \times (T_{c\max} - T_{c\min})}{NFR \times (V_{t\max} - V_{t\min})}$$

$$(4\text{-}2)$$

式中，R_{tLSB}——热电偶在 1 LSB 时的分辨率；

R_{tNFR}——热电偶无噪声分辨率（noise-free resolution，NFR）；

V_{REF}——基准电压；

$T_{c\max}$——测量范围内的热电偶最大温度；

$T_{c\min}$——测量范围内的热电偶最小温度；

V_{tmin}——测量范围的热电偶最大电压；

T_{cmax}——测量范围内的热电偶最小电压；

F.S.——ADC 满幅编码，对于双极性配置的 MAX11200 为（$2^{23}-1$）；

NFR——ADC 无噪声分辨率，对于双极性配置的 MAX11200 为（$2^{20}-1$），其他类型传感器输入时，仪表精度计算也同样可用以上方法。

⑥偏移误差（offset error），输入信号为零时，输出信号不为零的值，可外接电位器调至最小。

⑦满刻度误差（full scale error），满刻度输出时对应的输入信号，与理想输入信号值之差。

⑧线性度（linearity），实际转换器的转移函数（图 4-18 中折线）与理想直线（图 4-18 中光滑线）的最大偏移。

⑨其他指标还有绝对精度（absolute accuracy）、相对精度（relative accuracy）、微分非线性、单调性和无错码、总谐波失真（total harmonic distotortion，THD）和积分非线性。

4.4.2 环保设备数字量

（1）环保设备开关量

和工控设备一样，环保设备数字量监控点在电学量值上，可以表现为两种电平状态：一种是运行状态（ON/1 状态），另一种是断开状态（OFF/0 状态）。

这种数字量，可实现信号的"接通"和"断开"两种功能，也就是电气设备最基本、最典型的功能，能实现连续性信号的分时段采集和输出（包括遥信采集和遥控输出）。在电力上这种电路的开和关，一般是由机械开关或带电线圈控制的触点的接通和断开来实现（图 4-19）。

图 4-19　开关量器件

1）主令开关量输入触点控制环保设备的电气通断。

ON/OFF 各种切换开关，如图 4-20 所示，自左向右分别为插头、急停按钮、ON/OFF 按钮、复位按钮（点动开关）。

图 4-20　常用主令开关

2）以开关状态为输出传感器采样。

这种传感器，如水流开关、风速开关、压差开关等，其传感状态被转换成高/低电平两种状态输入环保设备控制器（MCU 或 PLC）的 DI 通道。

①水流开关。水流开关（flow switch）是用于电热水器、太阳能热水器、空调器以及其他水系统的水循环控制、进出水控制、水加热控制、水泵开关控制、电磁阀通断控制或出水断电控制、出水通电控制等过程，当达到一定流量后，将产生开关式电信号（I/O）输出。

②风速开关。风速开关（wind speed switch）是利用探头温度变化产生差值的原理设计的。开关工作时，加热元件发出恒定的热量，当管道内没有介质流动时，传感器接收到的热量是个恒定值，当有介质流动时，感热传感器所接收到的热量将随介质的流速变化而变化，感热传感器将这温差信号转化成电信号，在流速达到某设定点时，关闭输出开关量信号。

③压差开关。压差开关（differencial pressure switch）是利用两条管道的压差来发出电信号，当系列液管二端的压差升高（或降低），而超过控制器设定值时，发出信号以控制换向阀换向，或开大，或关小，达到系统的正常运行。

常见压差开关见图 4-21。

（a）水流开关　　　（b）EE66-VB5 层流监测风速变送器　　　（c）GYB14.1128X 防爆差压开关

图 4-21　常见压差开关

3）基于逻辑电平的数字量点。

一般 TTL 逻辑，可编程引脚对接地引脚的电压值高于 2.4V，表示 1 电平；若引脚对接地引脚低于 0.8V，表示为 0 电平。比如，单片机芯片可编程端口（I/O）是面向电平信号（based on V-signal）的数字点 IO（DI、DO）（图 4-22）。对于多数 CMOS 逻辑的 PLC，其 DI/DO 高电平 1 定义为基准电源的 80%以上，低电平 0 定义为基准电源的 20%以下。

（a）STC 单片机（P0～P3）　　　（b）PLC 的数字 input/output

图 4-22　面向电平信号的数字量点（DI/DO）

表 4-4　单片机（MCU）与小型单体可编程控制器（PLC）常用数字量点

装置名称		P0 口 DI/DO	P1 口 DI/DO	P2 口 DI/DO	P3 口 DI/DO
MCU（I/O）		P0.0～P0.7	P1.0～P1.7	P2.0～P2.7	P3.0～P3.7
PLC	DO	Q0.0～Q0.7	Q1.0～Q1.7		
	DI	I0.0～I0.7	I1.0～I1.7		
	M	MX.0～MX.7			
	SM	SMX.0～SMX.7			

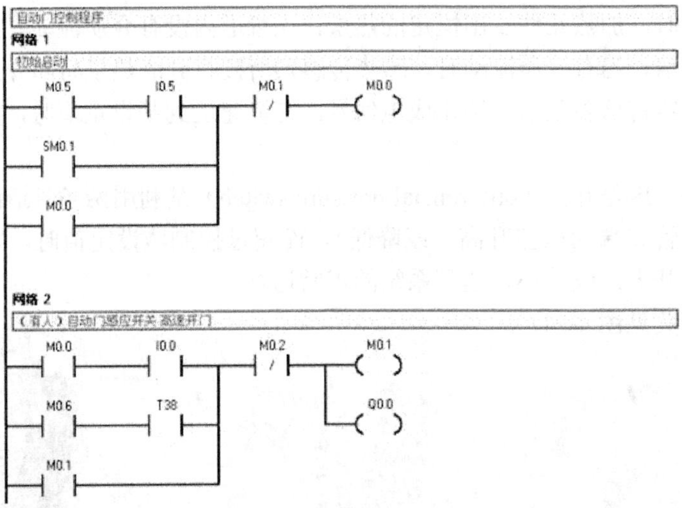

图 4-23　小型单体 Siemens PLC 梯形图中数字量点

4）继电器输出触点控制环保设备的电气通断（图 4-24）。

继电器输出（relay output）提供一个无源的输出控制，一般都是用弱电控制强电。当继电器的输入量（线圈）按控制要求得电/失电时，其触点使处在电气电路中的被控量发生预定的阶跃变化（step change）。因此，继电器输出触点控制，通常应用于自动控制电路中，是用小电流去控制大电流运作的一种"自动开关"。一般每个继电器消耗从几微安、几毫安，到几安，带载能力较强，电压范围宽，可交流可直流。

a）3 种基本形式继电器的触点。

①常开（normal open，NO），动合型触点，线圈不得电，两触点断开，通电后，两个触点就闭合。

②常闭（normal close，NC），动断型触点，与 NO 动作相反。

③常开/常闭（normal open/close，NO/NC），转换型触点（国产 Z 型）共有 3 个触点，中间是动触点，上下各一个静触点。中间继电器中转换型触点很常见。

b）数字量输出点。

数字量输出（digital output，DO）也称开关量输出，通常由控制软件程序将输出通道变成高电平或低电平信号控制，可带动继电器或其他开关元件动作，也可驱动指示灯显示状态。DO 信号可用来控制开关、交流接触器、变频器以及可控硅等执行元件动作。

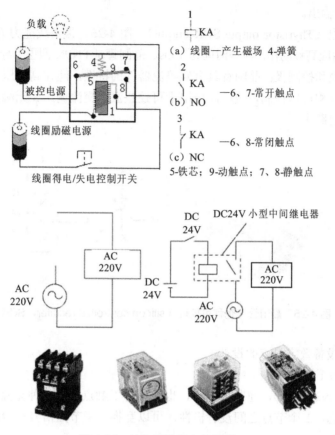

图 4-24　继电器输出电气通断

（2）集成接入环保设备系统装置的输出点

集成接入环保设备系统装置的输出点一般有晶体管、继电器、晶闸管。

1）晶体管输出。

晶体管输出（transistor output）（图 4-25），控制电路中，在"1"状态下输出电压一般在 3～30V，电流小于 0.75A，最大负载电流 0.5A/点，响应时间一般为 0.2 ms 左右。晶体管作为一种可变电流开关，能够基于输入电压控制输出电流。与普通机械开关（如 relay、switch）不同，晶体管利用电信号来控制自身的开合。如温度 PID 控制、伺服/步进使用于动作频率高的输出。

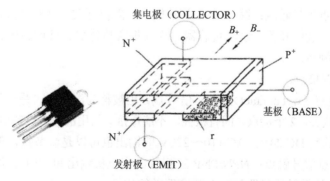

图 4-25　晶体管

2）晶闸管输出。

晶闸管输出（Thyristor output/SCR output）（图 4-26）带负载能力为 0.2A/点，只能带交流负载，可适应高频动作，响应时间为 1 ms。晶闸管是 PNPN 四层半导体结构，它有 3 个极：阳极、阴极和控制极；晶闸管具有硅整流器件的特性，能在高电压、大电流条件下工作，且其工作过程可以控制，被广泛应用于可控整流、交流调压、无触点电子开关、逆变及变频等电子电路中。

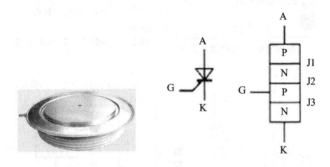

图 4-26　晶闸管［也称可控硅（silicon controlled rectifier，SCR）］

（3）环保设备数字量点的设计

1）干节点/干接点

干节点（dry contact），通断信号点，也被称为干触点，是一种无源开关点，具有闭合和断开两种状态，2 个节点之间没有极性，可以互换。干节点信号一般都是具有阶跃特点的信号（图 4-27）。

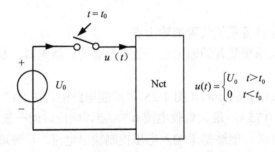

$$u(t) = \begin{cases} U_0 & t > t_0 \\ 0 & t < t_0 \end{cases}$$

图 4-27　通断信号具有阶跃变化（step change）特点

常见的干节点信号触点：继电器/干簧管触点、限位开关、行程开关、脚踏开关、旋转开关、温度开关、液位开关、水浸传感器、火灾报警传感器、玻璃破碎、振动、烟雾和凝结等传感器状态触点。

2）湿节点/湿接点。

湿节点/湿接点（wet contact），电压信号点，也被称为湿触点，是一种有源开关，具有有电和无电 2 种状态，2 个接点之间有极性，不能反接。常用的湿节点的电压范围是 DC 0～30V，比较标准的是 DC 24V，AC 110～220V 的输出也可以是湿节点，但这样做比较少。

常见的湿节点信号触点：NPN/PNP 三极管的集电极输出和 VCC、达林顿管的集电极输出和 VCC；红外反射传感器和对射传感器的输出。

3）传感器源极输入。

源极输入传感器，给环保设备提供电源到地的电流通道，使设备实现源型输入（DI 电流从该设备流出，如 PLC 的漏型/拉电流输入，见图 2-38）。当三极管集电极输入高电平，三极管处于饱和状态，等效于输出端与地接通，设备电流源通路形成；当三极管集电极输入低电平，三极管处于截至状态，等效于输出端与地断开（电流源端悬空）（图 4-28）。

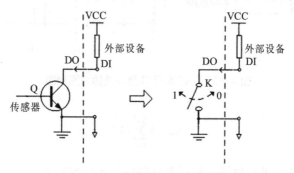

图 4-28　环保设备数字量点接入漏极输出示意图

4）传感器漏极输入。

传感器漏极输入，用于连接源级输入设备。源极输入设备提供电源或正电压，等效于连接到电源的开关，如图 4-29 所示。当输出"逻辑 1"时，开关导通。

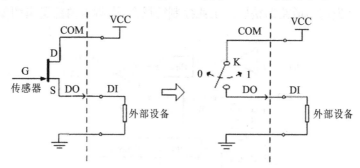

图 4-29　传感器漏极输入信号为源极输出的设备提供电源或正电压

传感器的类型需要与 PLC 输入类型匹配（图 2-38），PLC 输入接成漏型输入，需要使用 NPN 型的传感器，接成源型输入需要使用 PNP 型的传感器。

4.4.3　智能环保设备的模拟信号输出

当可编程的数字信号输出给环保设备调节执行器时，需要进行数字信号到模拟信号的变换。

（1）数模转换器

数模转换器（digital to analog converter，DAC）又称 D/A 转换器，是把数字量转变成模拟量的器件。其数模转换原理如图 4-30 所示，就是将输入的每一位二进制代码按其权的大小转换成相应的模拟量，然后将代表各位的模拟量相加，所得的总模拟量就与数字量成正比，这样便实现了从数字量到模拟量的转换。

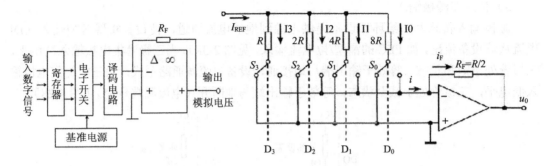

图 4-30 DAC 的工作原理框图与原理图

$$u_0 = k\sum_{i=0}^{N-1} D_i 2^i \tag{4-3}$$

式中，$\sum_{i=0}^{N-1} D_i 2^i$ 为二进制数按位权展开转换成的十进制数值。

（2）TLC5615

TI 的 TLC5615，具有串行接口的数模转换器，其输出为电压型，最大输出电压是基准电压值的两倍，带有上电复位功能（DAC 寄存器复位至全零）。只需要通过 3 根串行总线就可以完成 10 位数据的串行输入，易于和工业标准的微处理器或微控制器（单片机）接口，也适用于数字失调与增益调整以及工业控制等场合。引脚与内部逻辑图如图 4-31 所示。

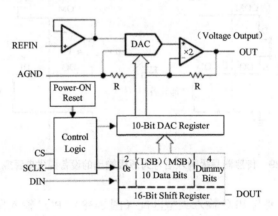

图 4-31　TLC5615DAC 引脚与内部逻辑图

DIN：串行数据输入端；SCLK：串行时钟输入端；CS：芯片选用通端，低电平有效；DOUT：用于级联时的串行数据输出端；AGND：模拟地；REFIN：基准电压输入端，2V～（VDD - 2）；OUT：DAC 模拟电压输出端；VDD：正电源端，4.5～5.5V，通常取 5V。

（3）DAC 技术参数

1）分辨率。

分辨率指输入数字量的最低有效位 1LSB 发生变化时，最大输出电压（输入数字量全为 1 时对应的电压，full scale range）的变化量：

$$分辨率 = \frac{1LSB}{FSR} = \frac{1}{2^N - 1} \tag{4-4}$$

在实际使用中，分辨率大小也用输入数字量的位数 N 来表示。

2）失调和增益误差。

①失调。当输入 0 码值时实际输出的模拟信号的值。

②增益误差。当扣除失调后理想的满量程输出值和实际输出值的差。

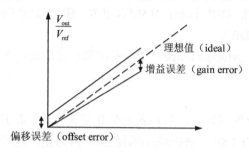

图 4-32　DAC 译码过程的失调和增益误差

3）精度。

DAC 中的精度分为绝对精度和相对精度。

精度是和设计制作有关的技术参数。一个 12 bit 分辨率的 DAC 可能精度只有 10 bit；而一个 10 bit 分辨率的 DAC 可能有 12 bit 的精度。精度大于分辨率，意味着 DAC 的传输响应能够被比较精确地控制。

4）积分线性误差。

积分线性误差（integral nonlinearity，INL），实际输出传输特性曲线对理想传输特性曲线（一条直线）的偏离（除去失调和增益误差后）。

5）微分线性误差。

微分线性误差（differential nonlinearity，DNL），每次模拟输出变化最小时对 1LSB（Least significant bit）的偏离（将增益误差和失调除外）。理想的 DAC 对于每个数字输入其微分线性误差均为 0，一个具有最大 DNL 为 0.5 LSB（$N=12$，5 V 的参考基准电压，则 0.5 LSB $= 0.5 \times \dfrac{5}{2^{12} - 1} \times 1\,000\,\mathrm{mV} = 0.6\,\mathrm{mV}$）的 DAC，每次最小变化输出在 0.5 LSB（0.6 mV）～1.5 LSB（1.5 mV）。

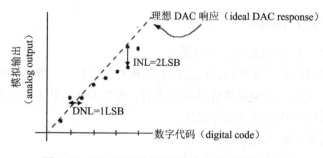

图 4-33　DAC 译码过程的积分和微分线性误差

6）抖动能量（glitch impulse area）。

输入信号变化以后，在输出端出现抖动下的最大面积。

7）建立时间（settling time）。

在最终值的一个特定误差范围之内，输出经历满幅转换所需要的时间。

8）单调性。

一个单调的 DAC（digital to analog converter），指随着输入数字码值增加，输出模拟电平一直增加 DAC。如果最大的 DNL 控制在 0.5LSB 以内，那么 DAC 的单调性自然能得到保证。

9）伪动态范围（SFDR）。

SFDR（spurious free dynamic range）即无噪声和谐波的动态范围。噪声和谐波都称为伪信号（spurious signal）。

10）转换速度。

转换速度一般由建立时间决定。从输入由全 0 突变为全 1 时开始，到输出电压稳定在 FSR ± 1/2LSB 范围（或以 FSR ± x%FSR 指明范围）内为止，这段时间称为建立时间，它是 DAC 的最大响应时间，所以用它衡量转换速度的快慢。

4.5 环保设备模拟信号处理

在智能环保设备系统中，用于控制的执行机构大多数依靠模拟信号动作，则 ADC/DAC 就是在智能设备数字信号和执行模拟调节器间架设一座桥梁（图 4-34）。

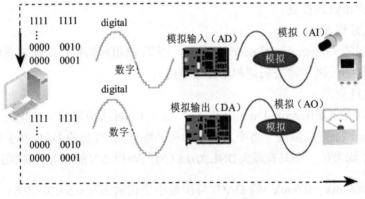

图 4-34 智能设备的模拟信号

4.5.1 输入/输出信号隔离与抗干扰

（1）环保设备模拟输入/输出的光耦隔离

光电耦合器是以发光二极管和光电晶体管为核心的元件。当发光二极管中流过电流大约 10 mA 时，就会发光。光电晶体管感应到光后，变为 ON 的状态，电流流通。通过这个光信号的部分，系统和外部的电信号绝缘。

（2）环保设备模拟输入类型与抗干扰

1）单端输入。

单端输入是通过信号线和地线两条线连接，根据与大地的电位差测量信号源电压的方式。单端输入容易受到噪声的影响。

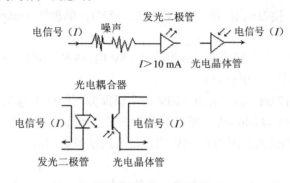

图 4-35　光电耦合器

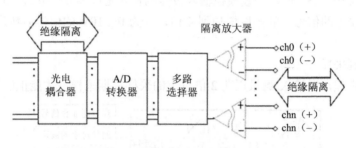

图 4-36　模拟信号的光耦绝缘放大器

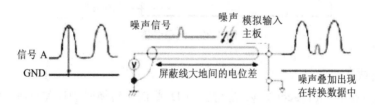

图 4-37　模拟信号的单端输入

2）差分输入。

差分输入是通过两条信号线与地线测量信号源电压的方式（图 4-38）。获得大地与 A 点间的电位、大地与 B 点间的电位的差，测量信号源（A 与 B 之间）的电位。这样，A 与 B 之间受到大地噪声的影响互相抵消，与单端输入比较，具有不容易受到噪声影响的优点。

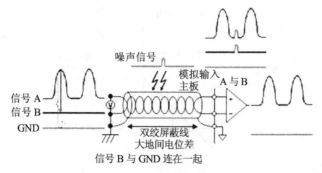

图 4-38　模拟信号的差分输入

（3）模拟信号输入/输出范围

双极性（bipolar）模拟电压–10～+10V（–5～+5V）；单极性（unipolar）模拟电压0～+10V（0～+5V）。

例 4-1： 假设使用一个将某模拟量转换成0～5V电压的传感器。那么，输入范围为0～10V和0～5V的设备哪一个更有效？

假设分辨率都是12 bit，范围在0～10V的主板能分割的最小电压一般约为2.44 mV。0～5V的设备为（5–0）/4 096 mV，所以能分割的最小电压大约为1.22 mV。传感器只能输出0～5V，所以选择输入范围为0～5V的设备可测量得更加精确。

（4）增益

增益一般指倍率。在模拟输入设备中，有的设备搭载了增加输入信号幅度的功能。例如，外部信号为0～2.5V时，假设模拟输入设备的输入范围为0～10V，与直接转换相比，将外部信号（输入的信号）的幅度增加到4倍，成为0～10V的信号后转换，可进行更高精度的测量。

（5）不失真采样

根据采样定理，以输入/测量周期2倍以上的采样周期采样，才能正确地测量波形。

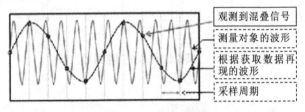

图 4-39　信号混叠

（6）转换精度

转换精度（converting accuracy）是进行A/D或D/A转换时的误差范围，用1LSB单位表示。

例 4-2： 假设模拟量输入范围为±10V，A/D分辨率为12 bit，A/D转换精度为±2LSB。

A/D分辨率为12 bit，即把［10–（–10）］量化为2^{12}份（0～FSR），那么最小能分辨的模拟量值为$\frac{20}{2^{12}} = 4.88$ mV，则 1LSB = 4.88 mV，±2LSB = 2×4.88 mV = 9.76 mV，也就是说，该A/D转换过程可能产生大约±9.76 mV的误差，如图4-40所示。

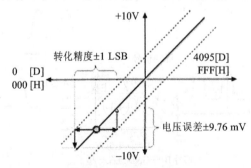

图 4-40　转换精度与误差

4.5.2　用量化数字值表示模拟值的方法

通过模拟输入（A/D 转换）转换（数字化）的数据，设定为模拟输出（D/A 转换）的数据，使用以下特有的编码体系表示。

（1）单极型模拟量的标准二进制量化编码

模拟量经 16 位 A/D 转换的标准二进制量化编码见表 4-5。

表 4-5　模拟量经 16 位 A/D 转换的标准二进制量化编码

模拟量/V	数字量编码（16 进制数 H）	数字量编码（十进制数 D）
$0 \times \dfrac{1}{2^{16}}$	0000	0
$1 \times \dfrac{1}{2^{16}}$	0001	1
$2 \times \dfrac{1}{2^{16}}$	0002	2
……	……	……
$65\,535 \times \dfrac{1}{2^{16}}$	FFFF	65 535

（2）双极型模拟量的偏移二进制量化编码、反二进制（2 的补数）量化编码

将负电压的最大值作为数字值的 0。将电压的 0V 作为数字值的中间值，将正电压的最大值作为数字值的最大值。偏移二进制量化编码和反二进制量化编码示例如图 4-41 所示。

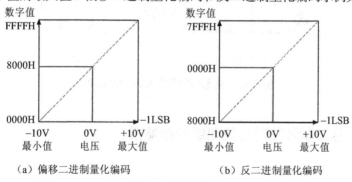

（a）偏移二进制量化编码　　　　（b）反二进制量化编码

图 4-41　偏移二进制量化编码和反二进制量化编码

4.5.3　模拟数据采样方式与采样控制时钟

进行多通道的采样时，有多路复用器（切换器）方式和同步采样方式。

（1）多路复用器方式

通过多路复用器切换进行采样，不能同步转换多个通道（需要通道切换时间）（图 4-42）。

（2）同步采样方式

每个通道既有 A/D 转换器，也有样本/保持放大器，确保进行多个通道的同步转换。

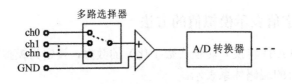

图 4-42　多路复用器方式采样

（3）时钟

使模拟输入/输出设备的转换动作在某个时间点同步。决定采样周期的采样时钟主要有以下几种方式：

1）内部时钟。

内部时钟是设备上内置的可设定周期的定时器元件，作为时钟源进行周期性转换。在正确、短周期的时间序列处理中非常有效（图 4-43）。

2）外部时钟。

外部时钟可与从外部设备时钟输入端子输入的脉冲信号同步进行转换。在进行与外部装置的同步处理时非常有效。

3）软件时钟。

软件时钟是与电脑的系统定时器同步，在软件上发送开始命令，进行周期性转换的方法。但是有些软件，如 VisualBasic，其定时器控制误差很大，所以不适合高速、正确周期的系统。

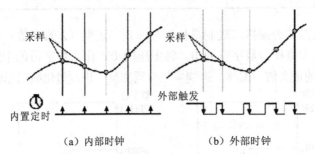

（a）内部时钟　　　　　　（b）外部时钟

图 4-43　内部时钟和外部时钟示意图

4.5.4　模拟信号控制触发器与处理缓冲存储器

（1）触发器

触发器（trigger），决定转换在什么时间点执行开始、停止。可分别独立设定开始、停止。

1）软件触发器。

软件触发器通过软件的命令控制转换动作的开始/停止（图 4-44）。

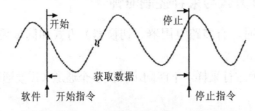

图 4-44　软件触发器的示意图

2）外部触发器。

外部触发器通过外部信号（数字信号）控制转换动作的开始/停止（图 4-45）。输入预先设定的边缘方向（上升、下降）的外部控制信号后，开始/停止转换动作。

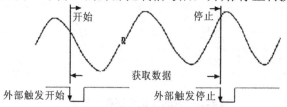

图 4-45　外部触发器的示意图

3）电平比较（转换数据比较）触发器。

电平比较（转换数据比较）触发器根据指定通道的信号变化进行转换动作的开始/停止的控制（图 4-46）。比较预先设定的比较电平值和指定通道模拟信号的大小，如果和条件相符，开始/停止转换动作。

图 4-46　电平比较（转换数据比较）触发器

（2）缓冲存储器

缓冲存储器（buffer memory）是暂时保管转换数据的场所。

1）FIFO 格式缓存器。

在 FIFO（First In First Out）格式存储器中，经过转换的数据存储在缓冲存储器的前面，可按照从前到后的顺序读取缓冲存储器前面的数据。读取的转换数据从存储器内部依次送出，可始终读取缓冲存储器中留有的最早的缓冲数据。超过 FIFO 存储器容量的数据或读取过一次的数据，将被丢弃。

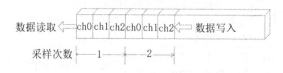

图 4-47　FIFO 格式缓存器示意图

2）RING（环形）格式缓存器。

RING 格式的缓冲存储器内部的保存领域构成呈环状。转换数据依次写入，如果超过存储器容量，继续保存，将覆盖前面的转换数据保存的领域。在正常状态下，因某个事情转换动作停止，要取得附近数据时，使用 RING 存储器。采用 RING（环形）格式存储器时，读取过一次的数据在被覆盖前，可能被读取过好几次。

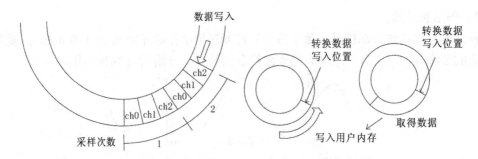

图 4-48　RING 格式缓存器示意图

4.5.5　模拟输入/输出噪声

（1）现场噪声的特征

与电气实验不同，现场存在各种噪声，很多情况下都和理论不一样。在这样的情况下，很多精度失去控制的原因都是噪声。

（2）现场噪声的来源

1）外来噪声。

①从信号传输线的外部传播而来的噪声。

②与电机等动力机器配线混在一起，经附近的配线混入的噪声。

2）内部噪声。

①与模拟输入/输出电路连接导致的噪声。

②装置间的大地电位差导致的补偿电压及噪声。

③配线材料导致的串扰、辐射噪声。

（3）控制干扰噪声对策

在进行测量时，干扰抑制原则上是不能对测量对象产生影响的。为此，必须考虑阻抗和地面电平等的匹配（表 4-6）。

表 4-6　现场噪声与对策

	对策方法	具体示例	效果	注意点
硬件	加强信号电平	在微弱信号测量点加放大器	消除所有噪声	在电脑端效果小
	通过配线方法消除	使用屏蔽线缆	消除空中传播来的噪声	
		使用双绞线线缆	消除串扰	
		分离测量、控制系和动力系的配线（电源、GND、配管）	消除空中传播来的噪声	
	通过插入滤波电路消除	插入 EMI 滤波器、CR 滤波器	消除所有噪声	能确定噪声频率时非常有效
	通过输入/输出形式消除	通过差分输入/输出连接	消除空中传播来的噪声	仅对同相噪声有效
	通过连接地线消除	将各装置接地	消除装置间的电位差	地线反而成为噪声源
软件	通过平均化运算消除（读取多个信号）	通过移动平均使噪声平滑化	消除高频噪声	对变化的响应性变差
		通过块平均消除噪声	消除高频噪声	采样频率降低
	通过软件滤波器消除	通过滤波函数消除噪声	消除高频噪声	不适合实时处理

4.5.6 环保设备中的开关量信号与脉冲信号

（1）模拟电路开关量信号

开关量信号（switch quantity signal），电气上是指电路的开和关，或者是触点的接通和断开而导入的信号，开关量信号通常为阶跃信号，该种信号一般出现在设备启动时（图 4-49）。

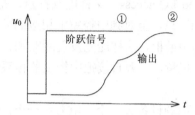

①阶跃信号（step signal）；②准阶跃信号（step—like signal）。

图 4-49　开关量输出信号

（2）脉冲量信号

脉冲量信号（pulse signal），电压或电流瞬间由某一值跃变到另一值的信号量，该种信号一般出现在设备的频繁启停控制时（图 4-50）。

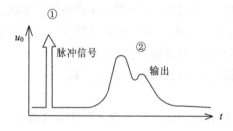

①脉冲信号（pulse signal）；②准脉冲信号（pulse -like signal）。

图 4-50　脉冲输出信号

（3）脉冲信号的种类

几种脉冲信号如图 4-51 所示。

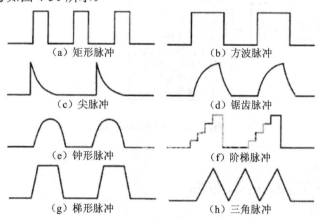

（a）矩形脉冲　　　　（b）方波脉冲
（c）尖脉冲　　　　（d）锯齿脉冲
（e）钟形脉冲　　　　（f）阶梯脉冲
（g）梯形脉冲　　　　（h）三角脉冲

图 4-51　几种脉冲信号

（4）电气打点

1）电控对点。

电控对点（check wiring）是电气工程后期调试工作中的一项重要任务，主要包括测量电缆步线是否正确、电缆接线有无错接、通电调试是否正常等。

2）自控打点。

自控打点（check controlled I/O access）又称电气打点，是把点表上的开关量（switch signal）、模拟量（analog signal）点，全对到中控室中相应的控制柜中。一般来说，电气安装完毕后，开关量可以先打到中继柜，这样能先发现回路和接线中的问题，然后还是要跟中控室监控系统打一次。而模拟量，一般直接把中控室监控系统与现场一次仪表、变送器等巡线对应。

打点人员一般要三个，即现场设备旁一个，电力室一个，中控室一个，现场和电力室的人要带齐所有安装时用的工具、图纸，以便有问题时及时查找解决。

4.6 环保设备监控

自动化仪表分类：

1）按功能。

①检测仪表：（传感器，一次仪表）检测、变送被监测参数。

②显示仪表：（二次仪表）具有显示、记录报警和一定的控制功能。

③控制器：根据偏差进行运算并输出控制信号。

④执行器：接收控制信号，改变被控动作与参数。

2）按系统组成。

按系统组成分为本地仪表、单元组合仪表、组件组合仪表、集散控制系统（图 4-52）。

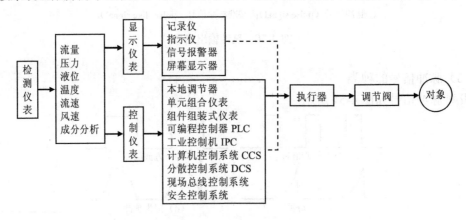

图 4-52 检测仪表分类

3）按驱动能源。

按驱动能源分为气动、电动、液动。

4）按防爆能力。

按防爆能力分为普通型、隔爆型、安全火花型。

4.6.1　监控系统与监控点位

（1）DCS、SCADA、IPC 及 PLC 控制系统

1）DCS。

集散控制系统（distributed control system，DCS）主要指的是数字化集散控制系统，包含上位机及下位机，如包含逻辑、画面系统、控制柜等及相关系统。DCS 就是把现场仪表信号传输进控制室统一管理。

2）SCADA 系统。

监视控制与数据采集（supervisory control and data acquisition，SCADA）是以计算机为基础的 DCS 与电力自动化监控系统，一般指的是数字采集监控系统，主要是画面监控系统，属于上位机监控系统。

3）IPC 系统。

工控机（industrial personal computer，IPC）即基于 PC 总线的工业电脑，是一种加固的增强型个人计算机，可以作为一个工业控制器在工业环境中可靠运行。应用比较广泛的如西门子工控机 IPC。IPC 有以下特点：

①可靠性：工业 PC 可在粉尘、烟雾、高/低温、潮湿、振动、腐蚀和快速诊断等设备领域应用，其平均修理时间（mean time to repair，MTTR）一般为 5 min，平均无故障时间（mean time to failure，MTTF）10 万 h 以上，而普通 PC 的 MTTF 仅为 10 000～15 000 h。

②实时性：工业 PC 需要对工业生产过程进行实时在线检测与控制，对工作状况的变化给予快速响应，及时进行采集和输出调节（看门狗功能是普通 PC 所不具有的），遇险自复位，保证系统的正常运行。

4）PLC 控制系统。

可编程逻辑控制器（programmable logic controller，PLC），一类可编程的存储器，用其内部存储程序，执行逻辑运算、顺序控制、定时、计数与算术操作等面向用户的指令，并通过数字或模拟式输入/输出控制各种类型的机械或生产过程。大型系统监控，要采用 PLC+IPC 的组合方式完成。

5）DCS、SCADA 及 PLC（IPC）。

DCS 主要用于过程自动化，PLC 主要用于工厂自动化（生产线），SCADA 主要针对广域的需求，如油田、绵延千里的管线。如果从计算机和网络的角度来说，它们是统一的，之所以有区别，主要体现在应用需求上，DCS 常常要求有高级的控制算法，如在炼油行业；PLC 对处理速度要求高，因为经常用在联锁上，甚至是故障安全系统；SCADA 也有一些特殊应用，如振动监测、流量计算、调峰调谷等。

（2）冗余监控

冗余监控（monitoring with redundancy）就是采用一定或成倍量的设备或元件组成监控系统来参加监控。有硬件冗余、软件冗余之分。硬件冗余属于模块冗余，一个信号进入两个不同的冗余模块，由硬件级实现；软件冗余属于信号冗余，需要通过软件实现冗余监控。

（3）I/O 点统计

统计 I/O 点有利于准确确定控制柜和操作站的数量。例如，所有 I/O 点加起来 1 300 点[模拟量、开关量、冗余点（redundant point）]，需要多少个 DCS 控制柜和操作站？

一般说来，模拟量输入/输出点多的话，点的空间会多一点，因为模拟量一个模块上的点数一般不超过 8 点；开关量输入占的空间最少，开关量输出一般采用中继转换，还要考虑继电器安装空间；1 个冗余点要按 2 个点算，总点数 1 300 点，冗余点在 450 点左右；电源柜也得要一个。所以系统柜要 7～8 个。

4.6.2 监控仪表位号

（1）仪表位号

仪表位号（instrument position label）由字母代号组合和回路编号两部分组成。字母代号组合中的第一位字母表示被测变量，后继字母表示仪表的功能；回路编号由工序号和顺序号组成，一般用 3～5 位阿拉伯数字表示。

例如，图 4-53 中，仪表位号 TI-101、TI-102、TI-103，表示第一工序第 01、02、03 温度检测回路的温度监测点，其中，T 指的是 temperature，为温度，I 指的是 indicator，表示显示数据信息用于监测；$\overset{TI}{103}$，表示该温度指示仪表属于仪表盘正面安装或属于监控画面监控元素，用于操作员或中控室监视。仪表位号 PRC-102，第 1 工序中压力回路控制记录存储点是记录监控点；仪表位号 AR-101，第 1 工序中成分分析回路分析记录存储点是记录监视点。

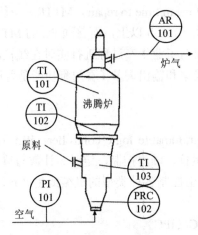

图 4-53 沸腾炉仪表位号

（2）仪表位号编写规范

1）在管道仪表流程图和系统图中，仪表位号的标注方法是：字母代号填写在仪表圆圈的上半圈中，回路编号填写在下半圈中，见图 4-53。

2）如果同一仪表回路中有两个以上相同功能的仪表，可用仪表位号附加尾缀（大写英文字母）的方法加以区别。例如，FT-201A、FT-201B 表示同一回路内的两台流量变送器；FV-201A、FV-201B 表示同一回路内的两台控制阀。

3）当属于不同工序的多个检测元件共用一台显示仪表时，显示仪表位号在回路编号中不表示工序号，只编制顺序号。在显示仪表团路编号后加连字符和阿拉伯数字顺序号尾缀的方法，表示检测元件的仪表位号。例如，多点温度指示仪的仪表位号为 TI-1，相应的检测元件仪表位号为 TE-1-1，TE-1-2……

4）当一台仪表由两个或多个回路共用时，各回路的仪表位号都应标注。

例如，一台双笔记录仪记录流量和压力时，仪表位号为 FR-121/PR-131；若用于记录两个回路的压力时，仪表位号应为 PR-123/PR-124 或 PR-123/124。

5）仪表位号的第一位字母代号（或者是被测变量和修饰字母的组合）只能按被测变量来选用，而不是按照仪表的结构或被控变量来选用。例如，当被测变量为流量时，差压式记录仪应标注 FR，而不是 PDR。控制阀应标注 FV；当被测变量为压差时，差压式记录仪应标注 PDR；控制阀应标注 PDV。

6）仪表位号中表示功能的后继字母，是按照读出或输出功能而不是按照被控变量选用，后继字母应按 IRCTQSA 的顺序标注。

7）仪表位号的功能字母代号最多不要超过 4 个字母。

①一台仪表具有指示、记录功能时，仪表位号的功能字母代号只标注字母"R"，而不标注字母"I"，例如，图 4-53 中的 PRC-102 和 AR-101。

②一台仪表具有开关、报警功能时，只标注字母代号"A"，而不标注"S"。当字母"SA"出现时，表示这台仪表具有联锁和报警功能。

③一台仪表具有多功能时，可以用多功能字母代号"U"标注；也可以将仪表的功能字母代号分组进行标注。例如，一个温度控制器带有温度开关，则可用两个相切的圆圈，分别填入 TIC-301 和 TS-301 来表示（图 4-54）。

图 4-54　带温度开关的温控仪

8）在允许简化的设计文件中，构成一个仪表回路的一组仪表，可以用主要仪表的仪表位号来表示。

例如，T-131 可以代表一个温度检测回路；F-120 则可以代表一个流量检测回路。

9）随设备成套供应的仪表，在管道仪表流程图上也应标注位号，但是在仪表位号圆圈外边应标注"WE"（随设备，with equipment）。

10）仪表附件，如冷凝器、隔离装置等，不标注仪表位号。

（3）监控位点的位号、连线图形符号、功能图形符号、阀体图形符号、执行机构图形符号、安装位置图形符号

1）监控位点的位号。

详见表 4-7 和表 4-8。

表 4-7　仪表位号字母代号及其意义

字母	首位字母		后继字母
	被测变量或初始变量	修饰词	功能
A	分析		报警
B	喷嘴火焰		
C	电导率		控制（调节）
D	密度或比重	差	
E	电压（电动势）		检测元件
F	流量	比（分数）	

字母	首位字母		后继字母
	被测变量或初始变量	修饰词	功能
G	尺度（尺寸）		玻璃
H	手动（人工触发）		
I	电流		指示
J	功率	扫描	
K	时间或时间程序		操作器
L	物位		灯
M	水分或湿度		
N			
O			节流孔
P	压力或真空		试验点（接头）
Q	数量或件数	积分、累计	积分、累计
R	放射性		记录或打印
S	速度或频率	安全	开关或联锁
T	温度		传送、变送器
U	多变量		多功能
V	黏度		阀、风门、百叶窗
W	重量或力		套管
X	供选用		
Y	供选用		继电器
Z	位置		驱动、执行或未分类的执行器

注：① "首位字母"在一般情况下，为单个表示被测变量或引发变量的字母（简称变量字母），在首位字母附加修饰字母后，"首位字母"则为首位字母+修饰字母。

② "后继字母"可根据需要为 1 个字母（读出功能），或 2 个字母（读出功能+输出功能），或 3 个字母（读出功能+输出功能+读出功能）等。

③ "分析（A）"指本表中未予规定的分析项目，当需指明具体的分析项目时，应在表示仪表位号的图形符号（圆圈或正方形）旁标明。如分析二氧化碳含量，应在图形符号外标注 CO_2：$\overset{CO_2}{\underset{101}{\textstyle{AQ}}}$，而不能用 CO_2 代替仪表标志中的 "A"。

④ "供选用"指此字母在本表的相应栏目未规定其含义，可根据使用者的需要确定其含义，即该字母作为首位字母表示一种含义，而作为后继字母时则表示另一种含义。并在具体工程的设计图例中作出规定。

⑤ "视镜、观察（G）"表示用于对工艺过程进行观察的现场仪表和视镜，如玻璃液位计、窥视镜等。

⑥ "高（H）""低（L）""中（M）"应与被测量值相对应，而并非与仪表输出的信号值相对应。H、L、M 分别标注在仪表位号的图形符号（圆圈或正方形）的右上、下、中处。

⑦ "变化速率（K）"在与首位字母 L、T、W 组合时，表示被测变量或引发变量的变化速率。如 WKIC 可表示重量变化速率控制器。

⑧ "操作器（K）"表示设置在控制回路内的自动-手动操作器，如流量控制回路中的自动-手动操作器为 FK，它区别于 HC 手动操作器。

⑨ "灯（L）"表示单独设置的指示灯，用于显示正常的工作状态，它不同于正常状态的 "A" 报警灯。如果 "L" 指示灯是回路的一部分，则应与首位字母组合使用，例如，表示一个时间周期（时间累计）终了的指示灯应标注为 KQL。如果不是回路的一部分，可单独用一个字母 "L" 表示。例如，电动机的指示灯，若电压是被测变量，则可表示为 EL；若用来监视运行状态则表示为 YL。不要用 XL 表示电动机的指示灯，因为未分类变量 "X" 仅在有限场合使用，可用供选用字母 "N" 或 "O" 表示电动机的指示灯，如 NL 或 OL。

⑩ "安全（S）"仅用于紧急保护的检测仪表或检测元件及最终控制元件。例如，"PSV" 表示非常状态下起保护作用的压力泄放阀或切断阀。也可用于事故压力条件下进行安全保护的阀门或设施。如爆破膜或爆破板用 PSE 表示。

⑪首位字母 "多变量（U）"用来代替多个变量的字母组合。

⑫后继字母 "多功能（U）"用来代替多种功能的字母组合。

⑬ "未分类（X）"表示作为首位字母或后继字母均未规定其含义，它在不同地点作为首位字母或后继字母均可有任何含义，适用于一个设计中仅一次或有限的几次使用。例如，XR-1 可以是应力记录，XX-2 则可以是应力示波器。在应用 X 时，要求在仪表图形符号（圆圈或正方形）外注明未分类字母 "X" 的含义，如 $\overset{stress}{\underset{102}{\textstyle{XR}}}$。

⑭ "事件、状态（Y）"表示由事件驱动的控制或监视响应（不同于时间或时间程序驱动），也可表示存在或状态。

⑮ "继动器（继电器）、计算器、转换器（Y）"说明如下："继动器（继电器）"表示是自动的，但在回路中不是检测装置，其动作由开关或位式控制器带动的设备或器件。

⑯表示继动、计算、转换功能时，应在仪表图形符号（画圈或正方形）外（一般在右上方）标注其具体功能。但功能明显时也可不标注，例如，执行机构信号线上的电磁阀就无须标注。

表 4-8　环保设备系统常用仪表位号字母代号实例

	温度 T	温差 T_d	压力 P	压差 P_d	流量 F	液位 L
检测元件	TE		PE		FE	LE
变送	TT	TdT	PT	PdT	FT	LT
指示	TI	TdI	PI	PdI	FI	LI
指示、变送	TIT	TdIT	PIT	PdIT	FIT	LIT
指示、调节	TIC	TdIC	PIC	PdIC	FIC	LIC
指示、报警	TIA	TdIA	PIA	PdIA	FIA	LIA
指示、联锁、报警	TISA	TdISA	PISA	PdISA	FISA	LISA
指示、积算					FIQ	
记录	TR	TdR	PR	PdR	FR	LR
记录、调节	TRC	TdRC	PRC	PdRC	FRC	LRC
记录、报警	TRA	TdRA	PRA	PdRA	FRA	LRA
积算指示					FI（FQ）	

2）连线图形符号。

详见表 4-9。

表 4-9　仪表连线符号

序号	类别	图形符号	备注
1	仪表与工艺设备管路上测量点的连线		细实线
2	通用仪表信号线		细实线
3	连接线交叉		
4	连接线相接		
5	表示信号方向		
6	气压信号线		断划实线 45°角
7	电信号线		断划实线 45°角
8	导压毛细管		断划实线 45°角
9	液压信号线		
10	电磁、辐射、热、光、声波等信号线		有导向
11	电磁、辐射、热、光、声波等信号线		无导向
12	内部系统链（软件或数据链）		
13	机械链		
14	二进制电信号		断划实线 45°角
15	二进制气信号		断划实线 45°角

3）功能图形符号。

详见表 4-10 和表 4-11。

表 4-10　仪表功能图形符号

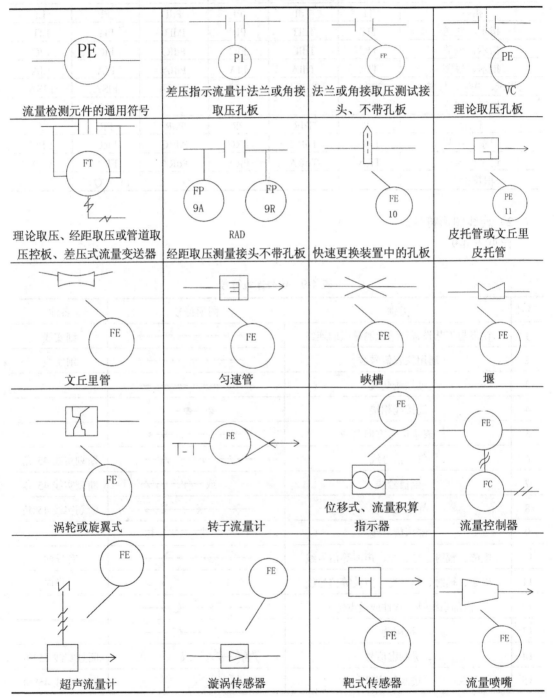

流量检测元件的通用符号	差压指示流量计法兰或角接取压孔板	法兰或角接取压测试接头、不带孔板	理论取压孔板
理论取压、经距取压或管道取压控板、差压式流量变送器	经距取压测量接头不带孔板	快速更换装置中的孔板	皮托管或文丘里皮托管
文丘里管	匀速管	峡槽	堰
涡轮或旋翼式	转子流量计	位移式、流量积算指示器	流量控制器
超声流量计	漩涡传感器	靶式传感器	流量喷嘴

表 4-11　仪表功能图形符号

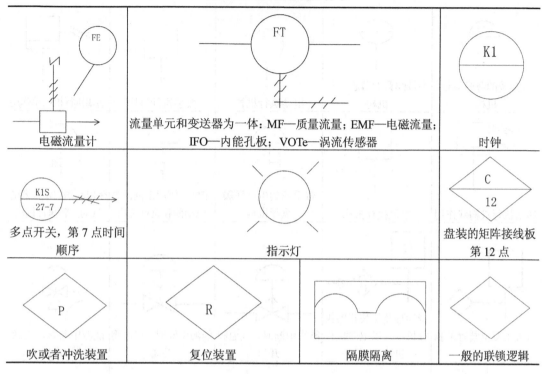

电磁流量计	流量单元和变送器为一体：MF—质量流量；EMF—电磁流量； IFO—内能孔板；VOTe—涡流传感器	时钟
多点开关，第 7 点时间 顺序	指示灯	盘装的矩阵接线板 第 12 点
吹或者冲洗装置	复位装置	隔膜隔离　　一般的联锁逻辑

4）阀体图形符号。

详见表 4-12。

表 4-12　控制阀体图形符号

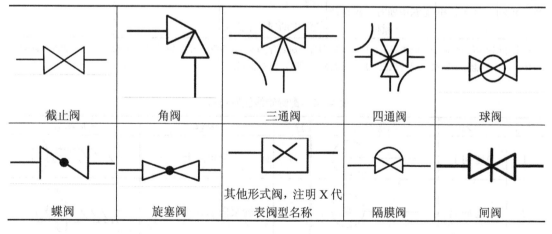

截止阀	角阀	三通阀	四通阀	球阀
蝶阀	旋塞阀	其他形式阀，注明 X 代 表阀型名称	隔膜阀	闸阀

5）执行机构图形符号。

详见表 4-13、表 4-14。

表 4-13 执行机构图形符号

 带弹簧的薄膜执行机构	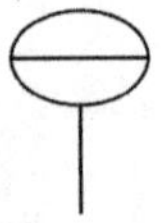 不带弹簧的薄膜执行机构	 电动执行机构	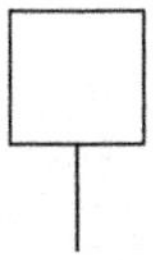 数字执行机构	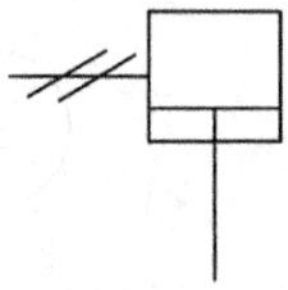 活塞执行机构单作用
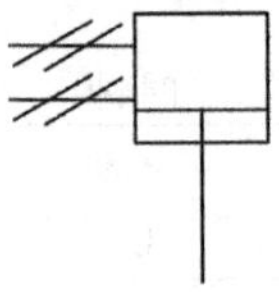 活塞执行机构双作用	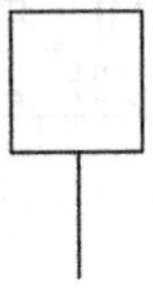 电磁执行机构	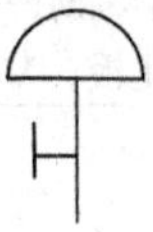 带手轮的电动薄膜执行机构	 带电动阀门定位器的电动薄膜执行机构	 带电动阀门定位器的气动薄膜执行机构
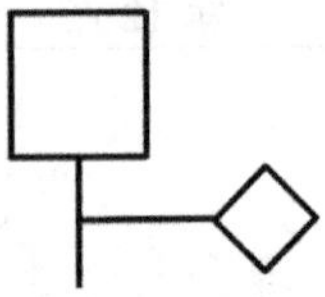 带人工复位装置的执行机构	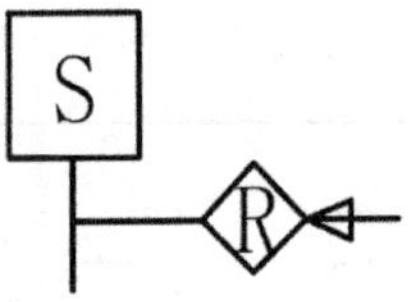 带远程复位装置的执行机构（以电磁执行机构为例）	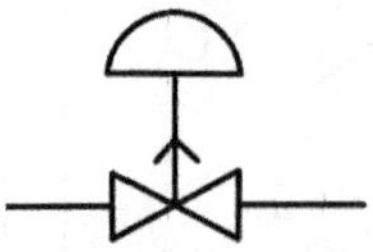 能源中断时，直通阀开启	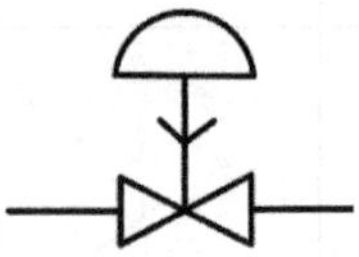 能源中断时，直通阀关闭	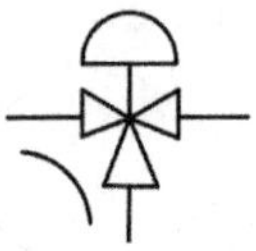 能源中断时，三通阀流体通向 A-C
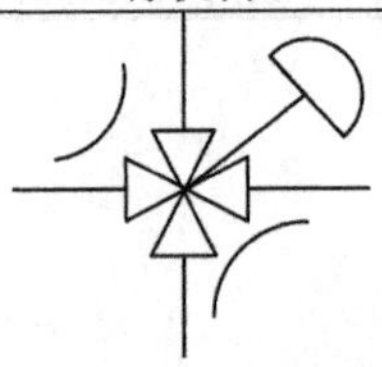 能源中断时，四通阀流体流动方向 A-C 和 D-B	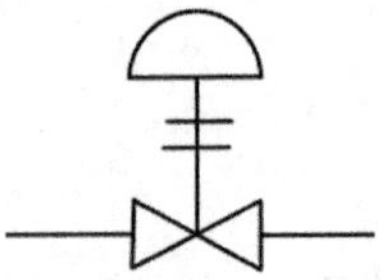 能源中断时，阀保持原位	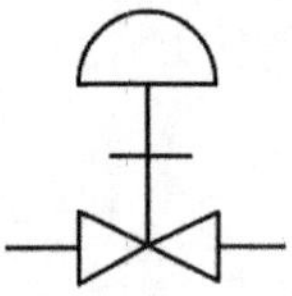 能源中断时，不定位		

注：上述图中若不用箭头、横线表示，可在控制阀体下标注字母缩写：FO——能源中断时，开启；FC——能源中断时，关闭；FL——能源中断时，保持原位；FI——能源中断时，任意位置。

表 4-14 配管管线图例符号

序号	内容	图形符号	序号	内容	图形符号
1	单管向下	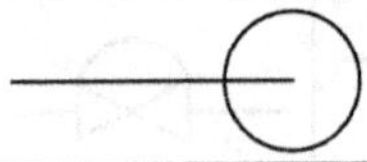	4	管束向上	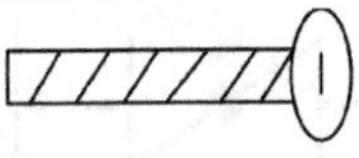
2	单管向上	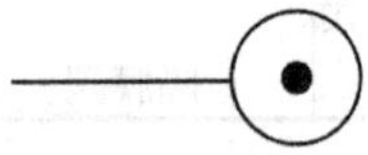	5	管束向下分叉平走	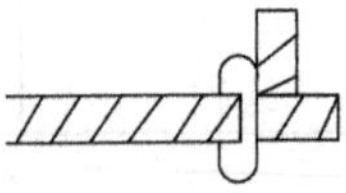
3	管束向下	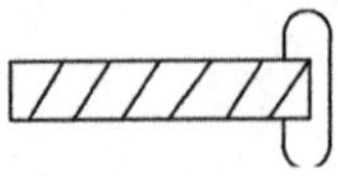	6	管束上下分叉平走	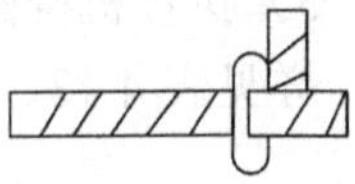

6）安装位置图形符号。

详见表 4-15。

表 4-15 表示安装仪表位置的图形符号

安装仪表位置	控制室安装	现场安装	现场盘装
离线仪表			
共用显示 共用控材			
计算机功能			
可编程序逻辑控材功能			

4.6.3 环保设备监控点位

（1）环保设备监控点位

监控点（monitoring/controlling，M/C）对应 I/O 点。监测（monitoring）就是显示输入信号的状态和实时数值的大小；控制就是以一种输出信号控制对象为某一种状态或调节对象出现某一对应值。

1）环保设备监测点。

开关量输入点：一般是来自被控设备（泵、风机等）运行状态信号，如运行信号、故障信号，开关状态"0"和"1"。

模拟量监测点：一般是来自检测仪表（一次仪表或二次仪表）的模拟信号（0～10V 电压、4～20 mA 电流、热电阻 RTD、热电偶 TC），如液位、温度、流量、压力、pH、电导率、污泥浓度、溶解氧浓度、COD、BOD、流速等。

2）环保设备控制点。

开关量输出点：一般是从主令控制器到被控设备（泵、风机、变频、阀体开关等）的指令信号，如启动、停止、正转、反转、点动、长动、工频启/停、变频启/停、阀开、阀闭等信号，开关状态"0"和"1"。

模拟量输出点：一般是从主令控制器到被控设备（变频器、阀体阀位等）的模拟调节信号（0～10V 电压、4～20 mA 电流），如频率控制、阀位开度控制信号。

3）环保设备监控点位常用文字符号（表 4-16）。

表 4-16 环保设备监控点位常用文字符号

监控点位文字符号	监控功能	英文全称
AI	分析组分显示	Analysis Indicator
AO	模拟量输出	Analogy Output
AL	报警	Alarm
AUTO	自动状态	AUTO
CAS	串级控制	Cascade Control
D（PID）	微分	Derivative
DCS	分布（集散）控制系统	Distributed control system
DI	开关量输入	Digital Input
DO	开关量输出	Digital Output
F	流量	Flow rate
FIC	流量指示控制	Flow rate Indicator & Control
I（PID）	积分	Integral
I	指示	Indicator
L	液位	Level
LIC	液位指示控制	Level Indicator & Control
LP	低压	Lower Pressure
MAN	手动状态	MANual
OFF	关	OFF
ON	开	ON
OP	输出值（手动状态下）	OutPut
P	泵	Pump
P（PID）	比例	Proportion
P	压力	Pressure
PI	压力显示	Pressure Indicator
PIC	压力指示控制	Pressure Indicator & Control
PID	比例积分微分控制	Proportion Integral Derivative
PV	过程值（测量值）	Process Variable
SP	设定值（自动状态下）	Set Point
T	温度	Temperature
TI	温度指示	Temperature Indicator
V	阀	Valve

（2）监控位点清单

1）电机类设备监控输入/输出 M/C（I/O）点。

①电机类（非变频），如风机、泵、搅拌机等点。

②电机类（变频），变频控制的电机设备。

2）执行机构监控输入/输出 M/C（I/O）点。

①电磁阀。

②电动阀。

③电动调节阀。

详见表 4-17。

表 4-17　设备与执行机构监控位点统计

监控对象	开关量 SM（DI）	开关量 SC（DO）	AM（AI）	AC（AO）
电机类（非变频）	3 点： 就地/远程、运行、故障	1 点： 启动/停止		
电机类（变频）	5 点： 就地/远程、工频运行、 变频运行、工频故障、 变频故障	3 点： 启动/停止、 工频启动、 变频启动	1 点： 频率反馈	1 点： 频率控制
电磁阀	3 点： 就地/远程、开/关信号、故障	1 点： 开阀/关阀		
电动阀	4 点： 就地/远程、全开、全关、故障	2 点： 开阀、关阀		
电动调节阀	4 点： 就地/远程、全开、全关、故障	2 点： 开阀、关阀	1 点： 阀门开度	1 点： 开度控制

4.7　设备的本安防爆系统配置

4.7.1　本安防爆系统

（1）本安防爆系统（本安系统）

在石油、化工等过程测量与自动化控制系统中，可能出现潜在的爆炸性环境，工程设计人员必须对系统中的现场设备及其相关设备采取相应的防爆措施。随着电气设备防爆技术的不断进步和发展，在全球范围内已广泛接受的电气设备防爆技术有隔爆（Ex d）、增安（Ex e）、本质安全（Ex i）、正压（Ex p）、浇封（Ex m）和无火花（Ex n）等类型。在众多的防爆技术中，本质安全（以下简称本安）防爆技术具有成本低、体积小、重量轻、允许在线测量和带电维护等优点，同时也能用于 0 区危险场所。因此在低压低功率电气设备、仪器仪表等领域内，它是首选的防爆技术。

本安系统（图 4-55 的虚线包围部分）由本安现场设备、关联设备（也称安全栅）和连接电缆三部分组成。

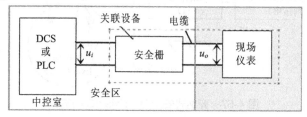

图 4-55　本安系统

（2）安全栅

安全栅（safety barrier），安全保持器，又称安全限能器，是本安系统中的重要组成部分。接在本质安全电路和非本质安全电路之间，将供给本质安全电路的电压、电流限制在一定安全范围内。安全栅被设计为介于现场设备与控制室设备之间的一个限制能量的接口，其主要功能为限流、限压，保证现场仪表可得到的能量在安全范围内。安全栅主要有两大类。

1）齐纳式安全栅。

齐纳式安全栅［Ex（ia）IIC，见表 3-8］的核心元件为齐纳二极管（zener diode）。用快速熔断器、限流电阻或限压二极管，对输入的电能量实施限制。齐纳式安全栅电路由快速熔断器 FU、限压元件 D 和限流电阻 R 组成，如图 4-56 所示。工作原理是用齐纳二极管 D 控制输出电压，用限流电阻 R 限制输出电流。

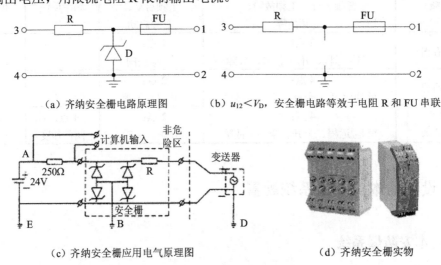

（a）齐纳安全栅电路原理图　　　　（b）$u_{12} < V_D$，安全栅电路等效于电阻 R 和 FU 串联

（c）齐纳安全栅应用电气原理图　　　　（d）齐纳安全栅实物

图 4-56　齐纳安全栅的原理图及实物

正常工作时，非本安端 1、2 之间所加电压 $u_{12} < V_D$，D 截止，安全栅电路等效于电阻 R 和 FU 串联在回路；当非本安侧发生故障，迫使非本安端因某种原因混入高压，齐纳二极管 D 反向击穿，呈"导通"状态，此时齐纳二极管 D 把混入高压限制在地上，在安全栅的本安侧 3、4 端就不会出现高压。齐纳管一旦导通后，其电流急剧上升，把 FU 瞬时熔断，切断了电源，防止危险能量穿入危险区，从而保证了现场设备和人员安全（图 4-57）。

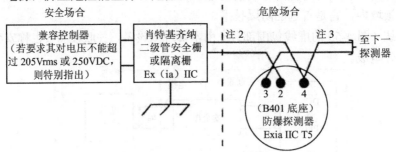

图 4-57　齐纳式安全栅（Exia IIC）应用

2）隔离式安全栅。

隔离式安全栅（isolated safety barrier）既有限能又有隔离功能，主要由回路限能单元、信号和电源隔离单元、信号处理单元组成（图 4-58）。

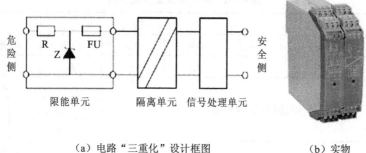

（a）电路"三重化"设计框图　　　　　　（b）实物

图 4-58　隔离安全栅的电路的"三重化"设计框图及实物

3）安全栅端子色标。

①黄色端（非本安侧，即图 4-59 中的 Ex 区），接线通往安全区。

②蓝色端（本安侧），接线通往危险区。

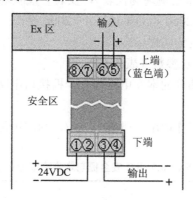

图 4-59　本安系统安全栅端子色标

4.7.2　本安系统配置

本安系统配置首先是处在其危险区的本安电气设备要按本安原则配置，然后是安全栅的选择。

（1）本安电气设备

1）简单设备。

《爆炸性气体环境用电气设备　第 4 部分：本质安全型"i"》（GB 3836.4—2000）[①]防爆标准规定，对于电压不超过 1.2V、电流不超过 0.1A，且其能量不超过 20 μJ 或功率不超过 25 mW 的电气设备可视为简单设备。最常见简单设备有热电偶、热电阻、pH 电极、应变片和开关等，它们的典型特点是仪表设备的内部等效电感 $L_i = 0$（表 4-18），内部等效电容 $C_i = 0$（表 4-18）。因此，这些简单设备可以直接应用在现场。

---

① 本标准已于 2021 年 10 月 11 日发布修正版，2022 年 5 月 1 日开始实施，修订后的 GB/T 3836.4—2021 和原 GB 3836.4—2000 名称有所变化。

表 4-18　本安系统安全栅参数

本安系统	输出			输入			外部	
	电压	电流	功率	电压	电流	功率	电容	电感
	U_o	I_o	P_o	U_i	I_i	P_i	C_o	L_o

安全栅与现场设备/仪表间	分布	
	电容	电感
	C_c	L_c

现场设备/仪表内部	未被保护	
	电容	电感
	C_i	L_i

2）本安电气设备选用原则。

本安电气设备（图 4-54 最右侧现场仪表），安装于危险场所的现场设备。

①要求按照 GB 3836.1—2000 和 GB 3836.4—2000 设计；

②危险场所安全要有规定的防爆标志；

③明确 U_i、I_i、P_i、C_i 和 L_i 参数（表 4-19）；

④本安电路接地或接地部分的本安电路与安全栅接口电路应施加有效隔离；

⑤信号传输方式；

⑥本安电气设备的最低工作电压一般小于 36V，回路正常工作电流一般 4～20 mA。

表 4-19　Ex（ia）ⅡC 安全栅与本安现场设备认证参数

设备	名称	代码	定义
安全栅	最高允许电压	U_m	保证其本安端本安性能允许非本安端输入的最高电压
	最高开路电压	U_{oc}	关联设备最高开路电压（open circuit voltage）
	最大短路电流	I_{sc}	关联设备最大短路电流（short circuit current）
	允许分布电容	C_a	关联设备允许外接的最大电容
	允许分布电感	L_a	关联设备允许外接的最大电感
	允许最大功率	P_{maxo}	关联设备允许输入的最大功率
现场设备	最高电压	V_{max}	正常工作/故障条件下，能保持其本安性能的最高电压
	最大电流	I_{max}	正常工作/故障条件下，能保持其本安性能的最大电流
	未被保护电容	C_i	本安现场设备内部未被保护的电容
	未被保护电感	L_i	本安现场设备内部未被保护的电感
	输入最大功率	P_{maxi}	本安现场设备允许输入的最大功率

（2）安全栅的选择

安全栅设备内部电路能影响与之连接的本安型设备的安全性能，就本安防爆性能而言，它们必须满足 4 个条件：

①$U_o \leqslant U_i$；②$I_o \leqslant I_i$；③$P_o \leqslant P_i$；④$C_o \geqslant C_c + C_i$ & $L_o \geqslant L_c + L_i$。

1）回路认证。

回路认证（loop approvals）即常说的"联合取证"，根据危险环境使用的联合取证情况，选择已与其联合取证的安全栅，一经联合取证，现场仪表与安全栅便固定组合构成本安系统。

2）参量认证。

参量认证（parametric approvals）是近年来国际上逐渐形成并流行的一种新的本质安全认证技术。按照"参量认证"方式认证的本安设备和关联设备（安全栅）都会给出一组安全参数。

3）关联设备（安全栅）认证参数与本安现场设备认证参数。

关联设备（安全栅）认证参数，是安全栅在正常工作或故障条件下可能传送到危险场所的参数。

（3）关联设备（安全栅）参量相对小的原则

只要本安现场设备和关联设备的上述参数满足下列条件，用户就可以不经防爆检验机构的认可而任意组合配套构成本安防爆系统。

1）参数满足以下关系式：

①$V_{max} \geqslant V_{oc}$；

②$I_{max} \geqslant I_{sc}$；

③$P_{maxi} \geqslant P_{maxo}$；

④$C_i + C_c \leqslant C_a$；

⑤$L_i + L_c \leqslant L_a$。

式中，C_i、L_i、C_c、L_c 含义见表 4-19。

2）安全栅的防爆标志等必须不低于本安现场设备的防爆标志的等级。

3）确定安全栅的端电阻及回路电阻可以满足本安现场设备的最低工作电压。

4）安全栅的本安端安全参数能够满足 $U_o \leqslant U_i$、$I_o \leqslant I_i$、$P_o \leqslant P_i$、$C_o \geqslant C_c$ 和 $L_o \geqslant L_c$ 的要求（表 4-18）。

5）根据本安现场仪表的电源极性及信号传输方式选择与之相匹配的安全栅。

6）避免安全栅的漏电流对本安现场设备的正常工作产生影响。

（4）基于"参量认证"的安全栅的选用

1）安全栅的最高允许输入电压 U_{imax}。

与安全栅相连的安全设备的工作电压或可能产生的电压不得超过安全栅的最高允许输入电压。

①齐纳安全栅最高允许输入电压为 250V AC/DC；

②隔离式安全栅隔离电压可达 2 500V AC/DC。

用光电隔离等技术使本安系统中可能产生上万伏高压的安全设备从本安系统中隔离开来。

2）用"参量认证"对比。

公式 $V_{max} \geqslant V_{oc}$，$I_{max} \geqslant I_{sc}$，$P_{maxi} \geqslant P_{maxo}$，逐一对比选用安全栅。

①本安现场设备能够正常工作的最大电压（V_{max}）、最大电流（I_{max}）、最大功率（P_{maxi}）。

②本安关联设备（安全栅）可能输出的最大电压（V_{oc}）、最大电流（I_{sc}）、最大功率（P_{maxo}）。

3）安全栅阻抗。

本安系统中（图 4-60），安全栅阻抗 R_a、现场仪表阻抗 R_b、电缆阻抗 R_L 及安全仪表的允许负载阻抗 R_o 应满足：

$$R_a + R_b + R_L \leqslant R_o \tag{4-5}$$

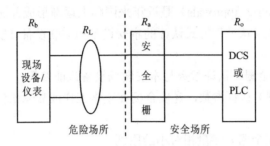

图 4-60　本安系统中阻抗匹配示意图

①安全仪表输出回路允许负载阻抗 R_o。作为安全仪表的调节器或 I/O 卡的输出通道等的 R_o 是由制造厂商提供的，如 Smar 公司的 CD600 调节器 4~20 mA 输出时，允许负载 $R_o = 750\ \Omega$，FOXBORO 公司 I/A 系列 I/O 卡 4~20 mA 输出时，允许负载 $R_o = 735\Omega$。

②安全仪表输入回路允许负载阻抗 R_o'。作为安全仪表的显示仪表或 I/O 卡的输入通道等的允许负载阻抗 R_o' 取决于其输出电压 V_o 和现场仪表的无负载工作电压 V_i，公式表示为

$$R_o' = (V_o - V_i)/0.023 \tag{4-6}$$

无论输入回路还是输出回路，选用安全栅时其阻抗满足式（4-5）和式（4-6）才可保证回路的正常工作。

例 4-3：FCX 变送器无负载工作电压 $V_i = 10.5\text{V DC}$，那么一个输出电压为 24V DC 的 I/O 卡的负载电阻 $R_o' = (24 - 10.5) \div 0.023 \approx 587\ \Omega$。

4）连接电缆的选用原则。

连接本安现场设备与安全栅的连接电缆，其分布参数在一定程度上决定了本安系统的合理性及使用范围，因此必须符合以下条件：

①连接电缆规格。连接电缆为铜芯绞线，且每根芯线的截面积不小于 0.5 mm²。介质强度应能承受 2 倍本安电路的额定电压，但不低于 500V 的耐压试验。

②连接电缆长度的限制。在本安系统中，现场本安仪表和连接电缆同为安全栅的负载，当安全栅与现场本安仪表选定后，可用下列方法估算电缆长度：

a）根据公式 $C_o \geqslant C_c - C_i$ 和 $L_c \leqslant L_o - L_i$ 计算电缆的最大外部分布参数；

b）按照公式 $L = C_o/C_k$ 和 $L = L_o/L_k$ 分别计算电缆长度，取两者中的小值作为实际配线长度 L，但多芯电缆应考虑相互叠加影响。

（5）安全栅与变送器

变送器是现场一次测量元件，是把测量信号转变成 4~20 mA 信号传送给控制室。变送器输出信号后经过安全栅。

安全栅是保护元件或系统，其作用是当有大电流或大电压传送到控制室时而设置的中间保护设备。如果安全栅只起到传输、隔离作用是不能用于测量的（图 4-61）。

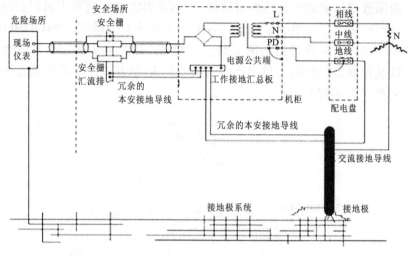

图 4-61 现场仪表系统

4.8 现场环保仪表的输入与抗干扰

（1）现场环保仪表的输入

1）单端输入（single-ended input）用于判断信号与 GND 的电压差。

2）差分输入（fully-differential input）用于判断两个输入信号线的电压差。

3）伪差分输入（pseudo-differential input），在伪差分模式下，信号与输入的正端连接，信号的参考地与输入的负端连接。伪差分输入减小了信号源与设备的参考地电位（地环流）不同所造成的影响，提高了测量的精度。

（2）伪差分输入与差分输入的相似性和区别

1）相似性：伪差分输入与差分输入在减小地环流和噪声方面是非常相似的。

2）不同处：差分输入模式下，负端输入是随时间变化的，而在伪差分模式下，负端输入一定仅仅是一个参考，不传递信号。

4.9 现场环保仪表现场总线

（1）过程现场总线

过程现场总线（Process Field Bus，PROFIBUS）的传送速度可在 9.6 kbaud～12Mbaud，于 1989 年正式成为现场总线的国际标准。过程现场总线在很多自动控制领域占据主导地位，全世界的设备节点数已经超过 2 000 万个。过程现场总线由 3 个兼容部分组成：

PROFIBUS-DP（Decentralized Periphery）；

PROFIBUS-PA（Process Automation）；

PROFIBUS-FMS（Fieldbus Message Specification）。

其中，**PROFIBUS-DP** 应用于现场级，它是一种高速低成本通信，用于设备级控制系统与分散式 I/O 之间的通信，总线周期一般小于 10 ms，使用协议第 1 层、第 2 层和用户接口，确保数据传输的快速性和有效性；**PROFIBUS-PA** 适用于过程自动化，可使传感器和执行器接在一根共用的总线上，可应用于本质安全领域；**PROFIBUS-FMS** 用于车间级监控网络，它是令牌结构的实时多主网络，用来完成控制器和智能现场设备之间的通信以及控制器之间的信息交换。主要使用主-从方式，通常周期性地与传动装置进行数据交换（图 4-62）。

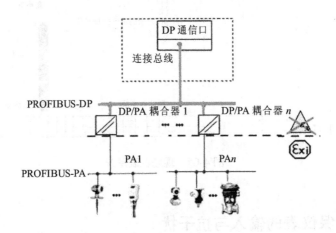

图 4-62 过程现场总线的非本安与本安

（2）PROFIBUS DP 和 PA 在应用方面的区别

1）DP 采用 RS485 电气标准，两根电缆仅传输数据，不能供电；PA 采用 IEC1158-2 MBP-IS 标准，两根电缆除传输数据外，还可以为仪表供电。

2）传输速率方面，DP 可以是 9.6K、19.2K、45.45K、93.75K、187.5K、1.5M、3M、6M、12M；PA 只能为 31.25K。

3）编码方面，DP 为不归零（non return to zero，NRZ）编码；PA 为曼彻斯特编码（Manchester）。

4）数据格式方面，DP 为基于字符的异步传输方式，每个字符包括 11 位，即 1 个起始位、8 个数据位、1 个停止位和 1 个奇偶校验位；PA 为基于帧的同步传输方式，每次发送一个数据帧。

5）数据校验方面，DP 为 1 bit 的奇偶校验；PA 为 16 bit 的 CRC 校验。

思考题

1. 什么是环保设备模拟点？举例说明。

2. 什么是环保设备数字点？举例说明。

3. 举例说明开关量点、数字量点、脉冲量点、模拟量点的区别与联系。

4. 什么是环保设备监控点位？举例说明。

5. 什么是环保设备仪表位号？举例说明。

6. 模数转换器 ADC 的主要选型参数是什么？0.5 LSB 的非线性度的 1LSB 是什么意思？举例说明。

7. 数模转换器 DAC 的主要选型参数是什么？举例说明。

8. 简述安全栅与变送器的区别。

第5章 环保设备电气化

环保设备是基于污染对象处理工艺的设备配方系统，该系统以改善环境质量为宗旨，以控制环境污染、抑制碳源（carbon source）、增强碳汇（carbon sink）为目标，其运行过程是基于环保配方工艺的监控过程。环保设备工业是人类工业文明过程中促进人类社会与环境和谐发展、进行人类生态环境复兴的绿色产业。环保设备过程控制的发展见图5-1。

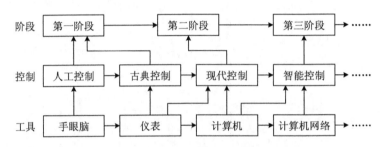

图 5-1　环保设备过程控制发展

环保设备电气化是环保设备系统运行的电力驱动手段。环保设备配方集成系统，要在高度机械化与电气化的基础上，才能实现其自动化与智能化的控制。

5.1　设备的机械化控制

现场设备的机械化控制、本地控制、人工巡检记录与监测过程如图5-2所示。

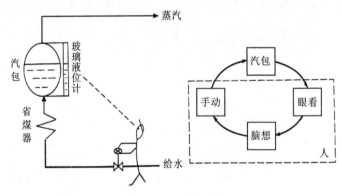

图 5-2　人工控制与巡检

5.2　典型污水处理系统的机电化控制

在环保设备的电气化控制设计中，要根据处理工艺统计出电气/仪表机械控位点，为设备、执行器、仪表等设计、选型提供参数支撑。

分段进水 A/A/O 生化池工艺流程：

图 5-3～图 5-9 是河北环境工程学院中水站工艺流程图。主要工艺环节包括：①水源，②粗格栅池，③集水池，④细格栅池，⑤调节池，⑥分段进水 A/A/O 生化池，⑦二沉池，⑧污泥回流井，⑨污泥储池，⑩中间水池，⑪连续砂滤，⑫人工湿地，⑬消毒池，⑭回用水渠。

系统电气/仪表机械控制/位点，详见表 5-1～表 5-6。

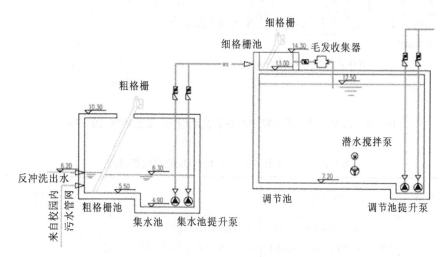

图 5-3　河北环境工程学院中水站工艺流程——工艺环节（1～5）

表 5-1　工艺环节（1～5）电气/仪表机械控位点

序号	名称	位点号	功能	位置	备注
1	污水进、反冲出	FV-101、FV-102	水源 1、水源 2 控制	水源（waterhead）	校园污水管网、反冲洗出水
2	水位、流速、通风、毒害气体	LVH-201、LVL-202、SI-2011、SI-202、XFC-201、DRA-202	高水位限、低水位限、栅前流速、过栅流速、轴流风扇、毒害气体监测报警	粗格栅池（coarse screen）	栅前流速 0.4 m/s，过栅流速 0.6 m/s
3	污水提升、有压防倒流、污泥浓度	P-301、P-302、VR-301、VR-302、DS-301	提升泵#1、#2逆止阀#1、#2污泥浓度	集水池（set the pool）	污泥浓度>2%，自吸高度（泵口离液面高度）
4	水位、流速、毛发收集	LVH-401、LVL-402、SI-401、SI-402、XMC-401、GPHLA-401	水位上限、水位下限、进口流速、出口流速、毛发收集器、毒害气体监测报警	细格栅池（fine screen）	进口流速 0.8 m/s，出口流速 1.0 m/s，毛发聚集器毒害气体（poison gas）
5	污水提升、有压防倒流、潜水搅拌	P-501、P-502、VR-501、VR-502、XA501	提升泵#1/#2逆止阀#1/#2潜水搅拌#1	调节池（regulating pond）	水质、水量、预曝气、潜水搅拌器（submersible agitator）

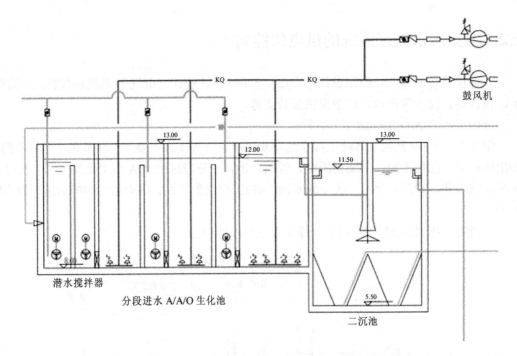

潜水搅拌器

分段进水 A/A/O 生化池

二沉池

图 5-4　河北环境工程学院中水站工艺流程——工艺环节（6~7）

表 5-2　工艺环节（6~7）电气/仪表机械控位点

序号	名称	位点号	功能	位置	备注
6	分段进水 A/A/O 生化	XA-601、XA-602、V-601、OBA′-6101、XAA′-6101、XAA′-6102、VA′-6101、OBA′-6201、XAA′-6201、XAA′-6201、VA′-6201、OBA-601、OBA-602、OBA-603、OBA-604、BO-601、BO-602、FIO-6201、FIO-6202、VO-601、VO-602、FVO-601、FVO-602	分段进水生化处理厌氧（A）段潜水搅拌器#1/#2、蝶阀#1缺氧（A′）段#1、曝气头#1/#2、潜水搅拌器#1、蝶阀#1、缺氧（A′）段#2、曝气头#1/#2、潜水搅拌器#1、蝶阀#1、好氧（O）段曝气头#1/#2/#3/#4、鼓风机#1/#2、流量计#1、流量计#2,蝶阀#1、蝶阀#2、角阀#1、角阀#2	AAO 生化 step-feed A/A/O biochemical pond 曝气（aeration）	
7				二沉池 secondary sedimentation tank	

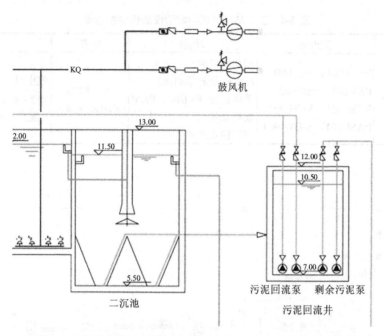

图 5-5　河北环境工程学院中水站工艺流程——工艺环节（8）

表 5-3　工艺环节（8）电气/仪表机械控位点

序号	名称	位点号	功能	位置	备注
8	污泥回流与剩余污泥	PSR-801、PSR-802、VCO-8101、VCO-8102 PRS-8201、PRS-8202 VCO-8201\VCO-8202	污泥回流#1、#2 截止阀#1、#2 剩余污泥泵#1、#2 截止阀#1、#2	污泥回流井（sludge reflux Well）	截止阀（cut-off valve）

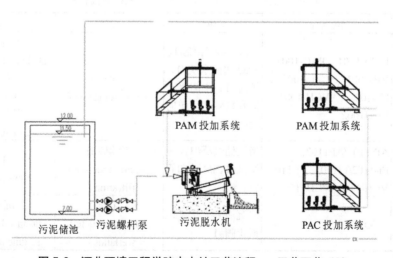

图 5-6　河北环境工程学院中水站工艺流程——工艺环节（9）

表 5-4　工艺环节（9）电气/仪表机械控位点

序号	名称	位点号	功能	位置	备注
9	污泥储存	VCO-901、VCO-902 PSS-901、PSS-902 VCH-901、VCH-902 PAM-901、MDW-901	截止阀#1/#2、 污泥螺旋杆泵#1/#2、 单向截止阀#1/#2、PAM 加药系统#1 污泥脱水机#1	污泥储池 （sludge pool）	截止阀（cut-off valve） 单向阀（check valve） 脱水（dewatering）

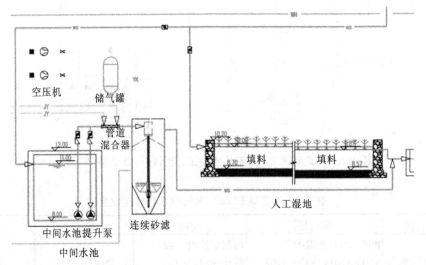

图 5-7　河北环境工程学院中水站工艺流程——工艺环节（10～12）

表 5-5　工艺环节（10～12）电气/仪表机械控位点

序号	名称	位点号	功能	位置	备注
10	中间水池	PAM-1001、PAC-1001 VB-1001 、 PL-1001 、 PL-1002 、 VCH-1001 、 VCH1002	PAM 加药系统#1、 PAC 加药系统#1、 蝶阀#1、中间水池 提升泵#1/#2、单向 阀#1/#2	中间水池 （interim storage pool）	污泥渗滤液 （sludge infiltration fluid） 提升泵 （lift pump） 管道混合器 （pipeline mixer）
11	连续砂滤	AP-1101/AP1102； FI-1102/FI1102；PI-1101； VCH-1101//VCH1102	增压储气罐#1，空 压机#1、#2 单向阀 #1、#2	连续砂滤 （continuous sand filtration）	单向阀 （check valve）
12	人工湿地	VCO-1201	二沉池到人工湿地 截止阀#1	人工湿地 （the constructed wetlands）	二沉池截止阀 （cut-off valve in Secondary sedimentation tank）

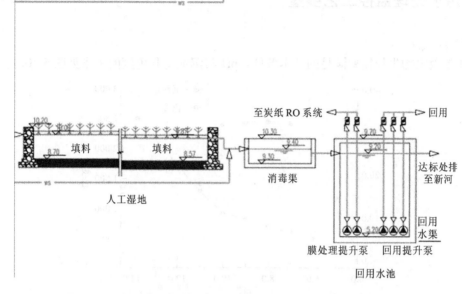

图 5-8　河北环境工程学院中水站工艺流程——工艺环节（13～14）

表 5-6　工艺环节（13～14）电气/仪表机械控位点

序号	名称	位点号	功能	位置	备注
13	消毒渠			消毒渠（disinfecting channel）	
14	RO 反渗透回用水	PL-14101、PL11-02 VB-14101、VB14102 PL-14201、PL14202、PL14203 VB-14201、VB14202、VB14203	双级 RO 系统 膜处理提升泵#1/#2、蝶阀#1/#2、回用水泵#1/#2/#3、蝶阀#1/#2/#3	回用水渠（recycling tank）	达标至新河水检测系统

图例

—— WS ——	污水管道	—— KQ ——	空气管道
—— WN ——	污泥管道	CX	反冲洗出水
JY	加药管道	YK	压缩空气管道

图 5-9　河北环境工程学院中水站工艺流程——图例

5.3 污水处理监控工艺参量

（1）pH

pH 是微生物生长需要满足的基本条件。pH 与沉淀量和色度的关系见图 5-10。

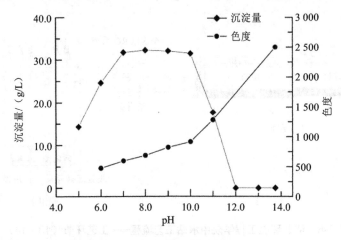

注：6<pH<9，污水处理不利，对人畜有害；pH<6，腐蚀设备。

图 5-10 pH 与沉淀量和色度的关系

（2）悬浮物

悬浮物（suspended solid，SS），也叫悬浮固体（图 5-11）。

挥发性悬浮固体（volatile suspended solids，VSS），悬浮固体中不稳定悬浮的有机物，易导致氧的消耗和有机物腐败等问题。可采用生物絮凝技术进行处理。

固定性悬浮固体（fixed suspended solids，FSS），FSS 与 SS、VSS 的关系可表示为 SS = VSS+FSS。

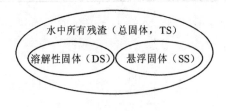

图 5-11 SS 形成

（3）溶解氧

溶解氧（dissolved oxygen，DO），曝气池中 DO≥2 mg/L，局部 DO≥1 mg/L。

（4）氨氮

氨氮（ammonia nitrogen，NH_3-N），污水中含有 4 种含氮化合物：有机氮、氨氮、亚硝酸盐氮与硝酸盐氮。

NH_3-N = 游离氨（NH_3）+离子态铵盐（NH_4^+），氨氮可以提供营养、缓冲 pH，但含量过高会抑制微生物活动。

（5）总磷

总磷（Total Phosphorus，TP）是污水中有机磷与无机磷之和，是活性微生物必需的营养物质，磷缺乏会引起非丝状菌膨胀。有机磷存在形式包括葡萄糖-6-磷酸、2-磷酸-甘油酸、磷肌酸等；无机磷均以磷酸盐形式存在，有正磷酸盐（PO_4^{3-}）、偏磷酸盐（PO_3^-）、磷酸氢盐（HPO_4^{2-}）、磷酸二氢盐（$H_2PO_4^-$）等。

（6）五日生化需氧量

五日生化需氧量（biochemical oxygen demand，BOD_5），是一种用微生物（主要是细菌）代谢作用（五日生化反应，20℃，将有机物氧化为无机物）所消耗的溶解氧量来间接表示水体被有机物污染程度的一个重要指标。

（7）化学需氧量

化学需氧量（chemical oxygen demand，COD）是以化学方法测量水体有机污染的一项重要指标。用强氧化剂（我国法定用重铬酸钾），在酸性条件下，将有机物氧化成 CO_2 和 H_2O 所需的氧量，即 COD_{Cr}，简写为 COD，见图 5-12。COD 不但包括了水中几乎所有有机物被氧化的需氧量，还包括水中亚硝酸盐、亚铁盐、硫化物等还原性无机物被氧化的耗氧量。COD 的去除率与 DO 及温度的关系参见图 5-13。表 5-7 给出了判断污水可生化性的参考准则。

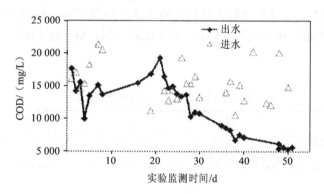

图 5-12　传统重铬酸盐法、高锰酸钾法等测定 COD

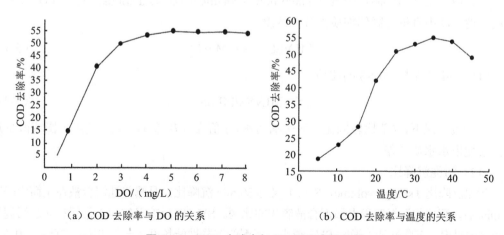

（a）COD 去除率与 DO 的关系　　　　（b）COD 去除率与温度的关系

图 5-13　COD 去除率与 DO 和温度的关系

表 5-7　判断污水的可生化性准则

	"工人"群	面向对象	还原产物	过程	测定时间
BOD_5	微生物细菌	有机物	无机物	生化	5 天
COD_{Cr}	强氧化剂	有机物+还原性无机物	CO_2、H_2O		几分钟

（8）BOD_5/COD_{Cr} = B/C

BOD_5/COD_{Cr} 用来判断污水的可生化性，具体准则见表 5-8。

表 5-8　判断污水的可生化性准则

B/C	可生化性	B/C	可生化性
>0.6	良好	0.30～0.45	尚好
0.45～0.6	较好	<0.3	较差

（9）混合液悬浮固体浓度

混合液悬浮固体浓度（mixed liquor suspended solids，MLSS），单位容积混合液内，所含有的活性污泥固体物的总重量，即污泥浓度（mg/L），间接反映混合液中所含微生物量，包括微生物菌体（Ma）、微生物自生氧化产物（Me）以及吸附在污泥絮体上不能为微生物所降解的有机物（Mi）和无机物（Mii），即 MLSS = Ma+Me+Mi+Mii。MLSS 对活性污泥性能影响见表 5-9。

表 5-9　MLSS 对活性污泥性能影响

MLSS	过高			过低	最佳
活性污泥	泥龄延长	增加曝气量	电耗高	达不到处理效果	2～6 g/L
调控	加大剩余污泥排量强制降低力度				

（10）混合液挥发性悬浮固体浓度

混合液挥发性悬浮固体浓度（mixed liquor volatile suspended solids，MLVSS）表示混合液活性污泥中有机性固体物质部分的浓度，即

$$MLVSS = Ma+Me+Mi \tag{5-1}$$

（11）MLVSS 与 MLSS 的比值

$$f = MLVSS/MLSS \tag{5-2}$$

在一般情况下，f 值比较固定，对生活污水，f 值为 0.75 左右。若 f 超出范围或改变过大，会使出水水质变差。

（12）污泥沉降比

污泥沉降比（sludge volume，SV_{30}）又称 30 min 沉降比，是曝气池混合液在量筒内静置 30 min 后，形成的污泥容积占原混合液容积的比例。SV_{30} 能反映曝气池正常运行时的污泥量和污泥的凝聚、沉降性能，通常 SV_{30} 越小，污泥的沉降性能越好，一般 SV_{30} = 20%～30%。

可监测点：智能缓冲量筒监测 SV_{30}。

1）SV_{30} 反映污泥量、活性污泥的凝聚与沉降性能。

2）SV_{30} 与污泥种类、絮凝性能和污泥浓度有关。

（13）污泥体积指数

污泥体积指数（sludge volume index，SVI）简称污泥指数，是指在曝气池出口处取 1L 的混合液，经 30 min 静沉后，每克干污泥所占的容积。

$$SVI = \frac{混合液（1L）30\ min\ 静沉活性污泥容积（mL）}{混合液（1L）中悬浮固体干重（g）} = \frac{SV（mL/L）}{MLSS（g/L）} \qquad (5\text{-}3)$$

或

$$SVI = \frac{混合液30\ min\ 沉降活性污泥容积}{污泥干重} = \frac{SV \times 100}{MLSS} \qquad (5\text{-}4)$$

$$MLSS（g/L） = \frac{SV（mL/L）}{SVI（mL/g）} \qquad (5\text{-}5)$$

$$MLSS（g/L） = SV/SVI \qquad (5\text{-}6)$$

可监测点：智能缓冲量筒监测 SVI、软监测 MLSS。

1）SVI 适宜范围：70～100。

2）SVI 值反映活性污泥的凝聚和沉降性能：SVI 过高，沉降性不好，污泥膨胀风险高；SVI 过低，泥粒细小，无机质含量好，污泥缺乏活性。

（14）污泥负荷

污泥负荷（sludge loading，Ns）是指在单位时间内，所能承受（去除）的污染物的量。从生物学上微生物代谢方面讲，污泥负荷就是有机物量（有机污染物量）与微生物量（活性污泥量）之比，简称"食微比"或"F/M"（"food/microorganism"）比值，单位为 kgCOD/（kg 污泥·d）或 kgBOD/（kg 污泥·d）。例如，BOD_5 的污泥负荷表示单位为 kg（BOD_5）/（kg MLSS·d）。

计算方法

$$Ns = F/M = Q_h S/（VX） \qquad (5\text{-}7)$$

式中，Ns——污泥负荷 = kgCOD（BOD）/（kg 污泥·d），其对活性污泥影响见表 5-10；

Q_h——每天进水量，m^3/d；

S——COD（BOD）浓度，mg/L；

V——曝气池有效容积，m^3；

X——污泥浓度，mg/L。

表 5-10 污泥负荷率 Ns 对活性污泥性能相关参量影响

Ns = F/M/（BOD/kgMLSS·d）	>1.5	<0.5	0.5～1.5
出水水质	未必好	可能提高	
有机物降解速度	加快	降低	
活性污泥增长速度	加快	降低	
曝气池容积	减小	增大	
基建费用	降低	增高	
SVI/（mL/g）	<150		≫150
污泥膨胀现象	不会出现		高发区

（15）水力停留时间

水力停留时间（hydraulic retention time，HRT）是水流在处理构筑物时的平均驻留时间（h）。可以用构筑物的容积除以处理进水量计算：

$$HRT = \frac{V_{构筑物}}{Q_{进水}} \tag{5-8}$$

如果反应器高度为 H（m），则 $Q = Sv$（伯努利方程），$V = HS$，所以 HRT 也可表示为

$$HRT = \frac{H_{构筑物}}{v_{进水}} \tag{5-9}$$

即水力停留时间等于反应器高度与上流速度之比。合理的 HRT 可保证微生物（MLSS）和污染物（food）充分接触。

可监测点：智能缓冲量筒监测 HRT。

（16）生物相固体平均停留时间

生物相固体平均停留时间（sludge retention time，SRT）即污泥龄，是生物体（污泥 MLSS）在处理构筑物内的平均停留时间（d）。可以用处理构筑物内的污泥总量除以剩余污泥排放量计算，一般 3～10 d。

污泥龄（sludge age）是活性污泥法处理系统设计和运行的重要参数，它说明活性污泥微生物的状况，世代时间长于污泥龄的微生物，在曝气池内不可能繁衍成优势种属。如硝化细菌在 20℃时，世代时间为 3 d；当污泥龄小于 3 d 时，其不可能在曝气池内大量繁殖，不能成为在曝气池进行硝化反应的优势种属。

通俗地讲，SRT 是指悬浮固体物质（MLSS）从消化器里被置换的时间。在一个混合均匀的完全混合式消化器里，SRT 与 HRT 相等。SRT 在非完全混合消化器里与 HRT 无直接关系，在消化器内污泥密度与出水里的污泥密度基本相等的情况下，消化器体积与出水体积不变时，SRT 与消化器内总悬浮固体的平均百分浓度成正比，而与出水里的总悬浮固体的平均百分浓度成反比。因此，延长 SRT，是提高固体有机物消化率的有效措施。

SRT 可以保证微生物增殖并占优势地位，以保持足够的生物量（老龄化时，工作效率低）。

（17）环境因素对污泥活性的影响

表 5-11 列出了一些环境因素对污泥活性的影响，图 5-14 初步给出了溶解氧（DO）对污泥膨胀的影响及最佳 DO 值范围。

表 5-11 环境因素对污泥活性的影响

	营养要素	温度波动	pH	DO	工业废水有毒物质
微生物的营养（microbial nutrients）	水源、碳源、氮源、能源无机盐及生长因子等				
微生物代谢活动（metabolic activity）		变化很大			
不同的微生物			不同感觉		
微生物处理效果（reatment efficiency）				重要标志	
微生物（micro-organism）					抑制和杀害

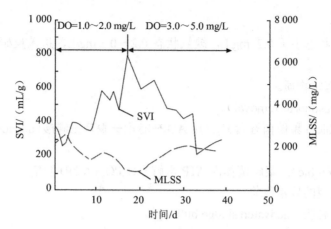

注：DO = 2～4 mg/L 最佳。

图 5-14　溶解氧对污泥膨胀（sludge bulking）的影响

（18）活性污泥法脱氮除磷（nitrogen and phosphorus removal）

1）氮的危害。

①水体营养化、DO 下降、有异味、增加处理成本（仿生学）；

②农灌总氮浓度＞1 mg/L 时，作物疯长而不结果（仿生学）；

③硝态氮会演变致癌物（亚硝酸盐）。

2）脱氮的最终产物——气态氮（N_2）。

生物脱氮的基本步骤见图 5-15。

图 5-15　生物脱氮的基本步骤

①氨化（ammonification）：好氧→氧化脱氨+水解脱氨；厌氧→还原脱氨+水解脱氨+脱水脱氨。

②硝化（nitrification）：

$$NH_3 + \frac{3}{2}O_2 \longrightarrow NO_2^- + H^+ + H_2O + N_2 + 273.5\ kJ$$

$$NO_2^- + \frac{1}{2}O_2 \longrightarrow NO_3^- + 73.19 kJ$$

$$NH_3 + 2O_2 \longrightarrow NO_3^- + H^+ + H_2O + 346.69\ kJ$$，硝化菌是化能自养菌。

③反硝化（denitrification）：

$$NO_3^- \longrightarrow NO_2^- \longrightarrow NO \longrightarrow N_2O \longrightarrow N_2$$

$$NO_3^- + 5[H]（有机电子供体）\longrightarrow \frac{1}{2}N_2 + 2H_2O + OH^-$$

$$NO_2^- + 3[H]（有机电子供体）\longrightarrow \frac{1}{2}N_2 + H_2O + OH^-$$

3）影响脱氮（nitrogen removal）的因素。

①温度；

②pH；

③DO：厌氧状态小于 0.2 mg/L，缺氧状态 0.2～0.5 mg/L，进入反硝化；

④SRT；

⑤重金属及有害物质。

4）除磷（phosphorus removal）。

①好氧（aerobic）：聚磷菌吞食 H_3PO_4+ADP+能量→腺苷三磷酸（adenosine triphosphate，ATP）。

②厌氧（anaerobic）：聚磷菌体内 ATP 水解→H_3PO_4+ADP+能量。

（19）活性污泥的异常现象

1）活性污泥膨胀（activated sludge bulking）。

活性污泥的异常现象及其对应措施见表 5-12。

表 5-12　活性污泥膨胀及其对应措施

膨胀表征	SVI 不断上升、二沉池无法泥水分离、污泥面不断上升、曝气池 MLSS 浓度过低	
膨胀原因	高黏性非丝状菌膨胀	丝状菌膨胀
	DO 低、营养盐不足、进水负荷突然增加使吸附有机物不能被及时分解	丝状菌大量繁殖使活性污泥不能正常沉降，使水流失
应急措施	先减少进水量，找对原因一日可恢复	引入一沉池或浓缩池或厌氧池污泥，运行环境调整 15 d 恢复
措施 11 条（可监测点）		
措施 1	杀丝状菌	投药剂氯、臭氧、过氧化钠	有效氯：10～20 mg/L 灭球衣菌；>20 mg/L 灭贝代硫菌但危害絮凝体形成菌
措施 2	调理污泥	提高活性污泥絮凝性	在曝气池入口处投加硫酸铝、三氯化铁、高分子混凝剂等
措施 3	调理污泥	提高活性污泥絮凝性、密实性	在曝气池入口处投加黏土、消石灰、生污泥或消化污泥
措施 4	闭环调整+外扶调理	加大回流污泥量，解脱高黏性膨胀 在曝气过程可考虑加氯、磷等营养物质强化污泥活性	当 F/M 在 0.05 左右时，污泥在 3 h 内达到内源呼吸阶段（上清液 COD 浓度保持很低且不变、总 COD 浓度下降中），再回流提高絮凝体形成菌的菌种生存竞争能力
措施 5	废水保鲜抑制厌氧	使废水处于预曝气状态	吹脱 H_2S 等有害气体，防止贝代硫菌增殖
措施 6	加强曝气	提高混合液 DO 浓度，防止混合液缺氧或厌氧，或是局部或一段时间的厌氧状态	促进絮凝体形成菌生理活动，抑制丝状菌增殖
措施 7	调温	温度回差	水温<15℃易于高黏性膨胀 水温>20℃易于丝状菌膨胀
措施 8	HRT 控制	防止厌氧状态形成	降低污泥在二沉池 HRT
措施 9	调 Ns		Ns>3.5 kgBOD/（kgMLSS·d），易于丝状菌膨胀
措施 10	调平衡	混合液中的营养物质要平衡	BOD：N：P＝100：5：1 防止高黏性膨胀
措施 11	控菌	控制丝状菌的增殖	对已产生大量球衣菌的活性污泥，用 50 mg/L 的硫酸铜，保持 5 mg/L 的残留浓度，能抑制球衣菌属的增殖

2）活性污泥解体（disintegration of activated sludge）。

可监测点：预判，参照图 5-16、表 5-13。

注：活性污泥解体表征：SV 和 SVI 特别高、出水非常浑浊、处理效果急剧下降。

图 5-16　活性污泥解体设备

表 5-13　活性污泥解体及其对应措施

膨胀表征		SSV 和 SVI 特别高、出水非常浑浊、处理效果急剧下降	
膨胀原因		污泥中毒	有机负荷（BOD$_5$）长时间偏低
		多工业废水处理厂进水有毒或有机物含量突升，微生物新陈代谢功能受损，活性污泥失去净化性与絮凝活性	处理水量或污水浓度长期偏低、过度曝气；污泥自身养化过渡菌胶团的絮凝性能下降，致使污泥解体，甚至失去活性（仿生学-厌食症），无法净化进水高有机负荷
应急措施		将事故排水经旁路引入事故池或均质调节池，与其他污水充分混合，增强预处理	减少曝气
污泥上浮原因		对策（可监测点）	
酸化	DO 被消耗产生 H$_2$S 等气体吸附在污泥絮体上	加大污泥回流量+加强曝气池末端充氧量	（仿生学-运动易于排剩余污泥）及时排除剩余污泥（仿生学-排便）+提高二沉池混合液中的 DO 含量
硝化	SRT 长二沉池缺氧发生反硝化，产 N$_2$ 吸附在污泥絮体上	增大剩余污泥排放量	降低 SRT（仿生学-硝化不良多排放）
污泥腐化原因		对策（可监测点）	
缺氧		及时排泥（仿生学-及时排便）	
泥斗		排除设备故障	
刮泥机		加大污泥回流（仿生学-闭环运动）	
排泥管		清除死角（仿生学-搞好牙齿等的卫生）	

3）生化池污泥颜色变浅或发黑（Lightening or blackening）。

生化池污泥状态见图5-17。

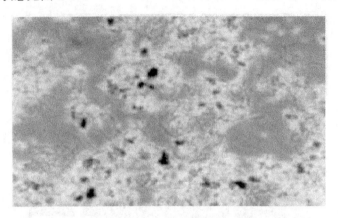

注：污泥正常颜色呈黄褐色；污泥颜色发黑，曝气不足；变浅，曝气过度。

图5-17　生化池污泥状态

4）曝气池内活性污泥减少或不增长。

①污泥膨胀，二沉池出水 MLSS 含量大，污泥流失过多：曝气池静沉或曝气池进水或出水中加投少量絮凝剂。

②进水有机负荷（BOD$_5$）偏低迫使活性污泥中微生物在维持状态→进而进入自身氧化阶段→致使活性污泥量减少：提高进水量，或减少曝气或污水 HRT。

③曝气充氧量过大→活性污泥过氧化→污泥量不增加：减少曝气。

④营养物质含量不均衡→活性污泥微生物凝聚性能变差：补充 N、P 等营养盐。

⑤二沉池出水 MLSS 量过大、DO/BOD/COD 波动致使剩余污泥排放量过大，活性污泥增量＜剩余污泥排放量：减少剩余污泥排放量。

（20）如何控制回流比及排泥

1）控制回流比。

①保持回流量 Q_r 恒定+保持回流比 R 恒定+根据情况调 Q_r 或 R。

②按照二沉池泥位（level）调 R。

③按照二沉池泥位（level）调 Q_r。

④按照回流污泥的浓度（MLSS = SV×100/SVI）调 R。

2）控制排泥。

①用 MLSS 控制排泥。

②用 F/M（食/微）控制排泥。

③用 SRT（污泥龄）控制排泥。

5.4　污水处理设备总监控点的统计

根据污水处理设备监控工艺来统计系统的总监控点数 N，可初步表示为：

$$N = (n_1 + n_3)(3\,\mathrm{DI} + \mathrm{DO}) + n_2(5\,\mathrm{DI} + 3\,\mathrm{DO}) + (n_4 + n_5)(4\,\mathrm{DI} + 2\,\mathrm{DO}) + (n_2 + n_5)(\mathrm{AI} + \mathrm{AO}) + n_x$$

$$n_x = n_6\,\mathrm{DI} + n_7\,\mathrm{DO} + n_8\,\mathrm{AI} + n_9\,\mathrm{AO}$$

$$(5\text{-}10)$$

其中 n_i 定义见表 5-14。

表 5-14   总监控点数类

监控对象	开关量 SM（DI）/例	开关量 SC（DO）/例	AM（AI）/例	AC（AO）/例
电机类 （非变频） 个数：n_1	3 点： 就地/远程、运行、故障	1 点： 启动/停止		
电机类 （变频） 个数：n_2	5 点： 就地/远程、工频运行、变频运行、 工频故障、变频故障	3 点： 启动/停止、工频启动、 变频启动	1 点： 频率反馈	1 点： 频率控制
电磁阀 个数：n_3	3 点： 就地/远程、开/关信号、故障	1 点： 开阀/关阀		
电动阀 个数：n_4	4 点： 就地/远程、全开、全关、故障	2 点： 开阀、关阀		
电动调节阀 个数：n_5	4 点： 就地/远程、全开、全关、故障	2 点： 开阀、关阀	1 点： 阀门开度	1 点： 开度控制
其他状态 监测点	n_6 点			
其他动作 控制点		n_7 点		
其他数值 监测点			n_8 点	
其他数值 调节点				n_9 点

5.5   基于烟气脱硫脱硝工艺的监控基本规范

（1）基于烟气脱硫脱硝监控工艺的管路和仪表流程图

管路和仪表流程图（piping & instrument diagram，P&ID）是基于带监控点的工艺流程图，还有监控过程流程图（process flow diagram，PFD）、物料流程图（material balance diagram，MBD）。监控点的 P&ID 可以表示各种设备检测仪表对工艺参数的监控功能。

（2）基于烟气脱硫脱硝监控工艺的验收测试

验收测试（acceptance test，AT）有工厂验收测试（factory acceptance test，FAT）和现场验收测试（site acceptance test，SAT）两种。FAT 和 SAT 分别是针对设备系统，如 DCS 系统，在制造工厂完成的自身硬件设备和软件系统的安装和测试、施工现场完成安装调试后进行的现场验收测试。

（3）基于烟气脱硫脱硝监控工艺的现场信号线与 I/O 连接端子板

现场信号线与 I/O 连接端子板（field termination assembly，FTA），具有完成信号的传输、电平转换、电隔离和提供工作电源等功能。FTA 的具体情况见表 5-15。

表 5-15　基于烟气脱硫脱硝的 FTA

信号名称	表示符号	信号名称	表示符号
串行接口		数字输入 FTA	AD-FTA
低电平模拟输入 FTA	AIL-FTA	数字输出 FTA	DA-FTA
高电平模拟输入 FTA	AIH-FTA	脉冲输入 FTA	PP-FTA/NP-FT
模拟输入 FTA	AIH/AIL-FTA	带电隔离的输入 FTA	

注：智能变送器输出 FTA 信号类型：4～20 mA FTA、1～5 V FTA、串联 250Ω 电阻（相当于 AIH-FTA）。

（4）烟气脱硫脱硝设备系统中其他技术关键字

1）安全仪表系统（safety instrumented system，SIS）以联锁控制方式来保护过程设备的安全，是用于操作和监视的人机接口站。

2）紧急刹车（emergency shutdown，ESD），属于环化工程。

3）高度诚实的压力安全系统（high integrity pressure protection system，HIPPS），设置在高压管线上。

4）炉膛安全监控系统（furnace safety supervision system，FSSS），在锅炉上。

5）跳闸保护系统（engine temperature switch，ET），在汽机上。

6）信号数值与类型标识。

SP—设定值，PV—检测的实际值；

ΔE—设定值（SP）与检测值（PV）的波动范围；

OP—输出给执行机构的控制信号（4～20 mA）；

CP—输入控制信号，一般泛指手动控制设定值。

（5）基于 F 烟气脱硫脱硝监控工艺的 FAT 程序

1）硬件检查：柜子布局、接线规范、电源分配规范；

2）通道打点：测试所有回路 AI、AO，确保信号通道畅通；

3）逻辑功能测试：结合 I/O 分配表、回路图、逻辑图、P&ID 仪表监控位的 DI/DO 点，通过短接 DI 点或强制 DO 点的方式，进行操作站操作，同时看信号是否有变化；

4）脉冲信号测试：腰轮流量计、伺服电机等 PI（0～6KHz）经 I/O 卡或模块处理后转变为流量信号或工艺要求信号；

5）安全栅等测试；

6）冗余试验：模拟故障，观察系统反应、报警；

7）软件检查：调试系统、联锁、报警等所有试验。

FAT 一定要做实，多做故障模拟，观察现象。

（6）FAT 质量管理过程

1）按照合同提供所有硬件和相关的软件组件；

2）按照厂家提供的标准测试程序测试 FGD 设备系统软硬件功能；

3）按照设计文件要求测试系统组态监控系统内容；

4）基于 SAT 的实用性修改。

5.6　燃煤系统 P&ID 中常用点位标号

（1）煤炭的符号代表

1）全水分——Mt（total Moisture）；

2）空气干燥基水分——Mad（air drying Moisture）；

3）干燥基灰分——Ad（drying Ash）；

4）空气干燥基灰分——Aad（air drying Ash）；

5）干燥无灰基挥发分——Vdaf（dry ash free Volatiles）；

6）收到基灰分——Aar（Ash as received）；

7）空气干燥基挥发分——Vad（air drying Volatiles）；

8）干燥基挥发分——Vd（drying Volatiles）；

9）收到基挥发分——Var（Volatiles as received）；

10）空气干燥基全硫——St.ad（total Sulphur，air drying）；

11）干燥基全硫——St.d（total Sulphur，drying）；

12）收到基全硫——St.ar（total Sulphur，as received）；

13）弹筒发热量——Qb（bomb calorific Quantity）；

14）高位发热量——Qgr（gross calorific Quantity）；

15）低位发热量——Qnet（net calorific Quantity）；

16）恒湿无灰基高位发热量——Qmaf（moist ash free Quantity）；

17）固定碳——FC（fixed carbon）；

18）黏结指数——G 值（caking index）；

19）胶质层最大厚度——Y（maximum thick ness of plastic layer）；

20）煤灰熔融性温度（灰熔点）——coal ash melting temperature（ash melting point）；

21）哈氏可磨系数——HGI（harris grinding index）；

22）坩埚膨胀序数——CSN（crucible expansion number）；

23）锅炉最大连续蒸发量 BMCR（boiler maximum continue rate）。

（2）标立方

标立方（Nm^3）是标准状态下的流量。N 即 normal condition（标准状态），指在 0℃（273K）、1 个标准大气压（101 325Pa）状态下。

（3）锅炉燃煤烟气监测位点

锅炉燃煤烟气监测位点监测信息见表 5-16

表 5-16　锅炉燃煤烟气监测位点（煤的颗粒度≤10 mm）

序号	名称	位点号	功能	位置	备注
1	设计煤种烟尘浓度（无飞灰再循环时）	Cd-1			
2	除尘器入口烟气量（BMCR 工况时）	$BMCR_Q$			
3	除尘器入口烟气量（最大工况时）	Q_{max}			
4	除尘器入口烟气量	Q_{pv}			

序号	名称	位点号	功能	位置	备注
5	烟气温度	TP_{Vd}			
6	运行时烟气温度变化范围	TR-101			
7	锅炉空预器出口过剩空气系数	$\overset{TRA}{101}$			
8	烟气含氧量	$\overset{AQR}{101}{}^{O_2}$			
9	年可运行小时数	—			
10	燃煤含硫量	$\overset{AQR}{101}{}^{S}$			
11	烟气 NO_x 浓度	$\overset{AQR}{101}{}^{NO_x}$			
12	烟气 SO_x 浓度	$\overset{AQR}{101}{}^{SO_x}$			
13	除尘器出口烟尘含尘浓度	$\overset{AQR}{101}$			

5.7 环保设备系统中典型的机电控制

设备系统的机械装置运动到某一特定位置，通过接通电源开关控制，对应成另一个工序或工艺点动作，就是最典型的机电控制系统。机械装置运动典型的驱动器就是电动机。环保设备系统，要把各种环保处理物料有序地运输到各个工艺位点，所以电机的电气控制也是环保设备系统中最典型的控制。

5.7.1 环保设备系统中典型的电气控制

（1）电机的正反转启动与停止电气控制原理图

详见图5-18、图5-19。

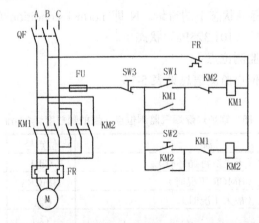

图 5-18　电机的正反转启动与停止电气控制原理

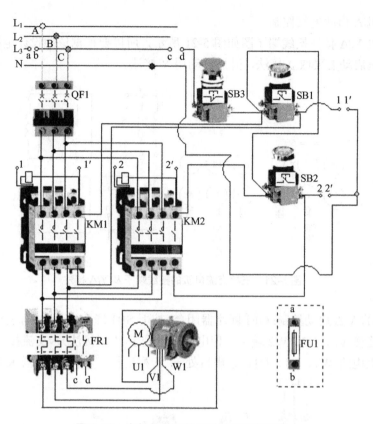

图 5-19　电机的正反转启动电气控制接线

（2）电机的本地/远程正反转启动与停止电气控制
详见图 5-20。

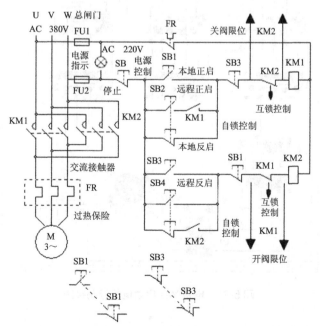

图 5-20　电机的本地/远程正反转启动与停止电气控制原理

（3）电机 Δ 启动电气控制

交流电机 Y/Δ 接法接线端子图如图 5-21 所示，所以要根据该图设计电机的 Y/Δ 启动与控制。降压启动要采取 Δ 接法，升压启动用 Y 接法。

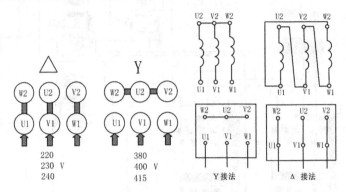

图 5-21　三相交流电机的接线端子及 Y/Δ 接法

图 5-22 的 Y/Δ 启动控制：GF1 断路器闭合，按下 SB1 绿色启动按钮，交流接触器 KM1 得电闭合（连接 V2、U2、W2 端子，使电机绕组处于 Y 型接法），交流接触器 KM2 得电闭合自锁（供电给 W1、V1、U1，使电机处于 Y 型运行），时间继电器 KT1 得电就开始

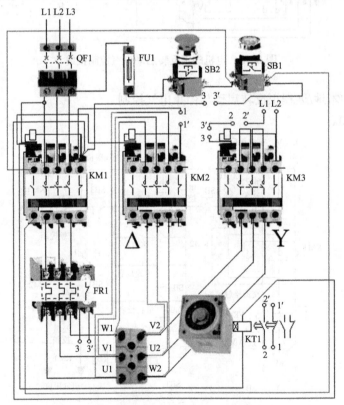

图 5-22　电机 Y/Δ 启动电气控制接线

计时（设定电机 Y 型运行时间），时间继电器 KT1 计时结束，断开交流接触器 KM1，闭合交流接触器 KM3 自锁电机绕组三角形接法（电机绕组 W1 与 V2 连接，V1 与 U2 连接，U1 与 W2 连接），交流接触器 KM3 闭合，断开时间继电器 KT1，星三角启动完成，电机处于正常运行状态。（请按描述并参考图 5-22 接线图画出 Y/Δ 启动的电气控制原理图。）

1）星形接法（Y）。

电机三个线圈的一端（三相绕组的三条尾）相互短接，KM1 得电；另外一端（三相绕组的三条头）分别接三相电源，KM2 得电（图 5-22）。

2）三角形接法（Δ）。

电机的三个线圈首尾相连，形状像个三角，三个接线点（三角形顶点）分别接三相电源（图 5-22）。

如图 5-23 所示，Y 接法每个线圈两端电压等于相电压。Δ 接法每个线圈两端电压等于线电压。所以同样的三组线圈，接法为星形时，功率要小于三角形接法。

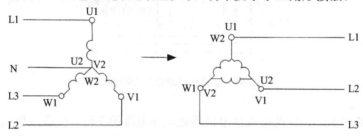

图 5-23　三相交流电机绕组及 Y/Δ 接法

①电机三角形接法，没有中性点，只有一种电压等级，线电压等于相电压，线电流约等于相电流的 1.73 倍。

②电机星形接法，有中性点（电机一般都是三相对称负载，所以一般不引出中性线），有两种电压等级，即线电压和相电压，且线电压约等于相电压的 1.73 倍，线电流等于相电流。

③需要注意的是，本来采用星形接法的电机不能接成三角形（如果接成三角形，相电压约为星形接法相电压的 1.73 倍，长时间运行必然烧毁电机）。

④同样，本来采用三角形接法的电机不能接成星形（如果接成星形，相电压降低为三角形接法相电压的 1/1.73 倍，达不到正常功率，如果带额定负载，那么这时属于过载状态，时间一长也必然烧毁电机）。

⑤在我国一般 4 kW 以下较小电机都规定接成星形，4 kW 以上较大电机都规定接成三角形。

⑥较大功率的三角形接法的电机，轻载启动时可以接成星形，运行时换接成三角形，启动电流可以降低 1/3 而电机启动时间极短，接成星形对运行没有影响。

⑦三相交流异步电动机直接启动时，会产生大于额定电流约 6 倍的瞬间启动电流，星-三角启动是为了降低启动电流而采取的一种降压启动方法。

（4）电机软启动电气控制

电机软启动电气控制见图 5-24。

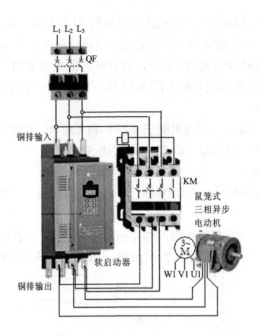

图 5-24 电机软启动电气控制接线

电机采用直接启动，启动电流是电机满载工作电流的 7 倍，会造成母线上过大的线路压降，使连接该电动机的供电和母线系统产生快速、短暂的电压波动，影响系统中其他用电设备的正常工作。采用软启动器（soft starter），三相反并联晶闸管作为调压器，如三相全控桥式整流电路，使用软启动器启动电动机时，晶闸管的输出电压逐渐增加，电动机逐渐加速，直到晶闸管全导通，电动机工作在额定电压的机械特性上，实现平滑启动，降低启动电流，避免启动过流跳闸。

5.7.2 环保设备控制电机选型

（1）对于恒定负载连续工作方式下电机的选择

例 5-1：一个外圆直径 550 cm、厚度 80 cm 的钢件圆柱重 148.25 kg，要求在 0.1 s 时间内达到 30 r/min，通过 50∶1 的减速机，选用伺服电机转速为 1 500 r/min，此时需要多大的电机？

1）以拖动设备功率 P_n 与效率 η_n 来推算电动机功率（传动功率）P_{motor}。

拟拖动类似水泵、机车等设备时：

$$P_{motor} = K \frac{P_n}{\eta_n \eta_{motor}} \tag{5-11}$$

式中，安全系数 $K = 1.2 \sim 1.5$；η_{motor} 为电动机效率。

2）以驱动设备的定轴转动动能推算电机的功率 P_{motor}。

①转动惯量 I。

a）转动惯量（moment of inertia，I）。定轴转动的转动惯量如图 5-25 所示。

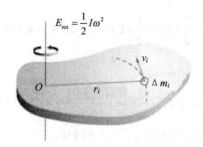

图 5-25　定轴转动的转动惯量

$$I = \int r^2 \mathrm{d}m \tag{5-12}$$

式中，$\mathrm{d}m$ 为对应 Δm_i 的微分变量；r 为 $\mathrm{d}m$ 对转轴的半径。

b）钢件空心圆柱转动惯量，如图 5-26 所示。

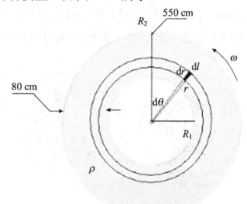

图 5-26　空心圆柱定轴转动的转动惯量

计算过程如下：

$$I = \rho h \iint r^2 r \mathrm{d}\theta \mathrm{d}r = \rho h \int_0^{2\pi} \mathrm{d}\theta \int_{R_1}^{R_2} r^3 \mathrm{d}r = \frac{\pi \rho h}{2}(R_2^4 - R_1^4)$$

$$= \pi h \rho (R_2^2 - R_1^2)\frac{(R_2^2 + R_1^2)}{2} = \frac{1}{2}m(R_2^2 + R_1^2)$$

式中，ρ 为空心圆柱体钢件密度，h 为钢件厚度，R_1 为钢件内半径，R_2 为钢件外半径，m 为钢件的质量（148.25 kg）。

本题中，$R_1 = \dfrac{550}{2} - 80 = 1.95$ m，$R_2 = \dfrac{550}{2} = 2.75$ m，空心圆柱体钢件的转动惯量 $I \approx$ 842.43 kg·m²。

②转动动能 E_{rot}。

$$转速\ \omega = \frac{30 \times 2 \times 3.14}{60} = 3.14\ \mathrm{r/s}$$

$$E_{\text{rot}} = \frac{1}{2}I\omega^2 = \frac{1}{2} \times 842.43 \times 3.14^2 = 4\,153.01\text{J}$$

③转动空心圆柱体钢件的功率 P_n。

转动空心圆柱体钢件的功率 $P_n = \dfrac{E_{\text{rot}}}{t} = \dfrac{4\,153.01}{0.1} = 41\,530.1\text{W} = 41.53\text{ kW}$

根据式（5-11），传动电机功率 $P_{\text{motor}} > 41.53\text{ kW}$。

④电动机转速 n 与同步转速 n_1

电动机转速 n 指电动机在额定频率（电源频率）、额定电压（甚至额定负载）的情况下，转子旋转的实际速度；而同步转速 n_1 是指电动机定子磁场的旋转速度。对异步电动机来讲，$n < n_1$；而对同步电动机，$n = n_1$。

$$n_1 \approx n = 1\,500\text{ rad/min}, \quad p = 60 \times 50/1\,500 = 2\text{（极对数）}$$

⑤极对数 p

电机极对数（pole number, p），三相交流电机每组线圈都会产生 N、S 磁极，每个电机每相含有的磁极个数（N+S）就是极数。由于磁极是成对出现的，所以电机有 2、4、6、8……极之分（图 5-27）。

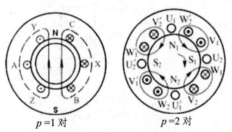

$p=1$ 对　　　　　$p=2$ 对

图 5-27　电机的磁极对数

⑥电机转速（异步转速）n、同步转速 n_1、电源频率 f_1（我国电源频率采用 50 Hz）、极对数 p 与转差率 s（slip ratio, $s = \dfrac{n_1 - n}{n_1}$）

$$n = n_1(1 - s) = \frac{60f_1}{p}(1 - s) \tag{5-13}$$

$$n_1 = \frac{60f_1}{p} \tag{5-14}$$

a）$p = 1$ 时，电机同步转速：$n_1 = 60 \times 50/1 = 3\,000\text{ r/min}$；

b）$p = 2$ 时，电机同步转速：$60 \times 50/2 = 1\,500\text{ r/min}$。

由式（5-13）可以看出，在输出功率不变的情况下，电机的极对数越多，电机的转速就越低，但它的扭矩就越大。所以在选用电机时，需要考虑负载需要多大的启动扭矩。

3）根据流体密度 ρ、流量 Q、扬程 H 及输送管径 D 推算泵电机功率 P_{pump}。

流体质量流量（mass flow）：

$$m = \rho Q\text{ (kg/s)} \tag{5-15}$$

流体流速：

$$v = \frac{Q}{\pi\left(\dfrac{D}{2}\right)^2}\ (\text{m/s}) \tag{5-16}$$

质量流量为 m、流速为 v 的流体动能：

$$E_k = \frac{1}{2}mv^2 \tag{5-17}$$

质量流量为 m、扬程为 H 的流体势能：

$$E_p = mgH \tag{5-18}$$

密度为 ρ、体积流量为 Q、流速为 v、扬程为 H 的流体的拟拖动功率：

$$P_n = \rho Q\left(\frac{1}{2}v^2 + gH\right) \tag{5-19}$$

泵电机功率：

$$P_{\text{pump}} = KP_e / (\eta_e \eta_{\text{motor}}) \tag{5-20}$$

一般考虑无损失拖动，被拖动负载功率系数 $\eta_n = 1$。

例 5-2：扬程 40 m、流量 45L/s，若通过直径 100 mm 水管，每秒将 45L 水提升到 40 m 高。设加压泵效率 $\eta_{\text{pump}} = 0.8$，安全系数 $K = 1.2$，求泵电机功率 P_{pump}。

解：

$$\rho = 1\ \text{kg/L}$$

$$v = \frac{Q}{\pi\left(\dfrac{D}{2}\right)^2} = \frac{45 \times 10^{-3}}{3.14\left(\dfrac{0.1}{2}\right)^2} \approx 5.7\ \text{m/s}$$

$$P_n = \rho Q\left(\frac{1}{2}v^2 + gH\right) = 10^3 \times 45 \times 10^{-3} \times \left(\frac{5.7^2}{2} + 9.8 \times 40\right)$$

$$= 18\,371.025 \approx 18.37\ \text{kW}$$

$$P_{\text{pump}} = KP_n / (\eta_n \eta_{\text{pump}}) = 1.2 \times 18.37 / (1 \times 0.8) = 27.55\ \text{kW}$$

4）依据电机拉力 F、线速 v、选择转矩 M。

转矩（torque，T）也称扭矩，物理学中也称力矩（moment，M）。

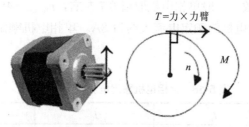

图 5-28　转矩步进电机

例 5-3：我们想要做个器械，体积尽可能小，要用尽可能小的步进电机，驱动电压不超过 5V，然后电机带动微型螺杆，要在离电机 60 mm 的地方得到不小于 20N 的推力，要选多大转矩的步进电机？

步进电机（stepping motor），通过程控方式，将电脉冲信号转变为角位移或线位移的开环控制电机。在额定超载下，电机的转速、停止的位置只取决于脉冲信号的频率和脉冲数。一个程控脉冲信号使步进电机按设定的方向转动一个"步距角"。通过程控控制脉冲频率控制电机转动的速度和加速度，进而实现步进调速。

若电机功率选得过小，则会出现"小马拉大车"的情况，使电机寿命缩短；功率选得过大，其输出机械功率不能得到充分利用，功率因数（$\cos\phi$）和效率都不高，不但对用户和电网不利，还会造成电能浪费（表 5-17）。

表 5-17　钳形电流表测量电动机工作电流 I_{run} 验证功率匹配

$I_{run} \approx I_n$	$I_{run} < \%30 I_n$	$I_{run} < \%1\,140 I_n$	$I_n = I_{normal}$ 铭牌标称电流
电机功率合适	电机功率过大	电机功率过小	

步进电机拖动物体的拖动功率等于作用在轴切向上力 F 及步进电机在轴该切向上瞬时速度 v 的乘积：

$$P_n = \frac{Fv}{1\,000} \tag{5-21}$$

利用式（5-11）求出步进电机的传动功率 P_{motor}，则步进电机的输出转矩 T 一定要大于要拖动工作机械所需要的转矩：

$$T = K\frac{9\,550 P_{motor}(kW)}{n(r/min)}(Nm) \tag{5-22}$$

式中，n 为步进电机的转速。

（2）根据电机功率计算额定电流 I_n，确定导线规格

1）AC 220V 单相电机功率和电流。

电机功率计算见式（5-23）。

$$P = UI\cos\varphi \tag{5-23}$$

式中，P（P_{motor}）——电机的功率，kW；

$\quad\quad U$——市电压 220V = 0.22 kV；

$\quad\quad I$——电机的工作电流，A；

$\quad\quad \cos\varphi$——功率因数（一般单相电机取值 0.7 左右，$\eta_{motor} > 45\%$，节能电机取值 0.9）。

例 5-4：1 kW 单相电机的额定电流大约为 8A。单相电机额定电流与空载电流的关系详见表 5-18。

表 5-18　单相电机额定电流与空载电流 I_0

	I_n	I_0	$\cos\varphi$
$P \geqslant 1$ kW	$\approx 8A$	$I_n/3$	$0.7 \sim 0.9$
$P < 1$ kW	$< 8A$	$2I_n/3$	

2）AC380V 三相电机功率和电压（图 5-29）。

A 相交流电压瞬时值：

$$u_A = \sqrt{2}U\cos(\omega t) \quad 或 \quad \dot{U}_A = U\angle 0° \tag{5-24}$$

B 相交流电压瞬时值：

$$u_B = \sqrt{2}U\cos(\omega t - 120°) \quad 或 \quad \dot{U}_B = U\angle -120° = \alpha^2 \dot{U}_A \tag{5-25}$$

C 相交流电压瞬时值：

$$u_C = \sqrt{2}U\cos(\omega t - 240°) \quad 或 \quad \dot{U}_C = U\angle 120° = \alpha \dot{U}_A \tag{5-26}$$

三相交流电压的单向量算子：

$$\alpha = 1\angle 120° \quad (a = e^{j\frac{2\pi}{3}}) \tag{5-27}$$

其中，j 为虚数单位。

对于三相对称电压，它们的瞬时电压和为 0V（Y 型接法三相电源引出中性线 N 对地的电压为 0V），即：

$$u_A + u_B + u_C = 0 \quad 或 \quad \dot{U}_A + \dot{U}_B + \dot{U}_C = 0 \tag{5-28}$$

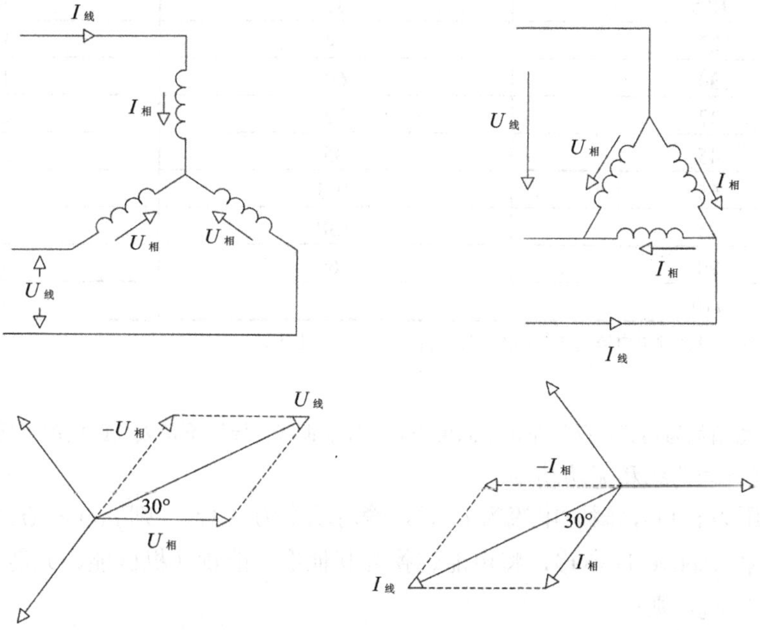

图 5-29　Y/Δ 形启动三相电机相线电流、电压

$P_A = UI\cos\phi$，B 相滞后 A 相 120°，被储磁能 $\sin 120° = \dfrac{\sqrt{3}}{2}$，$C$ 又落后 B 相 120°，又被储磁能 $\sin 120° = \dfrac{\sqrt{3}}{2}$，所以三相电机功率为：

$$P_{3\sim} = (\frac{\sqrt{3}}{2} + \frac{\sqrt{3}}{2})P_A = \sqrt{3}UI\cos\phi \qquad (5\text{-}29)$$

例 5-5：AC380V 15 kW（$Un = 0.38$ kV，$Pn = 15$ kW）电动机额定电流

$$I_n = 15/ (1.732 \times 0.38 \times 0.7) \approx 29A \approx 2P_n （\cos\varphi= 0.7～0.9）$$

一般 4 kW 以上的三相电机都是三角形接法，一般可以直接用"铭牌功率 P_n（kW）×2"估算对应的额定电流 I_n。三相电机额定功率/额定电流/铜线规格对照见表 5-19。

表 5-19　三相电机额定功率/额定电流/铜线规格对照

铭牌功率 P_n/kW	电机额定电流/A	铜线规格/mm²
0.75	2	2.5
1.5	3.6	2.5
2.2	5	2.5
3.0	6.6	2.5
4.0	8.5	2.5
5.5	11.5	2.5
7.5	15.5	4
11	22	4
15	30	6
18.5	37	10
22	44	10
30	60	16
37	72	25
45	85	25
55	105	35
75	138	50
90	160	70
110		70

注：电机启动电流一般为额定电流的 5～7 倍，若电机质量差，会更大。

注：以上数值均为估算，只是在正常温度下，（标准铜线）导线不是太长的情况下所得的安全数值。

3）电机有功功率和无功功率。

瞬时电压为 $u（t）$，瞬时电流为 $i（t）$，瞬时功率为 $p（t）$，则 $p(t) = u(t)i(t)$。

有功功率（active Power），将电能转换为其他形式能量（机械能、光能、热能）的电功率，记为 P_{active}，则：

$$P_{active} = \frac{1}{T}\int_{-\frac{T}{2}}^{\frac{T}{2}} u(t)i(t)\mathrm{d}t \qquad (5\text{-}30)$$

对于交流电，T 为交流电的周期，对于直流电，T 可取任意值。对于正弦交流电，经过积分运算可得：

$$P_{active} = UI\cos\varphi \qquad (5\text{-}31)$$

式中，U、I——正弦交流电的有效值；

　　　φ——电压与电流信号的相位差。

在实际工程中，U、I 分别是电机的额定电压与额定电流（U_n 与 I_n）。

无功功率（reactive power），像配电变压器、电动机等用电设备，几乎均是采用电磁感应原理，依靠建立交变磁场能进行能量的转换和传递而工作的。建立交变磁场和感应磁通而需要的电功率称为无功功率，所谓的"无功"并不是"无用"的电功率，只不过是用这个功率来建立传递和转换能量的磁场。无功功率可以表示为：

$$P_{\text{reactive}} = UI \sin\varphi \tag{5-32}$$

无功功率降低，电流要降低，线路损耗降低，反之线路损耗上升。

5.7.3　根据电机功率选型低压电器

低压电器（low-voltage apparatus，＜AC 1 200V、＜DC 1 500V）是能根据外界的信号和要求，手动或自动地接通、断开电路，以实现对电路或非电对象的切换、控制、保护、检测、变换和调节的元件或设备。低压电器选型一般原则：

①低压电器的额定电压（rated voltage，or nominal voltage）应不小于回路的工作电压（working voltage），国标一般：$U_n \geq U_w$。

②低压电器的额定电流（rated current）应不小于回路的计算工作电流，即 $I_n \geq I_w$。

③设备的遮断电流（breaking current）应不小于短路电流（short-circuit current），国标一般：$I_{zh} \geq I_{ch}$。其中，"zh"为汉语"遮"拼音首写声母；短路电流计算是在短路后的二分之一周期，即 t=0.01s 时出现最大冲击电流 I_{ch}，"ch"为汉语"冲"拼音首写声母。

④热稳定保证值（热继电器）应不小于计算值。

⑤按回路启动情况选择低压电器。例如，熔断器和自动空气开关就需按启动情况进行选择。（需考虑启动电流大小：电机启动电流一般为额定电流的 5～7 倍，若电机质量差，会更大。）

（1）断路器选型

断路器（circuit breaker）能够关合、承载和开断正常回路条件下的电流并能关合在规定的时间内承载和开断异常回路条件下的电流的开关装置。

1）设备的遮断电流。

设备的遮断电流（breaking current）即断路器断开的最大电流。由于高压电流在断开的过程中，产生电弧，即使断路器触头分开，但电路并未断开，必须消弧才能完全断开电路电流，因此把断路器完全断开电路电流称为遮断。

遮断容量（breaking capacity）用来表征开关元件在短路状态下的断路能力。要求断路器的遮断容量应大于安装处的最大短路容量。遮断容量也就是等于开断电流（按规定高压电器的额定开断电流应不小于其触头开始分离瞬间的短路电流的有效值）乘以额定电压。

例 5-6：断路器铭牌上额定电压为 110 kV，遮断容量 S 为 3 500MVA，若使用在电压 $U = 60$ kV 的系统上，断流容量（breaking capacity）是多少？［注：断流容量是指断路器在一定条件（电压、功率因数、频率等）下分断电流的能力，单位常用 MVA］。

要分单相还是三相,三相主电路遮断容量 S 计算:

$$S = \sqrt{3}U_n I_{nbr} \qquad (5\text{-}33)$$

开关设备额定开断电流:

$$I_{nbr} = \frac{S}{\sqrt{3}U_n} \qquad (5\text{-}34)$$

本例中, $I_{nbr} = 3\,500\,000/(1.732 \times 110) = 18.37\,kA$,所以使用 $60\,kV$ 系统上时,断流容量

$$S' = \sqrt{3} \times 60 \frac{S}{\sqrt{3}U_n} = \frac{60}{110}S = 1\,909MVA$$

2)低压断路器主要技术参数。

断路器的主要技术参数有额定电压、额定电流、脱扣器额定电流/电压(图 5-30)、极限短路分断能力等。

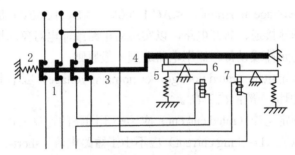

1—主触点手动闭合;2—释放弹簧;3—连杆装置;4—锁钩;5—过流脱扣;6—衔铁释放;7—欠压脱扣

图 5-30 断路器脱扣器结构

①额定电压 U_n:断路器能够长期正常工作的最高电压值。

②额定电流 I_n:对于塑壳断路器和低压断路器来说,是其壳架额定电流。该额定电流是指能够长期通过断路器本体的最大电流值。

③脱扣器额定电流 I_n:能够长期通过脱扣器的最大电流值,超过这个电流马上跳闸。

④极限短路分断能力:断路器能够分断的最大电流值,分断此电流后,断路器不能继续承载其额定电流,即不能再用了。

⑤额定短路开断电流(kA):额定短路电流中的交流分量有效值,它应大于或等于计算的最大短路电流,切断后,断路器仍可用。

a)短路电流,是额定电流的很多倍,为了防止事故扩大,断路器需要很快跳闸。脱扣电流就是达到断路器保护设定值时跳闸的电流。

b)额定极限短路分断能力 I_{cn} 指的是低压断路器在分断了断路器出线端最大三相短路电流后还可再正常运行并再分断这一短路电流一次,至于以后是否能正常接通及分断,断路器不予以保证;而额定运行短路分断能力 I_{cs} 指的是断路器在其出线端最大三相短路电流发生时可多次正常分断。

c)使用类别说明,CAT A 类断路器一般作为分配电柜的进线,或终端断路器,有短路故障要求速断;CAT B 类断路器主要用作低压进线总开关,有短路延时保护,和下级断路器配合,做电流选择性,这样它就需要额定短路时耐受电流 I_{cw},来承载一定时间的短路

电流。

例 5-7：MERLIN GERIN 断路器铭牌的数据为：NS 80H-MA，U_I750V，U_IMP8 kV，CAT A，$I_\mathrm{cs} = 100\% I_\mathrm{cu}$，$I_m$，$I_n$

NS：施耐德电气塑壳断路器型号；

80：壳架等级额定电流；

H：额定短路开断电流；

MA：脱扣器为电动机型式；

U_I 750V：额定绝缘电压 $U_\mathrm{I} = 750V$；

U_IMP 8 kV：额定冲击耐受电压 $U_\mathrm{IMP} = 8$ kV；

CAT A：A 类断路器一般作为分配电柜的进线，或终端断路器，有短路故障要求速断；

I_cs：额定运行短路开断电流；

I_cu：额定极限短路开断电流；

$I_\mathrm{cs} = 100\% I_\mathrm{cu}$：额定运行短路开断电流与额定极限短路开断电流相等；

I_m：短路脱扣器额定电流；

I_n：过载脱扣器额定电流。

图 5-31 为 Siemens 断路器铭牌，其为 A 类断路器（CAT A），可作为分配电柜的进线，或终端断路器，在有短路故障要求速断的配电中使用（图 5-31）。

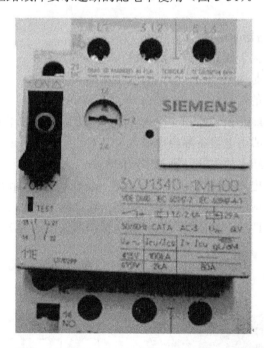

图 5-31　Siemens 断路器铭牌主要技术参数

3）环保设备主电路断路器。

主电路断路器选型参数见表 5-20，断路器及图形符号见图 5-32。

表 5-20　主电路断路器选型参数

正常工作	额定电压 $U_n \geq U_w$		壳架等级额定电流 $I_{rq} \geq$ 额定电流 $I_n \geq I_w$	
短路工作	短路时耐受电流 I_{cw}		短路分断 I_{cs}（I_{cu}）$> I_{sc}^{max}$	
断路器极数	3P	4P		
使用环境	多尘	腐蚀	高原	热带/特殊场所
温度与断路器容量	可以查断路器温度降容系数表			

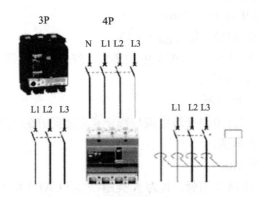

图 5-32　断路器及图形符号

4）照明用低压断路器的选择。

①长延时整定值不大于线路计算负载电流；

②瞬时动作整定值是根据线路计算的负载电流的 6～20 倍。

（2）漏电保护装置的选择

漏电保护装置（leakage protection device）是用来防止人身触电和漏电引起事故的一种接地保护装置，当电路或用电设备漏电电流大于装置的整定值，或人、动物发生触电危险时，它能迅速动作，切断事故电源，避免事故的扩大，保障了人身、设备的安全。常用漏电保护装置一般为剩余电流动作保护器（residual current operated protective device，RCD）。

家庭的单相电源，应选用二极的漏电保护器；若负载为三相三线，则选用三极的漏电保护器；若负载为三相四线，则应选用四极漏电保护器（图 5-33）。

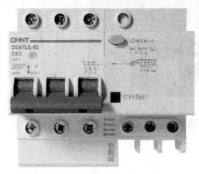

（a）漏电保护器

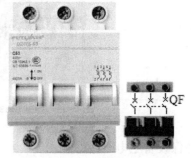

（b）断路器

图 5-33　漏电保护器和断路器

（3）按电路分类进行熔断器的选型

熔断器（fuse），是指当电流超过规定值时，以本身产生的热量使熔体熔断，断开电路的一种电器（图 5-34）。

图 5-34 熔断器

1）保护：主保短路（过载保护采用热继电器）。

2）熔断器的选择：

①对于变压器、电炉和照明等负载，熔体的额定电流应略大于或等于负载电流。

②对于输配电线路，熔体的额定电流应略大于或等于线路的安全电流。

③按电动机启动类型选择短路保护熔断器。电流曲线平缓的 am 型熔断器参数确定参考表 5-21。

表 5-21 电流曲线平缓的 am 型熔断器参数确定

短时启动	频繁启动或时间较长	多机供电主干线	电动机末端	备注
$I_n = \dfrac{I_{st}}{2.5 - 3}$	$I_n = \dfrac{I_{st}}{1.6 - 2}$	$I_n = (2.0 - 2.5)I_{w\max} + \sum I_w$	$I_e > I_g$ 或 $I_n > I_w$	$I_{st} \approx$（5～7）I_w

注：额定电流：I_n，国标额定电流：I_e；启动电流：I_{st}；工作电流：I_w，国标额定电流：I_g；多台电动机最大功率的电流：$I_{w\max}$；$\sum I_w$：其余电机工作电流和。

④电容补偿柜主回路的短路保护熔断器。熔断器参数确定见表 5-22。

表 5-22 熔断器参数确定

电流曲线较陡的 gg 型熔断器	电流曲线平缓的 am 型熔断器
$I_n = \dfrac{I_w}{1.8 - 2.5}$	$I_n = \dfrac{I_w}{1 - 2.5}$

⑤与半导体器件串联保护半导体器件用熔断器。$I_n \geqslant 16 I_{RN}$，I_{RN} 表示半导体器件的正向平均电流。

⑥在配电线路中，前一级熔体比后一级熔体的额定电流大 2～3 倍，以防止发生越级

动作而扩大故障停电范围。

（4）根据电动机选择交流接触器

接触器（alternating current contactor，AC contactor），一种自动化的控制电器。接触器主要用于频繁接通或分断交、直流电路，控制容量大，可远距离操作，配合继电器可以实现定时操作，联锁控制，各种定量控制和失压及欠压保护，广泛应用于自动控制电路（图 5-35）。

1）根据三相电动机铭牌功率与电压选择交流接触器。

同一个交流接触器可用于控制不同功率和电压的电动机，如图 5-36 所示。

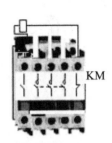

图 5-35　交流接触器　　　　　　　图 5-36　交流接触器铭牌

2）单相电动机只需参考主电路负载电机额定电流选择交流接触器主触头电流，再看控制电路母线输入测电压选接触器线圈输入电压。

3）要认真看接触器线圈的电压。

4）选择电动机看扭矩扬程，要富裕 30%～40%的余量。

5）主触头的额定电流可根据经验公式计算：

$$I_{n主触头} \geqslant \frac{P_{n电机}}{(1\sim14)U_{n电机}} \tag{5-35}$$

（5）电动机过载保护热继电器选择

热继电器（thermal overload relay），安/秒特性要位于电动机的过载特性之下［图 5-37（c）］，并尽可能地接近，甚至重合，以充分发挥电动机的能力，同时使电动机在短时过载和启动瞬间［(4～7) I_n 电动机］时不受影响。

1）热继电器的额定电流应大于电动机的额定电流。

2）热继电器的热元件额定电流应略大于电动机的额定电流。

3）热元件电流的调节范围见图 5-37（a）。一般将热继电器的整定电流调整到等于电动机的额定电流；对过载能力差的电动机，可将热元件整定值调整到电动机额定电流的 0.6～0.8 倍；对启动时间较长、拖动冲击性负载或不允许停车的电动机，热元件的整定电流应调整到电动机额定电流的 1.1～1.15 倍。

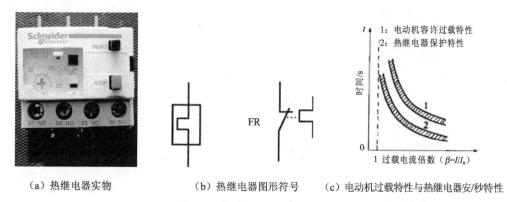

（a）热继电器实物　　　　　　（b）热继电器图形符号　　　（c）电动机过载特性与热继电器安/秒特性

图 5-37　热继电器实物、热继电器图形符号以及电动机过载特性与热继电器安/秒特性

（6）中间继电器的选择

中间继电器（intermediate relay）用于继电保护与自动控制系统中，以增加触点的数量及容量，达到在控制电路中传递中间信号的目的。

中间继电器一般根据负载电流的类型、电压等级和触头数量来选择，图 5-38 为中间继电器的接线图和底座号排列，图 5-39 给出中间继电器在电气电路的应用举例。

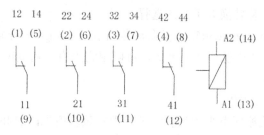

RXM 4AB 2BD 继电器接线图

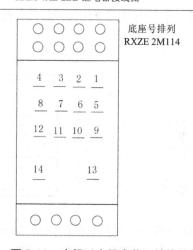

底座号排列
RXZE 2M114

图 5-38　中间继电器实物、接线端子、底座

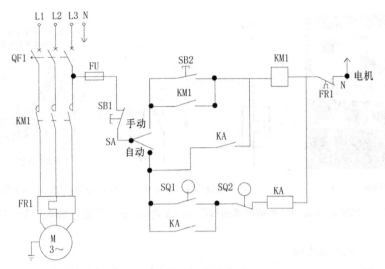

图 5-39 电动机单向运行控制电路

中间继电器应用：SA，表示控制开关（control switch）或选择开关（selector switch）；SB，表示按钮开关（push-button）；SQ，表示位置传感器（position sensor）或限位（行程）开关（limit switch）。

（7）组合开关（俗称转换开关）的选择

组合开关（combination switch），又称转换开关（change-over switch），是指在电气控制线路中，一种常被作为电源引入的开关，可以用它来直接启动或停止小功率电动机或使电动机正反转、倒顺等。

1）用于照明或电热电炉

组合开关的额定电流应不小于被控制电路中各负载电流的总和。

2）用于电动机电路

组合开关的额定电流一般取电动机额定电流的 1.5～2.5 倍。图 5-40 为组合开关的结构及图形文字符号。

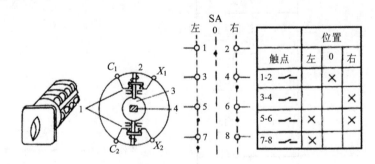

（a）外形图　　（b）结构原理图　（c）图形文字符号　（d）左右循环转组合触点

（b）1—触点；2—触点弹簧；3—凸轮；4—转轴

图 5-40　组合开关及图形文字符号

（8）时间继电器的选择

时间继电器（timing relay），当加入（或去掉）输入的动作信号后，其输出电路需经过规定的准确时间，才产生跳跃式变化（或触头动作）的一种继电器。图 5-41 为时间继电器实物图及图形文字符号。

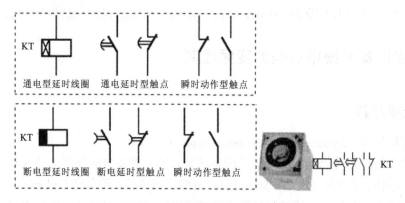

图 5-41　时间继电器图形符号与结构

1）对于延时要求不高的场合，一般选用电磁阻尼式或空气阻尼式时间继电器，其线圈电流种类和电压等级应与控制电路相同。

2）对延时要求较高的，可选用电动机式或电子式时间继电器，其电源的电流种类和电压等级应与控制电路相同。

3）按控制电路要求选择通电延时型或断电延时型以及触头延时型（是延时闭合还是延时断开）和数量。

4）最后考虑操作频率是否符合要求。

（9）电缆夹层

电缆夹层（cable vault）是指供敷设进入控制室和（或）电子设备间内仪表、控制装置、盘、台、柜电缆的结构层，如图 5-42。

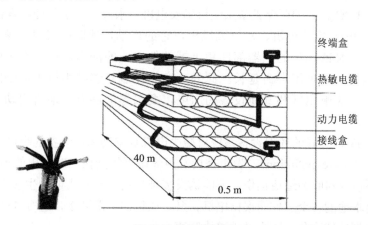

图 5-42　电缆夹层

1）低压配电柜排列应与电缆夹层的梁平行布置。当配电柜与梁垂直布置时应满足每个屏下可进入两条电缆（三芯 240 mm^2）的条件。

2）高低压配电柜下采用电缆沟时，不应小于下列数值。

①高压配电柜线沟：深≥1.5 m、宽 1 m。

②低压配电柜线沟：深≥1.2 m、宽 1.5 m（含柜下和柜后部分）。

③沟内电缆管口处应满足电缆弯曲半径的要求；设置电缆夹层净高不得低于 1.8 m。用于应急照明及消防用电设备的配电柜、配电箱的正面应涂以红色边框作标志。

5.8 环保设备系统中典型的变频控制

5.8.1 变频控制

（1）变频控制（frequency conversion control，FCC）

环保设备运行的特点是其驱动电机或运送泵、风机类要按照处理工艺要求做律动性控制。为此，采用变频控制（FCC）驱动电机、运输泵或风机，调节这些设备的工作频率，不但能有效地减少能源损耗，还能够平稳启动这些设备，减少启动时产生的大电流对其的损害。同时，变频调节设备一般均自带模拟量输入（用于速度控制或反馈调节）、PID 控制功能，泵、风机可以实现恒压控制；变频调节设备具备通信功能、宏功能（针对不同的场合有不同的参数设定）、多段速等，可应用于环保设备系统的给水、排水、消防、喷淋管网增压以及暖通空调冷热水循环等多种场合的自动控制。

（2）基于 FCC 方式的环保设备系统可有效节约能源

1）环保水处理设备系统的 FCC 方式运行，是根据运送水量、间歇型启动的频次需求来驱动电机、水泵等工况，环保水处理设备系统的这种经济的运行状况，与实际运行时的评估相比，保守估计可节电约 50%，甚至更高。

2）环保大气污染处理设备系统的 FCC 方式运行具有节能效果，按照处理气体运输速度、压力或流量等参数基于经济（FCC）方式运行体系内驱动、运输设备，也能达到很可观的节能效果。

（3）基于 FCC 方式的环保设备系统可延长电机、水泵、风机的使用寿命

变频器从 0Hz 启动电机、水泵或风机，它的启动加速时间可以调整，从而减少启动时对电机、水泵或风机的电器部件和机械部件造成的冲击，增强系统的可靠性，使电机、水泵或风机的使用寿命延长。此外，变频控制能够减少机组启动时电流波动，这一波动电流会影响电网和其他设备的用电，变频器能够有效地将启动电流的峰值减少到最低程度。

（4）基于 FCC 方式的环保设备系统可减少电机等驱动运送设备的噪声

噪声污染（noise pollution），噪声是指发声体做无规则振动时发出的声音。各种机械设备的噪声不但会对听力造成损伤，还能诱发多种疾病，也对人们的生活工作有所干扰。环保设备系统本地的各个工作间根据电机、泵、风机的工况要求，进行 FCC 方式运行，运转速度按 S 型曲线变化，可有效地减少噪声产生。

5.8.2 变频器选择

变频器（variable-frequency drive，VFD）是通过改变电机工作电源频率的方式来控制

交流电动机的电力控制设备，根据实际控制要求也可设计为 PLC 控制变频器，进而程控负载交流电机的转速，达到程控节能的目的，图 5-43 为 PLC 控制变频器及应用实例。

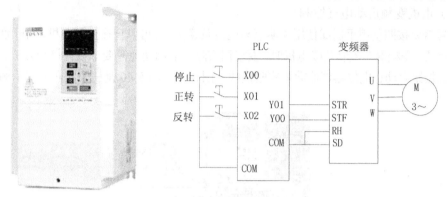

图 5-43　PLC 控制变频器及应用实例

（1）恒转矩和风机、水泵类负载变频器选型

1）起重机、输送带、台车、机床等负载是恒转矩特性负载，需要电机提供与速度基本无关的转矩，即在不同的转速时转矩不变。

2）风机、水泵类等流体机械负载的转矩基本上与转速的平方成正比，在低速下负载转矩非常小，对比调节挡板阀门，采用变频器运转可节能 40%～50%。但速度提高到工频以上时，所需功率急剧增加，有时超过电机、变频器的容量，所以不要轻易提高频率，此时选用大容量的变频器。

（2）变频器规格选择

1）通用变频器，是针对 4 极电机的电流值和各参数能满足运转进行设计制造的，当电机不是 4 极时（如 8 极、10 极或多极），就不能仅以电机的功率来选择变频器的容量，必须用电流来校核。

2）与通用笼形电机相比，绕线电机容易发生谐波电流引起的过电流跳闸，所以应选择比通常容量稍大的变频器。

3）压缩机、振动机等，具有转矩波动的负载，以及像油压泵等具有峰值负荷的负载，应检查工频运行时的电流波形，选用比其最大电流更大额定输出电流的变频器。

4）罗茨鼓风机，多用于污水处理厂的排气槽，其输出压力稳定近似为恒转矩特性负载，在 20%额定速度范围内，转矩特性不可调节。所以在选用变频器时，一般变频器额定容量要比电机额定功率大 20%，变频器速度调节在额定速度 20%以上进行。

5）深井水泵中的电机具有特殊构造，与相同规格的通用电动机相比额定电流较大，要使其电动机的额定电流在变频器的额定电流以内（考虑选用大一级的变频器）。

6）对于转动惯量较大（如离心机）的设备，需要较大的加速转矩且加速时间长。为防止加速中变频器过载保护发生动作，应在加速时使电动机的电流小于变频器的额定电流。

7）变频器一拖多同时运行时，必须保证变频器的功率大于多台电机同时运行的总功率。

8）变频器一拖多切换运行时，必须保证变频器的功率不小于投入运行电机的总功率。

5.8.3 变频控制实例

（1）电机变频启动电气控制

变频器要按照使用手册或使用说明书与电机负载接线。可以直接控制电机，也可通过 PLC 控制变频器，变频器在控制负载电机时，要根据实际节能和调速等要求设计接线方法。图 5-44 是简单的按钮启动、电位器调速简单实验接线。图 5-45、图 5-46 是两个实际应用示例。

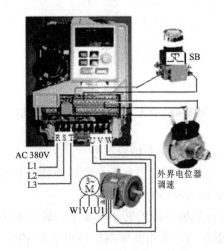

图 5-44　电机变频启动电气控制接线

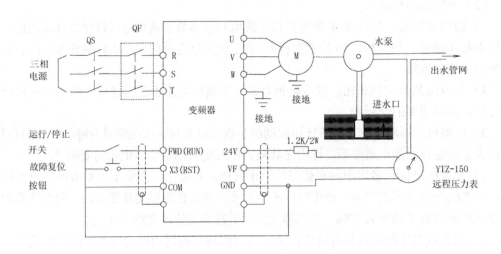

图 5-45　水泵电机变频启动电气控制

图 5-45 中远程压力表通过 1.2 kΩ 功率 2W 的电阻限流给变频器模拟量输入端子提供 0～20 mA 电流输入。

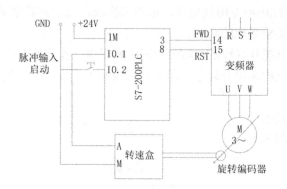

图 5-46 电气+PLC 控制的电机变频启动

（2）变频器选型主要考虑参数

1）电机功率。

电机功率包括 0.5 kW、0.75 kW、1.5 kW、3 kW、3.7 kW、5.5 kW、7.5 kW、10 kW、15 kW、22 kW、37 kW、45 kW、55 kW、75 kW、90 kW、110 kW、132 kW、160 kW、250 kW 等。

2）输入电压要求。

单相 220V、3 相 380V、3 相 690V 等。

3）使用环境。

如启动扭矩很大的场合、风机水泵场合等，要根据具体要求确定。

（3）接线

接线主要根据变频说明书来设计，每个品牌接线端子不完全一样。这里以台达 EL 系列为例进行说明。

1）主回路接线图。

主回路接线如图 5-47 所示。

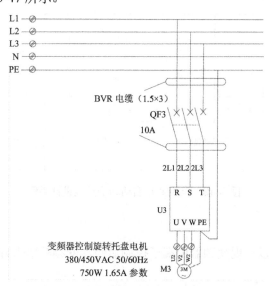

图 5-47 电机变频启动主回路设计举例

BVR 电线是一种配电柜专用软电线，也叫二次线。采用铜芯聚氯乙烯的绝缘软电线，其应用于固定布线时要求柔软的场合。

变频器的 BVR 电缆具有较低且均匀的正序和零序工作阻抗，有较强的抗电磁干扰和雷击等特性。电缆的机构采用普通芯，即 3 根主线和 1 根零线，会使主线芯和零线的干扰和谐波电压不平衡。

2）控制回路接线图。

控制回路接线见图 5-48。

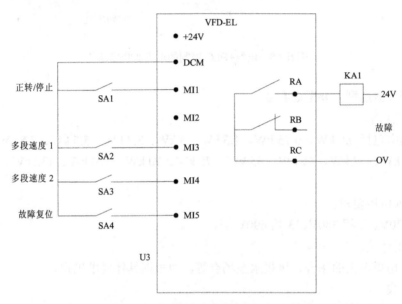

图 5-48　电机变频启动控制回路设计举例

3）端子接线图。

端子接线见图 5-49。

图 5-49　电机变频启动端子接线设计举例

（4）参数设定

表 5-23 中参数可以实现变频器由端子控制启停，变频频率来源为多段速度。

表 5-23　根据图 5-47 电机功率图纸设置托盘升降变频器（VFD004EL43A）参数

序号	参数	参数名称	设定值	设定意义
1	00-02	参数重置设定	9	参数重置（基底频率为 50Hz）
2	02-00	频率指定来源	0	由键盘输入
3	02-01	运转指令来源设定	1	外部端子
4	02-02	停车方式	0	减速停车
5	01-09	加速时间 1	2	2 s
6	01-10	减速时间 1	1.2	1.2 s
7	04-04	二/三线制选择	0	两线制一，MI1，MI2
8	04-05	多功能输入指令 3（MI）	1	多段速指令 1
9	04-06	多功能输入指令 4（MI）	2	多段速指令 2
10	04-07	多功能输入指令 5（MI5）	5	重置
11	04-08	多功能输入指令 6（MI6）	0	无功能
12	03-00	多功能输出 RY	8	故障指示
13	05-00	第 1 段速	5	5Hz
14	05-01	第 2 段速	20	20Hz
15	05-02	第 3 段速	40	40Hz
16	07-00	额定电流		可根据电机实际值填写

注：面板上 F 设定为 10Hz。

（5）其他控制方式说明

1）如果选择变频"RUN"按钮启停，则参数设置如表 5-24 所示。

表 5-24　选择变频"RUN"按钮启停的参数设置

3	02-01	运转指令来源设定	0	由数字操作器输入

2）如果频率来源选择变频自带旋钮，则参数设置如表 5-25 所示。

表 5-25　频率来源选择变频自带旋钮的参数设置

2	02-00	频率指定来源	4	由数字操作器上所附频率和速度控制
13	05-00	第 1 段速	0	
14	05-01	第 2 段速	0	
15	05-02	第 3 段速	0	

5.9　流体输送设备选型

流体输送机械（fluid transportation machinery），通常将输送液体的机械称为泵；将输送气体的机械按其产生的压力高低分别称为通风机、鼓风机、压缩机和真空泵。

5.9.1 污水处理工程中流体输送设备选型

（1）水泵选型

水泵选型（pump types），首先，要看提升物的性质，特别是悬浮固体含量，确定泵的类型，如果是集水池或提升污水，一般选择潜水泵；输送污水，选择离心泵；输送活性污泥，选择螺杆泵；污水提升器用于卫生间污水提升。其次，确定泵类型后，结合运行成本，根据被提升物流量及所需提升的高度等条件，确定泵流量、泵扬程等参数。

1）基本要求。

①流量（flow rate，Q），$Q = Sv =$ 常量（S 为截面面积，v 为水流速度）（流体力学中常用 $Q = Av$）。依据最大流量兼顾正常流量的原则，若没有最大流量，取正常流量的 1.1 倍作为最大流量。

②扬程（head，H）指水泵能够扬水的高度，又称压头（pressure head），表示为流体的压力能头、动能头和位能头的增加，一般根据放大 5%～10% 余量后的扬程来选型。

$$H = \frac{P_2 - P_1}{\rho g} + \frac{v_2^2 - v_1^2}{2g} + (z_2 - z_1) \tag{5-36}$$

式中，H——扬程，m；

P_1，P_2——泵进/出口处液体的压力，Pa；

v_1，v_2——流体在泵进/出口处的流速，m/s；

z_1，z_2——进/出口高度，m；

ρ——液体密度，kg/m³；

g——重力加速度，m/s²。

例 5-8：现测定一个离心泵扬程。工质为 20℃清水，测得流量为 60 m³/h，泵进口真空表读数为 0.02MPa，出口压力表读数为 0.47MPa（表压），已知两表间垂直距离为 0.45 m。若泵的吸入管与压出管管径相同，试计算该泵的扬程。

经查，20℃水密度 $\rho = 10^3$ kg/m³，

$z_2 - z_1 = 0.45$ m（1MPa 约等于 100 m 水柱）

$P_2 = 0.47$MPa（0.47×100 m 水柱 = 47 m 水柱）

$P_1 = -0.02$MPa（0.02×100 m 水柱 = 2 m 水柱）

$v_1 = v_2 = 0$

$$H = \frac{P_2 - P_1}{\rho g} + \frac{v_2^2 - v_1^2}{2g} + (z_2 - z_1) = \frac{[0.47 - (-0.02)] \times 10^6}{10^3 \times 9.8} + \frac{0^2 - 0^2}{2 \times 9.8} + 0.45 = 50.45 \text{ m}$$

③液体性质（liquid properties）包括液体介质名称、物理性质、化学性质和其他性质。物理性质（physical properties）有温度、密度、黏度、介质中固体颗粒直径和气体的含量等，这涉及系统的扬程、有效气蚀余量计算和合适泵的类型。化学性质（chemical properties）主要指液体介质的化学腐蚀性和毒性，是选用泵材料和轴封型式的重要依据。

④管路布置条件指的是送液高度、送液距离、送液走向、吸入侧最低液面、排出侧最高液面等数据，以及管道规格及其长度、材料、管件规格、数量等，以便进行系统扬程计算和汽蚀余量的校核。

2）管道的影响。

①管道直径（pipe diameter）越大，在相同流量下，液流速度越小，阻力损失 H_f 越小，但价格较高；管道直径越小，会导致阻力损失 H_f 急剧增大，使所选泵的扬程增加，配带功率增加，成本和运行费用都增加。理论上流体在管路中的阻力损失 H_f 可以计算为：

$$H_f = \frac{\Delta P}{\rho g} = \frac{Gl}{\rho g} = \frac{8\mu l}{\rho g R^2}\overline{v} \tag{5-37}$$

$$\overline{v} = \frac{Q}{\pi R^2} = \frac{G}{8\mu}R^2 = \frac{1}{2}v_{\max} \tag{5-38}$$

$$v = -\frac{1}{4\mu}\frac{\mathrm{d}P}{\mathrm{d}x}(R^2 - r^2) = -\frac{G}{4\mu}(R^2 - r^2) \tag{5-39}$$

式中，ΔP 为管道入口与出口的压差，ρ 为流体密度，g 为重力加速度，G 为流体沿程阻力系数，l 管道长度，μ 为流体黏滞系数，R 为管道特征半径，$\overline{v}$ 为流体流过管道的平均速度，Q 为流体流过管道的体积流量，$v_{\max}$ 为流体管路中心轴处最大速度。

②阀门（valve），泵排出侧的球阀、逆止阀和截止阀等，用来调节泵的工况点，逆止阀在液体倒流时，可防止泵反转，避免泵受水锤的打击（当液体倒流时，会产生巨大的反向压力，使泵损坏）。

3）密封性。

①静密封（static seal），通常只有密封垫和密封圈两种形式，O 形密封圈应用最多。

②动密封（dynamic seal）分为往复式动密封和旋转式动密封，以机械密封（mechanical seal）为主。机械密封又有单端面和双端面、平衡型和非平衡型之分，平衡型适用于高压介质的密封（通常指压力大于 1.0MPa），双端面机械密封主要用于高温、易结晶、有黏度、含颗粒以及有毒挥发的介质，双端面机械密封应向密封腔中注入隔离液，其压力一般高于介质压力 0.07～0.1MPa。

（2）污水处理的常见水泵类型

1）离心泵。

离心泵（centrifugal pump）用于输送污水，主要靠电动机带动叶轮高速旋转，从而带动泵体内液体转动，将液体甩向泵壳，同时，旋转的叶轮中心形成负压，使液体不断被吸入。

①离心泵技术参数：流量、扬程、转速、泵轴功率、泵对液体做的有效功率、泵效率、泵有效功率与轴功率的比值。

②PW 型卧式离心泵（horizontal centrifugal pump）的效率在 50% 左右，可输送 80℃ 以下含有纤维或其他悬浮物的废水，此泵比较适合用于小型污水处理厂（日处理量千吨至万吨）。

③WL 立式排污泵（vertical sewage pump）的效率在 75% 左右，可以提升温度较高和腐蚀性较强的废水，此泵比较适合用于工业污水处理厂，用于提升杂质污水或泥浆水。

④ZLB 型立式轴流泵（vertical axial flow pump）具有低扬程、大流量的特点，可以用于大型污水处理厂（日处理量一般在几十万吨至百万吨）。

排放量（日处理量）＝进水量–蒸发量–污泥量–回水使用量

2）螺杆泵。

螺杆泵（screw pump），输送污泥、活性污泥，一般由定子、转子表面形成的密封腔组成，密封腔及腔内液体随着转子的旋转沿轴被推送至出口。

①螺杆泵技术参数：流量、扬程（提升高度为 3～8 m）、转速（20～80 r/min）、泵功率、口径、温度。

②螺杆泵具有低流量、高扬程的特点，可用于加药或输送浓度、黏度较大的污泥。

③螺旋泵具有低电耗、低扬程、效率较高的特点，可以用于提升回流污泥。

提升回流污泥螺旋泵，将螺杆的旋转运动转变为提升直线运动。

3）隔膜泵。

隔膜泵（diaphragm type metering pump），用来向加压或常压容器及管道内精确定量输送不含固体颗粒的液体，通过柔性隔膜替代活塞，在驱动装置作用下，隔膜往复运动，完成液体吸入排出。

①隔膜泵的显著特点是被输送液体与驱动装置之间的隔离，可以便于输送腐蚀性液体。

②隔膜泵、柱塞泵（piston pump）同螺杆泵类似，也具有低流量、高扬程的特点，可用于加药或者输送小流量的污泥。

4）潜水泵。

潜水泵（submersible pump）用于在集水池提升污水，其泵体与电动机作为一个整体，一并潜入水中，电动机带动泵叶轮旋转，液体在叶轮作用下被提出水面。常温浆液和污水中不溶性固体杂质的含量不超过 0.1%，粒度不大于 0.2 mm，pH 在 6.5～8。

①QZ 系列潜水轴流泵（submersible axial flow pump）的效率在 75%～83%，具有低扬程、大流量、安装简单且可不设泵房的特点，可用于提升回流污泥。

②QW 系列潜水排污泵（submersible sewage pump）的效率为 70%～85%，可输送工业废水，比较适合用于工业污水处理厂的 60℃以下、pH 在 4～10 的杂质污水、泥浆水的提升。

③QH 系列潜水排污泵（submersible sewage pump）具有高扬程、大流量的优点，适用于大型污水处理厂。

5）污水泵。

污水泵一般用于常温浆液，液体 pH 在 6～8，液体的固形物的容积比在 2%以下。该类泵泵头为开式流道，不会因固体颗粒和纤维性杂物的吸入而堵塞，所以也称无堵塞污水污物电泵。

5.9.2 泵常用技术参数估算

（1）泵的扬程 H

1）泵的扬程（pump head, H），水泵能够扬水的高度。水泵扬程（H）= 净扬程（H_{net}）+ 水头损失（H_f）。净扬程（net lift, net head）就是指水泵的吸入点和高位控制点之间的高差，一般是指清水池吸入口和高处的水箱之间的高度差。

$$H = H_{net} + H_f \tag{5-40}$$

2）水泵净扬程即实际扬程，是随流量而改变的变数。

3）水头损失（H_f），当水从有压管路或构筑物中流过时，由于管道或构筑物局部及沿程阻力的作用，会产生单位质量水的机械能的损失，所以，水头损失又称阻力损失。

4）吸水扬程（sucking height，H_s）简称吸程，由泵抽水口中心线，到待抽液面的高度，见图 5-50，也就是在不加水情况下最大能自吸水的高度。

5）压水扬程（pressure head，H_p），从泵抽水口中心线，至出水池水面的高度，是水泵能把水压上去的高度，见图 5-50。

6）水泵扬程= 吸水扬程+压水扬程（$H = H_s + H_p$）

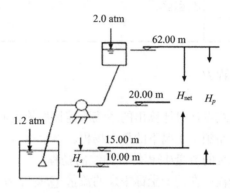

图 5-50 水泵的扬程

图 5-51 为三种条件下水泵扬程的示意图。

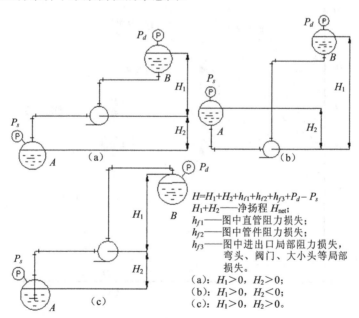

$H = H_1 + H_2 + h_{f1} + h_{f2} + h_{f3} + P_d - P_s$

$H_1 + H_2$——净扬程 H_{net}；

h_{f1}——图中直管阻力损失；

h_{f2}——图中管件阻力损失；

h_{f3}——图中进出口局部阻力损失，弯头、阀门、大小头等局部损失。

（a）：$H_1 > 0$，$H_2 > 0$；

（b）：$H_1 > 0$，$H_2 < 0$；

（c）：$H_1 > 0$，$H_2 > 0$。

图 5-51 三种条件下水泵扬程示意图

7）铭牌上标示的扬程是指水泵本身所能产生的扬程，它不含管道水流受摩擦阻力而引起的损失扬程（H_f），参见表 5-26。

表 5-26 排污泵铭牌及用途

排污泵 ZW-40-10-20-2.2	用途：可广泛用于市政排污工程、荷塘养殖、轻工、造纸、纺织、视频、化工、电业等领域，是纤维、浆料和混合悬浮液等化工介质杂质运送泵	
流量：10 m³/h		
效率：45%		
匹配功率：2.2 kW		
扬程：20 m		
装束：2 900 r/min		

（2）管网中水泵的扬程 H

泵的扬程类别：

①泵的设计扬程：系统设计时计算出的系统所需扬程的最低值。

②泵的额定扬程：泵在额定工况下的最大扬程。

③泵的工作扬程：见泵的流量/扬程特性曲线的扬程。

④泵的真实流量、扬程：在同一坐标中泵的流量 Q/扬程 H 曲线和该泵出口管道系统的流量 Q_B、Q_N 与阻力 ζ 特性曲线的交点。此时泵的扬程等于该泵出口管道系统的阻力。泵的流量扬程随外管道阻力变化，见图 5-52。

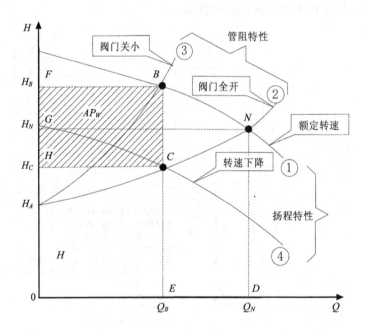

图 5-52 流量 Q/扬程 H 曲线和该泵出口管道系统的流量 Q_B、Q_N 与阻力 ζ 特性曲线

（3）比转速/数 n_s

水泵比转速（specific speed of pump），按相似律将水泵转速 n 换算为扬程 $H = 1$ m、输出功率为 0.735 kW、流量 $Q = 0.075$ m³/s 的模型泵叶轮的转速。

$$n_s = \frac{3.65n\sqrt{Q}}{H^{3/4}} \tag{5-41}$$

比转数小，流量小，全压（或扬程、水头）高。

（4）功率（power）

1）轴功率 P_{axial}。

在一定流量和扬程下，在单位时间内，给予泵轴的功率称为轴功率（泵输出功率），轴功率小于电机额定功率。

$$P_{axial} = \frac{\rho g Q H}{1\,000\eta} \tag{5-42}$$

式中，ρ ——运输流体密度，kg/m^3；

　　　Q ——流量，m^3/s；

　　　H ——水扬程，m；

　　　η ——泵效率，%；

　　　g ——重力加速度，m/s^2。

2）泵电机功率 P_{motor}

$$P_{motor} = (1.05 \sim 1.5)P_{axial} \tag{5-43}$$

3）泵电机（pump motor）功率的选择。

原则上，电机额定功率（标牌功率）要根据设计的轴功率（泵输出功率）进行选择，并考虑裕量，具体裕量值如表 5-27 所示。

表 5-27　电机功率裕量参考

设计轴功率 P_{axial} /kW	泵电机功率裕量 δP_{motor} /%
≤5.5	50
5.5～19	25
19～55	15
55～1 000	10
≥1 000	5

电机功率还要考虑传动效率和安全系数。传动效率：一般直联取 1，皮带取 0.96；安全系数：$k = 1.2$。例如，轴功率为 15 kW，选择的电机功率应该为 18.5 kW。

4）泵电机极数（poles of pump motor）。

泵用几极的电机，必须根据实际工况要求确定。流量不大、扬程微高的选 2 极电机。流量大、扬程小的可选 4 极电机。超大流量、较低扬程的选择 4 极或 6 极电机，选 6 极电机时，功率可按轴功率减小一个等级，见图 5-53。

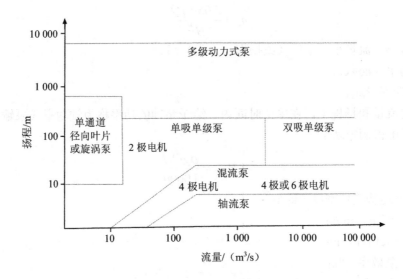

图 5-53 泵电机极数、扬程与流量

（5）汽蚀余量

汽蚀余量又称净吸正向真空高度（net positive suction head，NPSH）。

1）可用汽蚀余量（NPSHa）。

可用汽蚀余量又称净入口可用压力（net inlet pressure available，NIPA），由系统的设计、输送介质的黏度、蒸汽压和预期的流量所决定。

2）必须汽蚀余量（NPSHr）。

必须汽蚀余量也称净入口需求压力（net inlet pressure required，NIPR），由泵的几何形状、输送介质的黏度和泵的转速所决定，并随着泵的转速和介质黏度的增大而增大。

3）NPSHa＞NPSHr，降低转速 n 可减小 NPSHr。

4）蒸汽压力 P_v 决定 NPSHa。

蒸汽压力（water vapor pressure），流体（在给定温度下）变成蒸汽时的压力，通常用绝对压力表示（如 bar 或 psi[①]）。每种流体都存在蒸汽压力 P_v 与温度 T 的对应关系，蒸汽压力 P_v 决定 NPSHa。

5）NPSHa 计算：

$$\text{NPSHa} = \frac{P_s}{\rho g} + \frac{v_s^2}{2g} - \frac{P_v}{\rho g} \tag{5-44}$$

式中，P_s——泵进口压力，MPa；

$\quad\quad P_v$——物料汽化压力，MPa；

$\quad\quad v_s$——进口流速，m/s。

$$\frac{P_s}{\rho g} = \frac{P_c}{\rho g} \pm h_g - \Delta H_c - \frac{v_s^2}{2g} \tag{5-45}$$

---

① bar 和 psi 是非法定单位，1 bar ＝ 10^5Pa，1 psi ＝ 6.894 76×10^3Pa。

式中，P_c——前置密封容器内压力（增加液体表面压力或提供外界压力支持 P_c），MPa；

$\quad\quad h_g$——静吸入高度（安装高度），液面比泵高，$h_g > 0$，否则 $h_g < 0$；

$\quad\quad \Delta H_c$——入口管路摩擦阻力损失 m，包括管道沿程损失，弯头、阀门、大小头等局部损失等。

$$\text{NPSHa} = \frac{P_c}{\rho g} + h_g - \Delta H_c - \frac{P_v}{\rho g} \quad\quad (5\text{-}46)$$

NPSHa 的构成如图 5-54 所示。

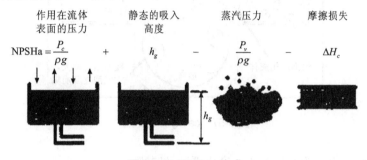

图 5-54　NPSHa 构成

安装入口对安装高度（净吸入高度）h_g 及相应 NPSHa 的影响如图 5-55 所示。

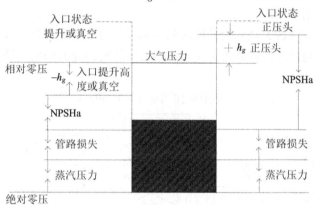

图 5-55　安装入口对安装高度（净吸入高度）h_g 及相应 NPSHa 的影响

结论：减小入口管路尺寸、减小入口管路长度、减少入口管路的连接件、减小输送介质黏度，都会减小摩擦损失 ΔH_c，改变温度、降低蒸汽压力 P_v，都会使 NPSHa 增加。

6）汽蚀。

①汽蚀：源于 cavity，意思是空洞。当用于泵时，汽蚀是在泵头或者系统中一个空洞（气泡）的产生和随后的崩塌的过程，出现气体栓塞现象（图 5-56）。

图 5-56　气体栓塞现象

②汽蚀产生条件：当泵转速过高（NPSHr）或者入口条件不够理想等因素影响时会出现 NPSHa＜NPSHr 的情况，此时 cavity 会产生，见图 5-57。

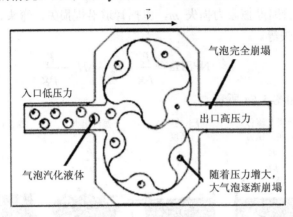

图 5-57 cavity 产生过程

③汽蚀特征：表现为流量减小，产生振动及噪声。

④汽蚀后果：机械损伤和设备使用寿命降低。在汽蚀状态下工作会导致泵的转子过度接触，紧固件松开，密封件破裂或粉碎，轴承失效，焊接件裂开和测量仪器损坏。

（6）泵选型原则

图 5-58 中，厘泊（cP）是动力黏度的最小单位。动力黏度 η 表示液体在一定剪切应力下流动时内摩擦力的量度，其值为所加于流动液体的剪切应力和剪切速率之比，在国际单位制中以 Pa·s 表示。

$$1cP = 10^{-3}Pa \cdot s = 1\ mPa \cdot s \tag{5-47}$$

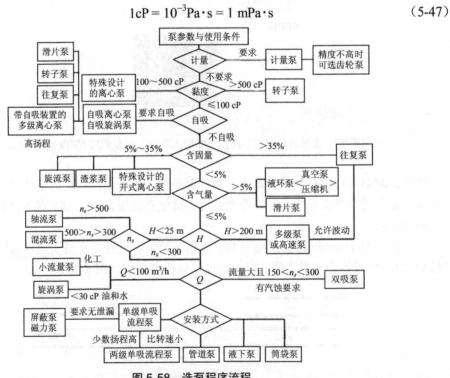

图 5-58 选泵程序流程

1）常用泵列表。

①滑片泵（vane pump）又叫叶片泵/刮片泵/刮板泵，广泛用于油库倒罐、油罐车卸车、真空系统抽底油等石油化工行业。

②转子泵（rotary pump）用于高黏度介质的输送等。

③往复泵（reciprocating pump）对流体污染度不敏感、低速、流量不均。

④带自吸装置的多级离心泵（multistage and self-sucking centrifugal pump）。

⑤自吸式离心泵（self-sucking centrifugal pump）。

⑥自吸式漩涡离心泵（self-sucking regenerative pump）。

⑦计量泵（metering pump）。

⑧旋流泵（vortex pump）。

⑨渣浆泵（slag-slurry pump）。

⑩轴流泵（axial flow pump）。

⑪混流泵（mixed flow pump）。

⑫小流量泵（low flow pump）。

⑬屏蔽泵（canned motor pump）。

⑭磁力泵（magnetic drive pump）。

⑮单级单吸流程泵（single-stage single-suction pump）。

⑯管道泵（in-line pump）。

⑰液下泵（submerged pump）。

⑱简装泵（simple pump）。

2）工艺参数要求。

①工艺参数严要求，流量扬程压力（Q、H、P_s、P_c）。

②抗汽蚀要汽余留，运行转速莫强求（$n\uparrow \rightarrow \mathrm{NPSHr}\uparrow$）。

③所有参量均达标，减少汽蚀寿命（$\rightarrow \mathrm{NPSHa} > \mathrm{NPSHr}$）。

④较少泵房掘深度，泵入平稳噪振小（$h_g > 0 \rightarrow \mathrm{NPSHa} > \mathrm{NPSHr}$）。

3）经济指标要求：工艺参数必达标，体小量轻性价高。

4）满足介质特性要求。

5）满足现场环境要求。

（7）潜水搅拌机选型

潜水搅拌机（diving mixer）又称潜水推进器，适用于在污水处理厂曝气池和厌氧池的工艺流程中推进搅拌，产生低切向流的强力水流，加强搅拌，防止污泥沉淀，在池中水循环及硝化、脱氮和除磷阶段创建水流。

搅拌型（stirred-style diving mixer）

1）根据图 5-59 或表 5-28 确定待搅拌介质的污泥校正系数。

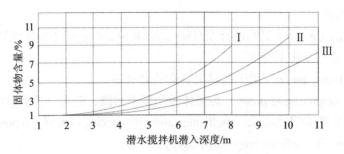

I—一次淤泥；II—二次淤泥；III—水解淤泥

图 5-59 淤泥校正系数曲线

表 5-28 污泥校正系数

固体物含量/%	一次污泥	二次污泥	水解污泥	重度/（g/cm）
1.00	1.00	1.00	1.00	1.01
2.00	1.15	1.00	1.00	1.02
3.00	1.50	1.15	1.00	1.03
4.00	2.00	1.50	1.20	1.04
5.00	2.60	1.90	1.50	1.05
6.00	3.60	2.40	1.90	1.06
7.00	5.50	3.40	2.40	1.07
8.00	9.00	4.80	3.30	1.08
9.00		6.80	4.70	1.09
10.00		10.00	6.40	1.10
11.00			8.40	1.11

2）根据图 5-60 或表 5-29 确定搅拌池的池型校正系数。

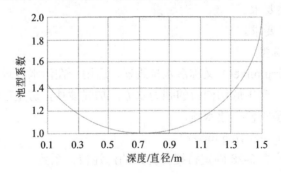

注：对于矩形池，池宽＝池直径。

图 5-60 池型校正系数曲线

表 5-29 池型校正系数

深度/直径/m	池型系数	深度/直径/m	池型系数
0.10	1.40	0.85	1.05
0.15	1.3l	0.90	1.08
0.20	1.25	0.95	1.11
0.25	1.19	1.00	1.15
0.30	1.14	1.05	1.19
0.35	1.10	1.10	1.25
0.40	1.08	1.15	1.32
0.45	1.05	1.20	1.40
0.50	1.04	1.25	1.48
0.55	1.02	1.30	1.58
0.60	1.01	1.35	1.68
0.65	1.00	1.40	1.78
0.70	1.00	1.45	1.89
0.75	1.01	1.50	2.00
0.80	1.03		

注：矩形池，表中直径取池宽。

3）将每立方米清水所需的耗功 4.8 W，乘以污泥校正系数，再乘以池型校正系数，得出每立方米待混合搅拌介质所需耗功的实际值，再乘以待搅拌介质的体积，得出整池待混合搅拌介质所需的功率。

（8）推流式潜水搅拌机（tubular-flow diving mixer）

池形的低速推流系列如图 5-61 所示。

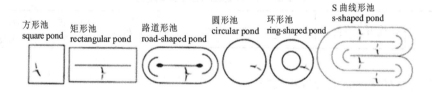

图 5-61 低速推流系列（池形）

选型参数：推流器型号、功率、流量、电流、叶轮直径、叶轮转速、推力。

①根据图 5-59 或表 5-28 确定待搅拌介质的污泥校正系数。

②根据图 5-60 或表 5-29 确定搅拌池的池型校正系数。

③根据搅拌介质初始流速 v_0，通过图 5-62 确定单位流量的耗功。

④用搅拌介质初始流速 v_0 乘以叶轮旋转时所形成的截面积计算出搅拌机的流量。

⑤用搅拌机的流量乘以单位流量的耗功，再乘以污泥校正系数和池型校正系数，即可得出整池介质所需的功率。

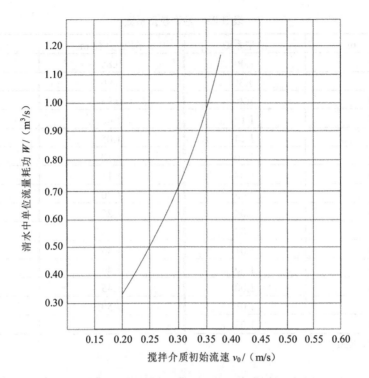

图 5-62 推流单位流量介质耗能曲线

（9）污水处理工艺中泵的选型表

表 5-30 为污水处理工艺中泵的选型。

表 5-30   污水处理工艺中泵的选型

序号	名称	扬程 H	流量 Q	比转速 n_s	轴功率 P_{axial}	电机功率 P_{motor}	电机极对数	有效汽蚀余量 NPSHa

（10）污水处理的常见曝气机类型

1）潜水离心曝气机。

①潜水离心曝气机（centrifugal submersible aerator）是铸铁材质、水流喷射强、动力效率优于其他种类的曝气机。用于污水处理厂曝气池、曝气沉砂池中，对污水污泥的混合液进行充氧及混合，以及对污水进行生化处理或养殖增氧。

②性能参数。

a）进气量：10～320 m³/h；

b）增氧能力：0.37～24 kgO₂/h；

c）电机功率：0.75～22 kW；

d）介质温度：≤40℃；

e）介质 pH：5～9；

f）介质密度：≤1 150 kg/m³。

2）污水处理曝气鼓风机选型。

排气压力的高低并不取决于鼓风机本身，而是由鼓风机排出的流体在出口处或二次侧受到的与流动方向相反的压力（大于当地大气压），即所谓"背压"（back pressure）决定，曝气鼓风机具有强制输气的特点。鼓风机铭牌（name plate/data plate/rating plate）上标出的排气压力是风机的额定排气压力。实际上，曝气鼓风机可以在低于额定排气压力的任意压力下工作，而且只要强度和排气温度允许，也可以超过额定排气压力工作。

5.9.3　风机及风机选型

风机（blower）用于压缩和输送气体，即把原动机的机械能量转变为气体能量。

（1）透平式风机

透平式风机（turbine blower）是通过旋转叶片压缩输送气体的机械（图 5-63）。

图 5-63　透平式风机

透平式风机子类及风机压力：

①通风机：排气风压（discharge pressure）＜112 700Pa。

②风机：排气风压= 112 700～343 000Pa。

③压缩机：排气风压＞343 000Pa。

（2）容积式风机

容积式风机（displacement blower）是通过改变气体容积的方法来压缩及输送气体的机械（图 5-64）。

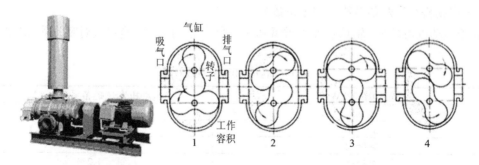

（a）定容式罗茨风机实物　　　　　（b）定容式三叶罗茨风机结构及原理图

图 5-64　定容式罗茨风机实物图和定容式三叶罗茨风机结构及原理图

容积式风机子类见图 5-65。

容积式风机 {
  定容式 {
    罗茨风机
    叶氏
    RGY
  }
  非定容式 {
    往复式
    螺杆式
    滑片式
  }
}

图 5-65　容积式风机子类

（3）压力

全压（total pressure）：当物体在流体中运动时，在正对流体运动的方向的表面，流体完全受阻，此处的流体速度为 0，其动能转变为压力能，称为全受阻压力，即全压。该全压平行于风流，正对风流方向，可以通过传感器直接测得。

静压（static pressure）：空气分子不规则运动而撞击于管壁上产生的压力。

动压（dynamic pressure）：动压是流体颗粒每单位体积的动能。

全压＝静压+动压（伯努利方程中，没有液相流体的位能，只有静压能与动能）。

$$动压 = \frac{1}{2}\rho v_{wind}^2 \tag{5-48}$$

式中，ρ——气体密度，kg/m³；

　　　v_{wind}——风机吹气流速度，m/s。

（4）风机主要技术参数

1）风机全压 P：等于风机出口截面上与进口截面上总压之差。

$$P = P_{effluent} - P_{influent} \tag{5-49}$$

式中，$P_{effluent}$——风机出口截面上压力，pa；

　　　$P_{influent}$——风机进口截面上压力，pa。

2）风机流量 Q：单位时间内流过风机的气体容积，又称风量（air volume）（kg/s）。

3）风机转速 n：风机转子旋转速度（r/min）。

4）风机轴功率 N：驱动风机所需要的功率（kW）。

（5）风机常用技术参数与技术要求

1）电动机容量贮备系数（安全系数）

风机电动机功率 P＝轴功率 N×安全系数 K，其中，轴功率和安全系数对照关系见表 5-31。

表 5-31　轴功率和安全系数对照

轴功率 N/kW	电动机容量贮备系数（K）
＜0.5	1.5
0.5～1	1.4
＞1～2	1.3
＞2～5	1.2
＞5	1.15
一般风机	1.15
高压风机（＞7 500Pa 直接启动的）	1.2
引风机	1.3
凡采用软启动的（偶合器、水电组、变频器等）	1.1

2）风机选型参数。

Ⅰ．一般通风机、引风机。

主要选型参数包括：全压 P（Pa）、流量 Q（m³/h）、海拔高度（当地大气压）传动方式（轴联、皮带）、输送介质、叶轮旋向（左、右旋）、进出口角度（从电机端正视）、工作温度 T（℃）、电动机功率（kW）。

Ⅱ．高温风机及其他特殊风机

主要选型参数包括：全压 P/流量 Q/进口气体密度 $\rho 1$/传动方式/输送介质/进出口角度/工作温度 T/瞬时最高温度 T_{max}/当地大气压/含尘浓度/风机调节门/电动机功率/进出口膨胀节。

①膨胀节（expansion joint）指能有效地起到补偿轴向变形的挠性元件，习惯上也叫伸缩节（telescopic section）、补偿器（compensator），是为补偿因温度差与机械振动引起的附加应力，而在风机的进、出口上设置的一种挠性结构、可自由伸缩的弹性补偿元件。

②液体电阻启动器（liquid resistance starter），在绕线电机的转子回路中串入特殊配制的电解液作为电阻，通过调整电解液的浓度及改变两极板间的距离，使串入电阻值在启动过程中始终满足电机机械特性和对串入电阻值的要求，从而使电动机在获得最大启动转矩及最小启动电流的情况下均匀升速、平稳启动，启动结束后短接转子回路，完成电动机的启动。

Ⅲ．风机常需用技术参数工程修订计算

①风机的标准状态。

风机进风口处 $P_0 = 101\,325$ Pa，$t = 20$℃，相对湿度 $\varphi = 50\%$。

②风机的指定状态。

指定的进气工况——海拔高度（当地大气压）、进口气体压力、进口气体温度、进口气体的成分及体积百分比浓度。

③风机的流量及流量系数。

a）风机流量 Q：

$$Q = \rho_0 Q_0 \tag{5-50}$$

式中，ρ_0——标准状态下风机进口气体密度，kg/m³；

　　　Q_0——标准状态下风机进口气体流量，m³/s。

b）风机流量系数 Φ：

$$\Phi = \frac{Q}{900 \times \pi \times D^2 \times U_2} \tag{5-51}$$

式中，Φ——流量系数；

　　　D——叶轮直径，m；

　　　U——叶轮边缘线速度，m/s。

④风机全压（未在标准状态下全压）及全压系数。

a）风机全压。

$$P_{tf} = P_{t0} \times \frac{P_{location}}{760} \times \frac{273 + T_2}{273 + T_1} \qquad (5\text{-}52)$$

式中，P_{tf}——工况全压（field total pressure），Pa；

P_{t0}——设计标准压力（或压力表中全压），Pa；

$P_{location}$——当地大气压，mmHg；

T_2——工况介质温度，℃；

T_1——未修正的设计温度，℃；

760 mmHg——海拔 0 m（空气温度为 20℃大气压）。

b）风机全压系数。

$$\phi_t = \frac{K_\rho P_{tf}}{\rho u^2} \qquad (5\text{-}53)$$

式中，K_ρ——压缩性修正系数；

ρ——风机进口处气体密度，kg/m^3；

u——叶轮的线速度，m/s。

$$K_\rho = \frac{k}{k-1} \times \left[\left(1 + \frac{P_{tf}}{P_{in}} \right)^{\frac{k-1}{k}} - 1 \right] \times \left(\frac{P_{tf}}{P_{in}} \right)^{-1} \qquad (5\text{-}54)$$

式中，k——气体指数，对于空气，$k = 1.4$；

P_{in}——指定状态（工况）下风机进口处绝对压力，Pa。

⑤海拔高度换算当地大气压。

当地大气压 $P_{location}$ =（760 mmHg）-（海拔高度÷12.75）

注：海拔高度<300 m，可不修正。

a）1 mmH$_2$O = 9.807 3Pa；

b）1 mmHg = 13.591 Pa；

c）760 mmHg = 10 332.311 7 Pa。

⑥风机流量。

a）海拔高度 0～1 000 m：风机流量可不修正；

b）海拔高度 1 000～1 500 m：加 2%的流量；

c）海拔高度 1 500～2 500 m：加 3%的流量；

d）海拔高度>2 500 m：加 5%的流量。

⑦风机的轴功率 N。

$$N = \frac{QP}{102 \times 3\,600 \times 0.8 \times 0.98} \qquad (5\text{-}55)$$

风机的电动机功率 P =（轴功率 N）×（电机容量贮备系数 K），见表 5-31。式（5-49）中，0.8 为风机效率；0.98 为机械效率。

⑧风机比转速 n_s。

$$n_s = 5.54 \times n \times \frac{\sqrt{Q_0}}{\sqrt[4]{[(1.2/\rho)P_{tf}]^3}}$$

（5-56）

式中，Q_0——标准状况下风机进风口处流量，m^3/s；

$\quad$ n——风机主轴转速，r/min；

$\quad$ ρ——风机进口处气体密度，kg/m^3。

实际风机功率 P_1

$$P_1 = N \times K/\rho$$

（5-57）

式中，$\rho = 1.2 \times （273+T_2）/（273+20）$：

$\rho = 1.089|T_2 = 20\,℃$、$\rho = 0.986|T_2 = 50\,℃$、$\rho = 0.943|T_2 = 100\,℃$、$\rho = 0.813|T_2 = 150\,℃$、$\rho = 0.743|T_2 = 200\,℃$、$\rho = 0.672\ |T_2 = 250\,℃$、$\rho = 0.636|T_2 = 280\,℃$、$\rho = 0.614|T_2 = 300\,℃$、$\rho = 0.564|T_2 = 350\,℃$。

⑨风机的最大转矩 T_M。

$$T_M = \frac{550 \times 电机功率}{转速 n}$$

（5-58）

风机的叶轮直径 $D_{impeller}$

$$D_{\text{impeller}} = \frac{27}{n} \times \sqrt{\frac{K_\rho P_{tf0}}{2\rho_0 \phi_t}}$$

（5-59）

式中，ρ_0——标准状态下风机进口气体密度，kg/m^3。

⑩ 管网与管网阻力。

a）管网（distribution system/pipe system）指气流流经的、与风机连接在一起的通风管道以及管道上所有附件的总称。

b）管网阻力（frictional drag）。

横截面形状不变管道内流动流体所受的摩擦阻力

$$\Delta P_{fd} = \lambda \frac{1}{4R_H} \frac{\rho v^2}{2} l$$

（5-60）

式中，R_H——风管道水力半径（hydraulic radius），m，反映了管道或设备的几何因素对流动状况（阻力大小）的影响；

$\quad$ R_H 是流动方向相垂直的截面积 F（m^2）与被流体所浸润的周边长度 Π（湿周，wetted perimeter，m）之比：

$$R_H = \frac{F}{\Pi}$$

（5-61）

圆形管道的摩擦阻力

$$\Delta P_{fd} = \frac{\lambda}{D} \frac{\rho v^2}{2} l$$

（5-62）

式中，λ——摩擦阻力系数；

$\quad$ v——风机内气体平均流速，m/s；

ρ——气体密度，kg/m^3；

l——风管长度，m；

D——圆形风管直径，m。

$$\sqrt{\lambda} = -2\lg\left(\frac{K}{3.7D} + \frac{2.51}{R_e\sqrt{\lambda}}\right)$$ （5-63）

式中，R_e——气体的雷诺系数（reynolds number）。

$$R_e = -\frac{\rho vl}{\eta}$$ （5-64）

式中，v——内流取通道内平均流速，m/s；

l——内流取通道内通道直径，m；

η——内流通道内气体粘性系数，$Pa\cdot s$。

5.9.4 废水污水处理曝气池鼓风机选型

（1）鼓风风机压力 P_{blower}

设空气扩散装置安装在距离曝气池底 h_1（m）处，曝气池有效水深为 H（m），空气内的水头损失按 1.0 m 计，则所需鼓风压力为

$$P_{blower} = (H - h_1 + 1.0) \times 9.8$$ （5-65）

（2）风机供气量 Q_{blower}

假设选择直径 256 mm 的微孔曝气盘，一个曝气盘的空气量为 0.1~0.3 m^3/h，该种曝气设备一般间距 60 cm 安装一个，可以算出池子需要多少个曝气盘，每个曝气盘的风量乘以数量就是所需的风机风量。

（3）气水比 Q_{blower}/Q_{pump}

气水比（gas-water ratio）指每小时曝气量与每小时进水量之比。气水比与水质、水深与曝气系统形式有关。

1）梭织布的退煮漂废水好氧池的气水比为（16~18）：1；

2）毛绒毛线的漂染废水/较梭织布的退煮漂废水（COD_{Cr}/pH/色度都小）气水比＝（12~15）：1；

3）针织物的漂染/棉线的高温染色/牛仔漂洗废水气水比＝（10~12）：1；

4）牛仔布经线的浆染和缝纫线、拉链布等的染色废水，其特点为：COD_{Cr}高（4 000~6 000 mg/L），色度高（2 000~3 000 倍），硫化物高（300~500 mg/L），废水的可生化性差，气水比＝（25~30）：1；

5）生活污水，风机每小时曝气量为 50 m^3，水泵进水量为每小时 10 m^3，气水比＝Q_{blower}/Q_{pump}＝50：10＝5：1。

（4）风机选型

风机的选型主要考虑空气量、风压和损失等（表 5-32）。

表 5-32 曝气风机选型模板

序号	名称	水头损失	P_{blower}	Q_{blower}

例如，$Q_{blower} = 14\,580\ \text{m}^3/\text{h} = 243\ \text{m}^3/\text{min}$。空气扩散装置安装在距离池底 0.2 m 处，曝气池有效水深为 4.2 m，空气管路内的水头损失按 1.0 m 计，则空压机所需压力为 $P_{blower} = （4.2－0.2＋1.0）×9.8 = 49\ \text{kPa}$。

根据所需压力及空气量，选择 RE-250 型罗茨鼓风机，共 5 台，该鼓风机风压 49 kPa，风量 75.8 m^3/min。正常条件下，3 台工作，2 台备用；高负荷时，4 台工作，1 台备用。

课程设计

用 Excel 电子表格设计出环保设备系统水、气、固体废物等相关工艺电气设备、执行器等选型汇总表。

思考题

1．图 5-18、图 5-19、图 5-20、图 5-21 所示电气原理图中，主电路和控制电路分别指哪部分？主令开关的特点是什么？

2．图 5-18、图 5-19 所示电气控制图中，电路设计有何缺陷？

3．描述图 5-20 所示电气原理图中，自锁、互锁和限位控制过程。

第6章 环保设备自动化

环保工程的突出特点是基于更为复杂并且存在许多监测滞后性与不确定性的传统工艺，这不仅给环保产业的运营人员带来许多管理上的不便，给环保产品输出及环保企业污染排放达标带来限制，也给该产业控制过程中自动化技术的应用，带来更多的障碍与阻力。

6.1 环保设备自动化概述

环保设备系统自动化是基于系统完整、科学、合理工艺支撑的环保工程工艺点设备的连锁、闭环监控输出过程的有效实施。其目的是注重环境污染治理、生产过程中人和设备的安全性，追求经济性，实现该过程高效处理与低成本运营，有效抑制源负荷输入冲击和外部干扰，确保运行过程长期稳定。

6.1.1 环保设备自动化功能系统

（1）组成

主要功能系统包括数据采集系统（data acquisition system，DAS）、状态监控系统（condition monitoring & controlling system，CMCS）、模拟量监控系统（value monitoring & control system，AMCS）、电气控制系统（electric control system，ECS）。

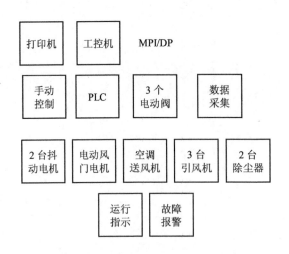

图 6-1 环保设备自动化监控系统硬件配置举例

（2）功能

统一监视与控制、工艺坏点报警、工艺处理联锁、设备与器件保护。

（3）硬件与信号通道

1）辅助电源（驱动电源）通道，L（line）-AC 220V，N（neutral）-中线。环保设备自动化监控系统信号通道见图 6-2。

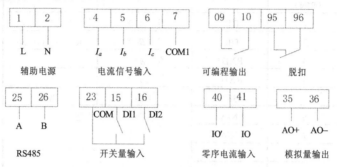

图 6-2 环保设备自动化监控系统信号通道

2）交流电流信号输入通道 I_a、I_b、I_c，见图 6-3。

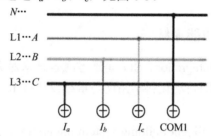

图 6-3 交流电流信号输入通道

3）可编程输出，开关量输出通道，标号为 Y0/Q0.0，注意其 Ci 或 iL 公共端（$i = 0$、1⋯）。

4）脱扣，常闭触点 NC 控制通道。

5）RS-485 总线通道为差分信号形式：A（＋）、B（－），接收多于发送。RS-485 信号见图 6-4。

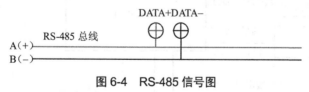

图 6-4 RS-485 信号图

①PROFIBUS 在 DB9 引脚协议中对应的是 3（＋）红线，8（－）绿线；

②其他 DB9 引脚协议各不相同，参照说明或咨询客服（DOP7，1+、8–）；

③开关量输入即状态监测单元采样通道，DI1、DI2，注意开关量输入方式的源与漏接法设计；

④零序电流输入即 0 通道模拟电流输入（AD），0 通道电流方向规定为 I0+（流入）、I0–（流出），电流范围一般为 0～20 mA；

⑤模拟量输出即 DA 转换输出，其输出端子号一般为 AO+、AO–，常见 0～20 mA（0～10V）。

DB9 引脚功能定义见图 6-5。

DB9 针型（PIN）	输出信号	RS-422 全双工接线	RS-485 半双工接线
1	T/R+	发（$A+$）	RS-485（$A+$）
2	T/R–	发（$B-$）	RS-485（$B-$）
3	RXD+	收（$A+$）	空
4	RXD–	收（$B-$）	空
5	GND	地线	地线
6	N/A	DB9 针型	
7	N/A		
8	N/A		
9	N/A		

图 6-5　DB9 引脚功能定义

6.1.2　环保设备集成化功能系统

系统集成技术（system integration，SI）是通过融合技术对大工程、大系统、大型装置进行面向用户定制的开发，即自动化科学拓展与重组设计技术。

（1）智能建筑系统集成

智能建筑系统集成（intelligent building system integration，IBSI），如楼宇智能化技术等将相关设备、软件进行集成设计、安装调试、界面定制开发和应用支持。

（2）设备系统集成

设备系统集成（equipment system integration，ESI），主要是指基于计算机硬件的机电设备安装类的强电集成（图 6-6）。

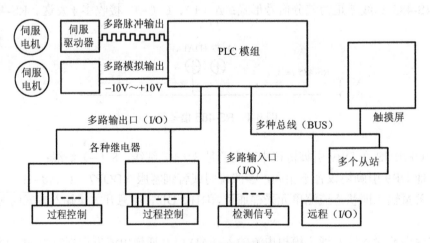

图 6-6　工业过程设备集成技术

（3）环保设备系统集成

环保设备系统集成（enviromental equipment integration，EEI）首先是处理工艺的集成

（化工、石油、人体内循环消化仿生等）；其次是各种交叉技术的集成；最后是工艺环节设备与工艺点器件的集成。

（4）智能控制集成技术

智能控制集成（intelligent control integration，ICI），软件资源是智能控制技术中最重要和最关键要素，包括仿人的特征提取技术、目标自动辨识技术、知识的自学习技术、环境的自适应技术、最佳决策技术等（图6-7）。

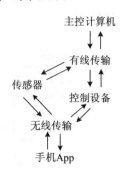

图 6-7 智能控制集成系统

6.2 典型环保设备的 PLC 自动化系统

环保设备自动化是其电气化的控制的继承与环保污染处理工艺的自动化发展。

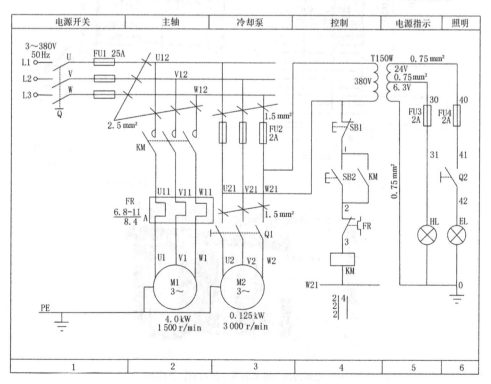

图 6-8 设备电气化控制原理

6.2.1 PLC

（1）PLC 设备系统

1）整体式 PLC。

见图 6-9（a）。

2）模块式 PLC。

见图 6-9～图 6-14［图 6-9（a）除外］。

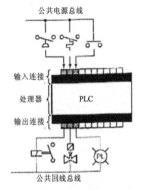

（a）可编程逻辑控制器的典型部件

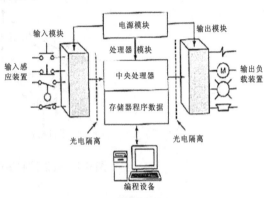

（b）固定 I/O 配置

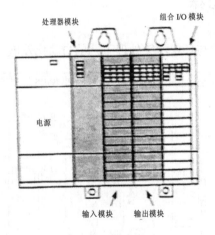

（c）模块配置

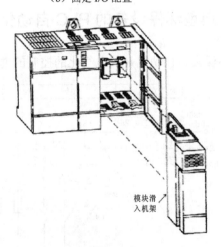

（d）模块配置

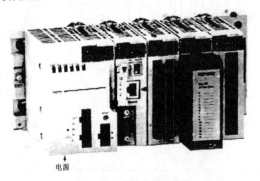

（e）电源为插入机架的其他模块提供直流电

图 6-9 PLC 设备系统

（2）PLC 硬件部件与接口器件

1）PLC 硬件部件（PLC hardware components）。

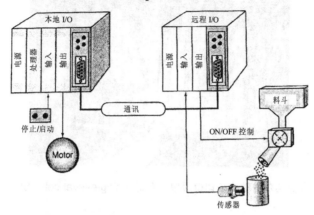

图 6-10　PLC 硬件部件：PLC 的本地（local）和远程（remote）I/O 模块

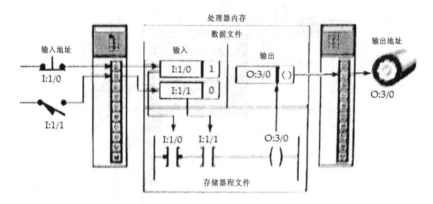

图 6-11　SLC 500 系列 PLC 的位电平（level bit）寻址

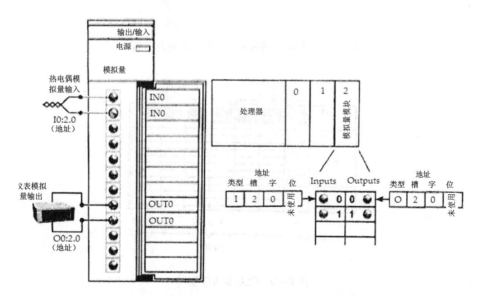

图 6-12　SLC 500 系列 PLC 的字电平（数值模拟电平）寻址

图 6-13 罗克韦尔自动化公司单级单元存储（single-level cell，SLC）的 PLC

2）PLC 接口部件（interface components to a PLC）。

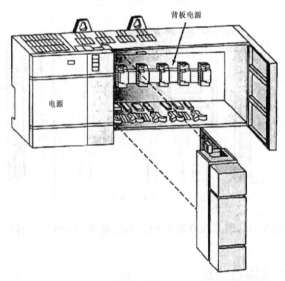

图 6-14 模块从背板接收到电流和电压示意

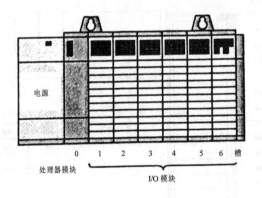

图 6-15 PLC 的 I/O 模块

表 6-1　离散型 I/O 接口模块标定

输入接口	输出接口
12V AC/DC/24V AC/DC	12～48V AC
48V AC/DC	120V AC
120V AC/DC	230V AC
230V AC/DC	120V DC
5V DC（TTL level）	230V DC
	5V DC（TTL level）
	24V DC

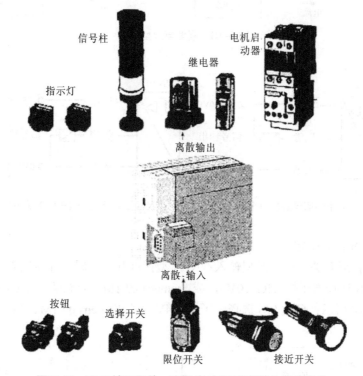

图 6-16　PLC 接口器件：离散/数字/开关量输入输出器件

（3）PLC 的开关量 I/O

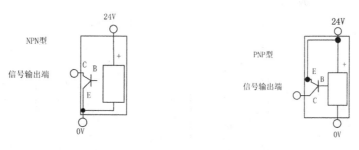

图 6-17　接近开关传感器

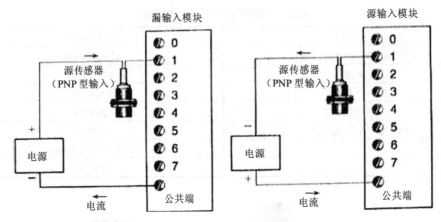

图 6-18　漏型与源型输入

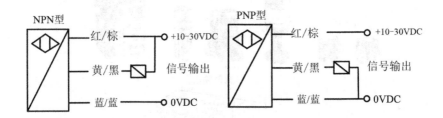

图 6-19　由外部信号触发（物体接近）时的 NPN-NO 漏型与 PNP-NO 源型信号输出

1）源/漏 DI 输入确定。

①PNP 型接近开关，属于源型输入；NPN 型接近开关，属于漏型输入。

②台达 S/S 选择端子接 24G（0V），或 Siemens 的 1M、2M 端子接 L+的 M 点，源型输入，如图 6-20 所示；台达 S/S 选择端子接+24V，或 Siemens 的 1M、2M 端子接 L+，漏型输入。

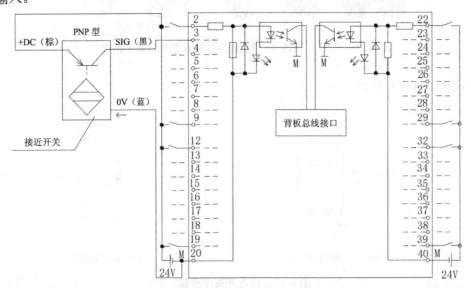

图 6-20　S7-300 SM231（模拟输入模块）：DI 32×DC 24V 与 PNP 型接近开关传感器接线

2）源/漏 DO 输出确定。

①漏 DO 输出，见图 6-21 左图，Y0/Q0.0 接入电流流出（I–/N）侧；

②源 DO 输出，见图 6-21 右图，Y0/Q0.0 接入电流流入（I+/L）侧。

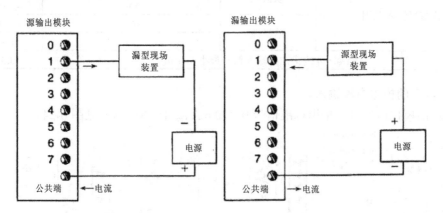

图 6-21　漏型与源型输出

（4）PLC 的模拟量 I/O

PLC 的模拟量输入（变送器电平）与输出（指示器电平）见图 6-22。

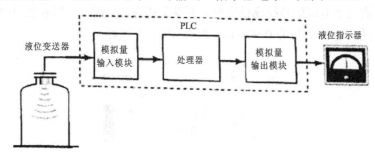

图 6-22　PLC 的模拟量输入（变送器电平）与输出（指示器电平）

1）模拟电压输入。热电偶监测温度模拟电压信号示意见图 6-23。

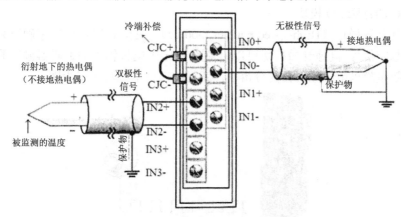

图 6-23　热电偶监测温度模拟电压信号

注：低电压电平抗噪声干扰差，屏蔽电缆的屏蔽层必须良好接地。

表 6-2　双极性与单极性电压信号

模拟量电压输入	极性	绝对最大值	范围
模拟量输入范围	双极性	10V	−10～+10V
		5V	−5～ +5V
	单极性	10V	0～+10V
		5V	0～+5V
分辨率=可被感知的输入信号最小变化值			0.3 mV

2）PLC 的模拟电流输入。

PLC 的模拟电流输入采用标准信号 0～20 mA 或 4～20 mA，见图 6-24。

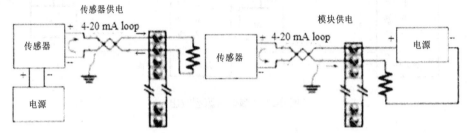

图 6-24　模拟电流信号（传感器和模拟模块供电方式）

电流输入信号比电压信号抗噪性更好，不受距离限制。所以，图 6-25 中的液位传感器（level sensor）选择输出信号为 0～20 mA 或 4～20 mA 更好。

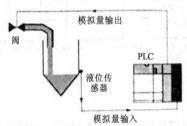

图 6-25　典型模拟 I/O 控制系统

（5）PLC 的特殊 I/O 模块

PLC 高速计数模块（High-speed counter module），见图 6-26，可以精确地测量和计数快速变化的数字信号。高速计数模块可以记录图 6-26 中电机轴上的编码器输出的高速脉冲数，该脉冲数量除以电机编码器的分辨率，就可以得出电机转了多少圈。

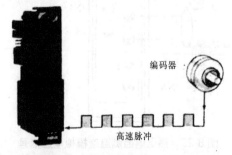

图 6-26　高速计数模块（用于为大于梯形图程序计数器响应速度提供一个应用接口）

（6）PLC 中央处理器（central processing unit，CPU）

如图 6-27 所示 ，中央处理器是可编程控制器的核心，它在系统程序的控制下，完成逻辑运算、数学运算，协调系统内部各部分按指令逻辑工作。典型的 PLC 处理模块见图 6-28，该模块上电池（battery）用来备份处理器 RAM 中的数据，见图 6-29。CPU 中的存储器模块（memory module）中有易失型 RAM 数据存储器［见图 6-30（a）］和非易失型 EEPROM 程序存储器［见图 6-30（b）］。此外，还有保存程序的闪卡（flash card），见图 6-31。

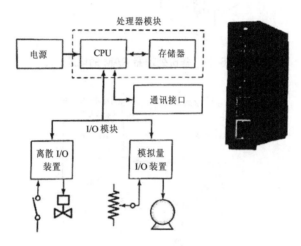

图 6-27　处理器模块

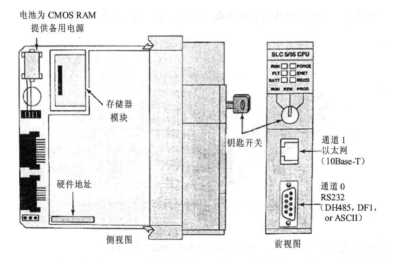

图 6-28　典型的处理器模块

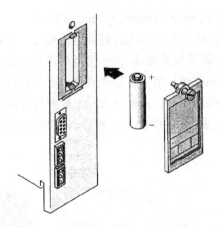

图 6-29　备份处理器 RAM 的电池

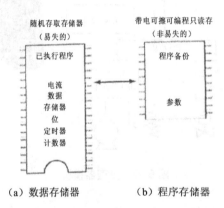

（a）数据存储器　　　　　（b）程序存储器

图 6-30　EEPROM 存储器模块（用于存储、备份或传输 PLC 程序）

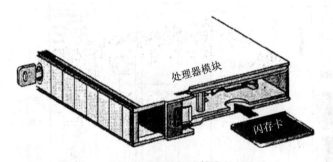

图 6-31　安装在处理器的插槽中的闪存卡

（7）PLC 便携式编程装置（programming terminal devices）

PLC 便携式编程装置通常指手持式编程终端［图 6-32（b）］，就是市面通用的手持式编程器。手持式编程器可以用来给 PLC［图 6-32（a）］写入程序、读出程序、插入程序、删除程序以及监视 PLC 的工作状态等。因手持式编程器的便携式形体，被广泛应用于微型和小型 PLC 的用户编程、现场调试和监控。

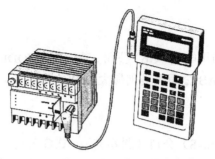

（a）PLC 主机　　　（b）手持式编程终端

图 6-32　手持式编程终端

（8）记录与检索数据（recording and retrieving data）

PLC 记录与检索数据一般通常选用 PLC 存储卡 SD（放于图 6-33 所示的内存盒中），用于保存用户程序和数据，方便携带。不装存储盒时，程序都是下载到 PLC 内部 RAM 中，而当装有存储盒时，可以选择下载到存储盒内，这样就起到了方便携带程序的作用。有些存储盒还具有程序传送功能，同时可以扩充 PLC 容量。存储盒也可用于存储数据，如传感器数据、生产过程参数、日志文件等。这些数据可以在需要时被读取和处理，以支持监测、分析和优化生产过程。

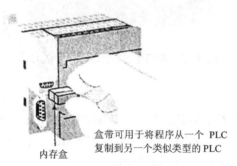

盒带可用于将程序从一个 PLC
复制到另一个类似类型的 PLC

内存盒

图 6-33　存储盒为用户程序提供便携式存储

（9）人机界面（human machine interfaces，HMIs）

HMIs 一般作为 PLC 本地监控的上位机（图 6-34）。

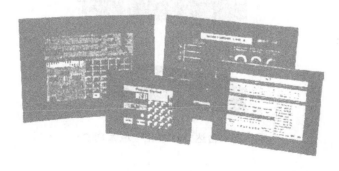

图 6-34　HMIs

（10）PLC 流派

1）美国 PLC 产品。

著名的有 AB 公司、通用电气（GE）公司、莫迪康（MODICON）公司、德州仪器（TI）公司、西屋公司等。其中 AB 公司是美国最大的 PLC 制造商，其产品约占美国 PLC 市场的 1/2。

2）欧州 PLC 产品。

德国的西门子（SIEMENS）公司（图 6-35）、AEG 公司、法国的 TE 公司是欧洲著名的 PLC 制造商。德国的西门子的电子产品以性能精良而久负盛名，在中、大型 PLC 产品领域与美国的 AB 公司齐名。

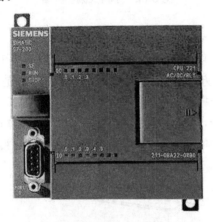

图 6-35　西门子 S7-200（单体 PLC）

3）日本 PLC 产品。

日本的小型单体 PLC 最具特色，如三菱（MITSUBISHI）、欧姆龙（OMRON）、松下（NAIS/PANASONIC）、富士（FUJI）、日立（HITACHI）、东芝（TOSHIBA）等，在世界小型 PLC 市场上，日本产品约占 70% 的份额。

4）中国 PLC 产品。

中国 PLC 的公司主要有台湾永宏（FATEK）、台达（DELTA，图 6-36）、和利时（HOLLiAS）。

图 6-36　台达 DVP-24E（单体 PLC）

（11）PLC 选型技巧

1）确定 PLC 输入/输出点，I/O 点数选择时台达要留出适当余量。

2）对于 PLC 存储容量，有模拟量信号或有大量数据处理时，容量选择大些的。

3）存储维持时间：

①与使用次数有关（一般存储保持 1～3 年）；

②长期或掉电保持可选 EEPROM（不需备用电源）或外用存储卡盒。

4）PLC 的扩展，通过增加扩展模块、扩展单元与主单元连接的方式。

5）PLC 的联网，分为 PLC 与计算机联网以及 PLC 之间相连。

6.2.2　PLC 控制原理

（1）电气控制程序化（programmable electrical control）

PLC（可编程逻辑控制器）的诞生和发展可以追溯到 1968 年、1969 年，当时美国通用汽车公司（GM）提出了取代电气继电器控制装置的要求，美国数字公司（Digital Equipment Corporation）研制出了第一代可编程控制器，即用可编程的软继电器（图 6-37 中的 X0-NO、X0-NC、Y0-PLC coil）取代了电气控制继电器（图 6-37 中的硬件继电器-NO、硬件继电器-NC、硬件继电器-relay coil），满足了 GM 公司装配线的需求，实现了装配线电气控制的程序化。

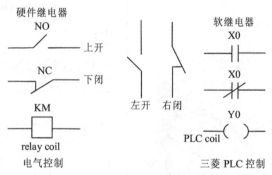

图 6-37　从电气控制到 PLC 控制

（2）PLC 工作方式与 PLC 执行程序过程

PLC 工作方式与 PLC 执行程序过程是典型的周期性扫描循环式执行满足逻辑条件的每句程序，如图 6-38 所示：读取输入（read inputs）→执行程序（execute program）→诊断与通信（diagnostics & communication）→更新输出（update outputs）→读取输入（read inputs）。

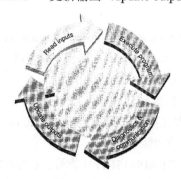

图 6-38　典型的 PLC 扫描循环（typical PLC scan cycle）

（3）依据对象及其工艺点类型（DI/DO/AI/AO）定位 PLC 监控编程方法

根据设备的处理工艺，分析提炼出该设备的监测与控制工艺，再根据监测与控制工艺中的功能模块，分类进行采样、标定、工艺算法、控制负载等模块化形式程序设计与编写。

6.2.3 PLC 模拟信号的采样与 PID 调整

6.2.3.1 压力与温度等环境差量监测

1）根据压力传感变送器采集信号类型选择数据采集系统（data acquisition system, DAS），即 PLC 的 A/D 模块。

①采集信号：0～20 mA（或 4～20 mA）、0～10V（-10V～+10V）；

②PLC 的 A/D 模块：EM231 AI8×12BIT（货号：6ES7 231-0HF22-0XA0）。

EM231（货号：6ES7 231-0HF22-0XA0）模块与接线端子图见图 6-39。

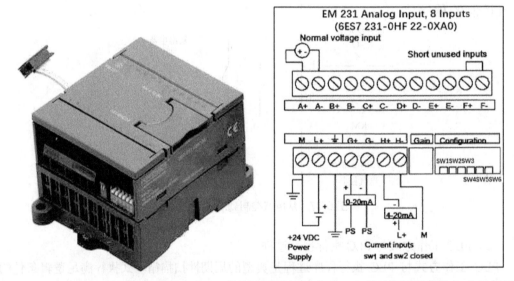

注：PS 为 4 线制变送器（仪表）外接电源；4～20 mA 信号电流配置中少去的 0～3 mA 用于信号断线检测（SF 红灯会闪烁）。

图 6-39　EM231 模块与接线端子图

图中 A+、A-～E+、E-为 6 路标称电压输入（normal voltage Input），标准电压输入范围为 0～10V。F+、F-通路未使用，应短连；L+、M 为直流+24V 电源输入，防止模拟输入干扰，电源负（M）接保护地（⏚，黄绿色相间线）。G+、G-，对应使用四线制仪表（第 3 章图 3-36），0～20 mA 是负载 R_L 流过电流，G+电流流入侧，PS 为电源，四线制仪表外接电源。H+、H-，二线制仪表（第 3 章图 3-33），4～20 mA 相当于负载电阻 R_L 上流过的电流，即 H+与 L+之间接入负载电阻 R_L。

③PLC 的 A/D 模块：EM231 AI8×12BIT（货号：6ES7 231-0HC22-0XA0）。

a）EM231（货号：6ES7 231-0HC22-0XA0）模块与接线端子图见图 6-40。

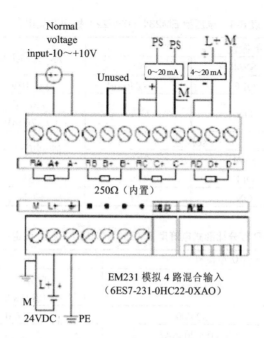

图 6-40　EM231 AI4×12BIT（6ES7-231-0HC22-0XA0）4 路混合输入模块

EM231（0HC22）数字信号分辨率与极性数字量范围见表 6-3。

表 6-3　EM231（0HC22）数字信号分辨率与极性数字量范围

分辨率，满量程		
•电压	12 位，加符号位	11 位，加符号位
•电流	11 位	11 位
数据字格式		
•电压	−32 767～+32 767	−32 767～+32 767
•电流	0～+32 767	0～+32 767

b）RA（…RC）与 A+（…C−）短接，再用 PT100 变送器将电阻信号变成标准的模拟信号（normal current input，0～20 mA），电流正端子（A+）流入。

c）注意+24V 电源负 M 接保护地、电流流出侧（−）接 M。

d）可接热电偶、热电阻，但都需变送为标准电压、电流信号。

e）有二线制（4～20 mA）、四线制（0～20 mA）仪表电流输入接法。

EM 231（0HF22）的配置，表 6-4 显示了如何使用配置 DIP 开关来配置电压型输入 EM 231 模块。开关 3、4 和 5 选择模拟输入范围。使用开关 1 和开关 2 选择当前模式输入。EM 231（0HF22）扩展模拟量输入模块有电压型输入（表 6-4）和电流型输入（表 6-5）两种模式输入。所有输入都设置为相同的模拟输入范围。在该表中，ON-打开，OFF-关闭。开关设置仅在电源打开时读取。

表 6-4　电压型 EM231（0HF22）拨码开关组态

单极性			满刻度输入	分辨率
SW3	SW4	SW5		
ON	OFF	ON	0 to 10V	2.5 mV
	ON	OFF	0 to 5V	1.25 mV
			0 to 20 mV	5 μA
SW3	双极性		满刻度输入	分辨率
	SW4	SW5		
OFF	OFF	ON	±5V	2.5 mV
	ON	OFF	±2.5V	1.25 mV

表 6-5　给定 SP 百分比形式电流型 EM231（0HF22）参数设定（参照表 7-3）

范围		反馈 PV-单极性	给定 SP	
	实际物理量	模拟量输入值	百分比形式 （占 0～16MPa 的百分比）	物理工程 单位形式
高限	16MPa	32 000	100.0	$n \times 16.0$
低限	0 MPa	0（0～20 mA）	0.0	0.0
		6 400（4～20 mA），补偿 20%		

EM231（0HF22）（货号：6ES7 231-HF22-0XA0）模块说明见表 6-6。

表 6-6　EM231 说明（0HF22）（Description）

说明	EM 231 Analog Input，B Inputs
货号	6ES7 231-HF22-0XA0
尺寸（W×H×D）	71.2 mm×80 mm×62 mm
重量	190 g
能耗	2W
直流电源 VDC 要求 +5 VDC +24	20 mA 60 mA
输入路数	8
可拆卸连接器	no
数据字格式	模拟输入转换的数字量范围标定 −32 000 to +32 000 0 to +32 000
双极性，全量程范围	＞2MΩ voltage input，250Ω current
单极性，全量程范围	−3 db at 3.1 kHz
直流输入阻抗	30 VDC
输入滤波衰减	40 mA
分辨率 Bipolar Unipolar	11 位加 1 位符号位 11 bits

隔离（现场到逻辑）	None
输入类型	差分电压，电流可选择一个通道
输入范围	
Ch 0～5	+10，+5，±5，and ±2.5
Ch 6～7	+10，+5，±5，±2.5，and 0…20 mA
输入分辨率	见第 2 页表
模拟量到数字量转换时间（A/D 转换时间）	<.250 μS
模拟输入阶跃响应	1.5 mS to 95%
共模抑制	40 db，DC to 60 Hz
共模电压	信号电压加上共模电压必须<±12V
LED 指示	如果存在外部 24 VDC，则点亮
24VDC 电源电压范围	2 级，有限功率，或来自 PLC 的传感器电源

2）根据温度传感器采集信号类型选择数据采集系统（Data Acquisition System，DAS），即 PLC 的 A/D 模块。例如，6ES7 231-7PD22-0XA0 热电偶 [图 6-41（a）]、热电阻 [图 6-41（b）] 温度采样模块，分出不同输入通道：

①不需要变送器，直接接入热电偶（电压型）、热电阻（电流型）；

②热电偶高电位端接 A+，低端接 A–；

③6ES7 231-7PD22-0XA0 热电偶输入 DIP 拨码开关组态见图 6-42；

④6ES7 231-7PD22-0XA0 热电偶不同分度号对应的测量值与模拟量输入数字化对照见图 6-43；

⑤用 100Ω 的电阻按照已用通道相同的接线方式连接到未接传感器的通道，可去 SF 闪烁；

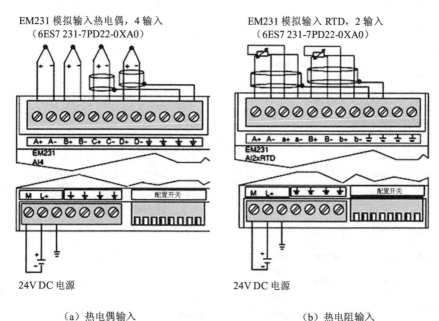

EM231 模拟输入热电偶，4 输入
（6ES7 231-7PD22-0XA0）

EM231 模拟输入 RTD，2 输入
（6ES7 231-7PD22-0XA0）

A+ A- B+ B- C+ C- D+ D- ★ ★ ★ ★
EM231 AI4

A+ A- a+ a- B+ B- b+ b- ⏚ ⏚ ⏚ ⏚
EM231 AI2xRTD

M L+ + ★ ★ ★ ★　配置开关

M L+ ★ ★ ★ ★　配置开关

24V DC 电源

24V DC 电源

（a）热电偶输入

（b）热电阻输入

图 6-41　EM231 AI4×12BIT（6ES7 231-7PD22-0XA0）信号接线端子图

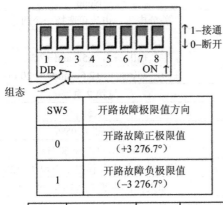

热电偶类型	SW1	SW2	SW3
J（默认）	0	0	0
K	0	0	1
T	0	1	0
E	0	1	1
R	1	0	0
S	1	0	1
N	1	1	0
+/−80 mV	1	1	1

SW5	开路故障极限值方向
0	开路故障正极限值（+3 276.7°）
1	开路故障负极限值（−3 276.7°）

SW6	断线检测	SW7	测量单位	SW8	冷端补偿
0	使能断线检测	0	摄氏度	0	使能冷端补偿
1	禁止断线检测	1	华氏度	1	禁止冷端补偿

图 6-42　EM 231（6ES7 231-7PD22-0XA0）热电偶输入 DIP 拨码开关组态

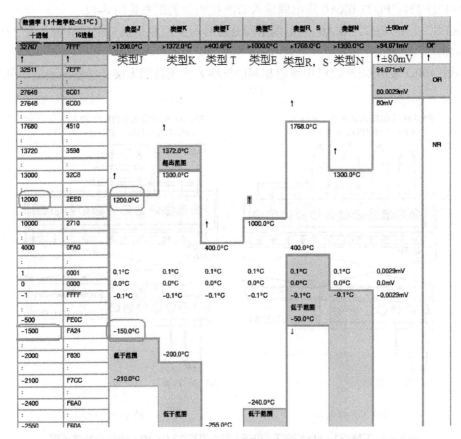

注：国际上热电偶分为 8 个分度号：J、K、T、E、B、R、S、N、±80 mV（此处不支持 B 分度）。

图 6-43　（7PD22）不同分度的热电偶温度测量值与模拟输入对照表

⑥模块内部软件检测出外接热电阻（RTD）断线，或者输入超出范围 SF 红灯闪烁；

⑦热电阻（RTD）接入 A+、A–，且 A+与 a+短接、A–与 a–短接，L+的负极 M 不需要接保护地；

⑧6ES7 231-7PD22-0XA0 热电阻（RTD）类型选择拨码开关组态见表 6-7；

表 6-7 （7PD22）RTD 组态类型选择

RTD 类型	温度系数	SW1	SW2	SW3	SW4	SW5
Pt 100	0.003 850	0	0	0	0	0
Pt 200	0.003 850	0	0	0	0	1
Pt 500	0.003 850	0	0	0	1	0
Pt 1000	0.003 850	0	0	0	1	1
Pt 100	0.003 920	0	0	1	0	0
Pt 200	0.003 920	0	0	1	0	1
Pt 500	0.003 920	0	0	1	1	0
Pt 1000	0.003 920	0	0	1	1	1
Pt 100	0.003 850 55	0	1	0	0	0

⑨6ES7 231-7PD22-0XA0 热电阻（RTD）接线方式、开路故障监测以及华氏温度、摄氏温度设定 DIP 拨码开关组态见表 6-8。

表 6-8 （7PD22）DIP 拨码开关组态

SW6	开路故障极限值方向	SW7	单位	SW8	接线方式
0	开路故障正极限值（+3 276.7°）	0	摄氏度	0	3 线
1	开路故障负极限值（–3 276.7°）	1	华氏度	1	2 线或 4 线

3）模拟量的数字转换标定（A/D）的环保设备工程量标定。

例 6-1：EM231（0HF22）的 A 通道，输入端接一块温度变送器，该变送器输入 0～100℃，输出 4～20 mA。

线性 A/D 的数字转换标定。

温度 T 与 AIW0 单元的数字量转换关系：

$$T = \frac{(\text{AIW0} - 6\,400)(20 - 4)}{32\,000 - 6\,400} \times \frac{100 - 0}{20 - 4} = \frac{\text{AIW0} - 6\,400}{256}$$

该标定对应的 S7-200 PLC 梯形图程序见图 6-44。

a）Int（VW20）←Inf[（AIW0）–6400]，整型变量减法；

b）Int（VW30）←Inf[（VW20）/256]，整型变量除法。

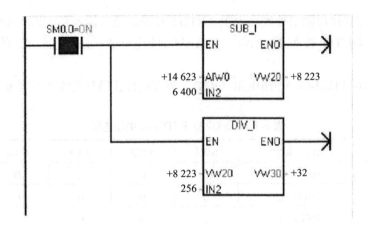

图 6-44　S7-200 EM 231 模拟量输入与环保设备工程温度变量标定程序

6.2.3.2　S7-200 PLC 模拟量的 PID

1）在 Micro/WIN V4.x 的 PID 控制回路向导中进行设定点和标定的实际值（图 6-45）。

①传感器量程 0～10V 或 0～20 mA 对应于实际物理测量值（如 0～16MPa）。

a）单极性（unipolar）；

b）0～10V 或 0～20 mA 对应 0～32 000；

c）4～20 mA 对应 6 400～32 000（4 mA 偏移量占 0～20 mA 的 20%）。

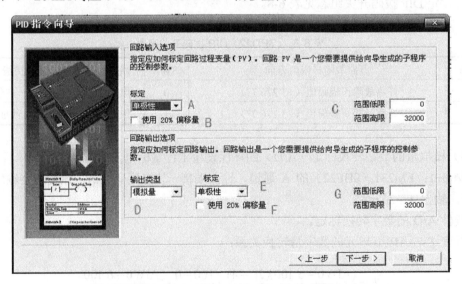

图 6-45　PID 向导中信号的极性与数字量范围标定

②温度传感器实际 1℃对应数字值标定放大 10 倍。

a）J 分度热电偶值范围：0～1 200℃，标定 0～12 000；

b）RTD 传感器 PT100 物理数值范围：0～370℃，标定 0～3 700；

c）RTD 传感器 PT100 数值范围：–30～60℃，标定–300～600。

2）Micro/WIN V4.x 的 PID 控制回路向导（图 6-46～图 6-54）。

点"工具"，选"指令向导"。

①指令向导窗口。

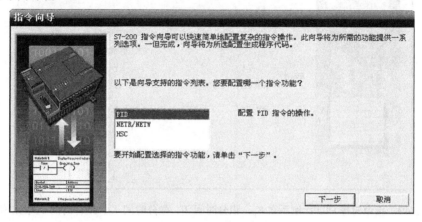

图 6-46　指令向导 PID 窗口

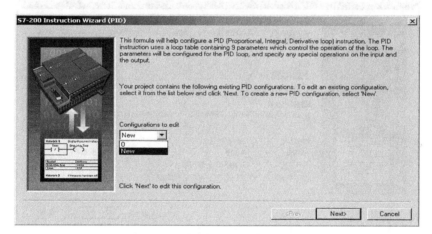

图 6-47　指令向导 PID 新建窗口

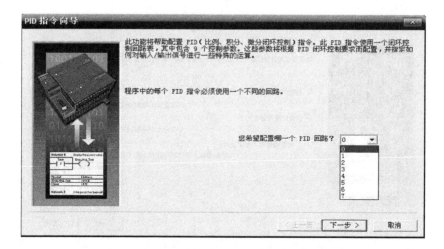

图 6-48　指令向导 PID 回路号选择窗口

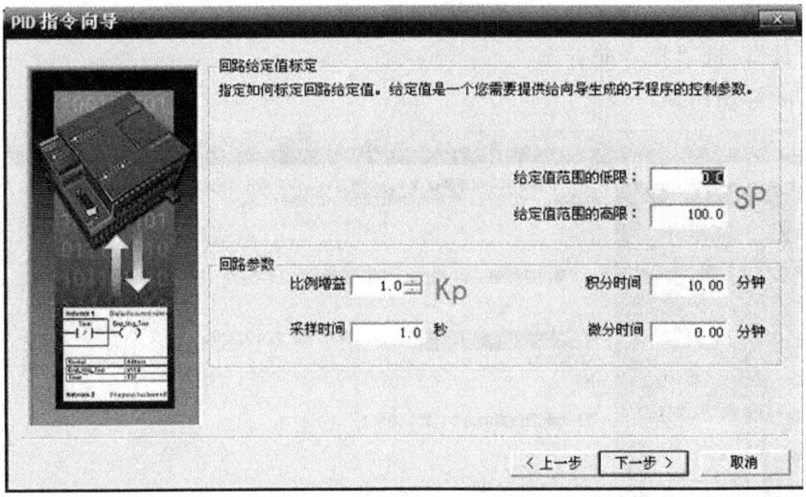

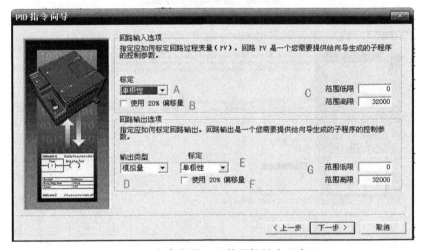

图 6-49　指令向导 PID 比例系数 K_p、积分时间 T_i、微分时间 T_d、采样时间 T_s 设定窗口

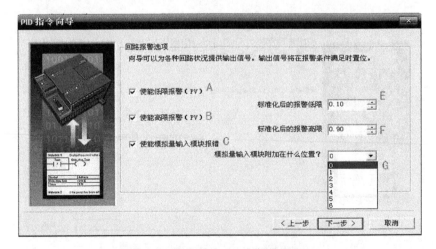

图 6-50　指令向导 PID 信号极性定义窗口

图 6-51　指令向导 PID 回路选择窗口

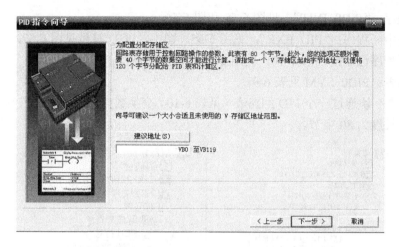

图 6-52 指令向导 PID 存储区首地址定义窗口

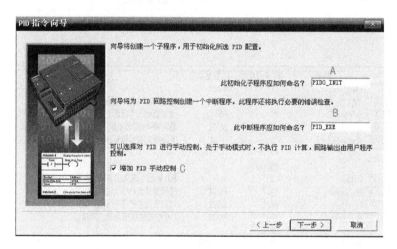

图 6-53 指令向导 PID 初始化子程序窗口

②一旦点击完成按钮，将在项目中生成 PID 子程序、中断程序及符号表等。

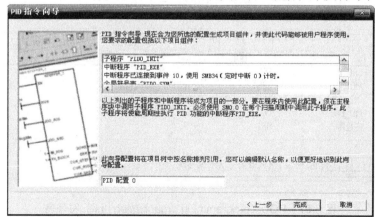

图 6-54 指令向导 PID 子程序设计完成窗口

③子程序："PID0_INIT"，见图 6-55 和图 6-56。

④定时中断程序："PID_EXE"，见图 6-55，图中，POU 符号见图 6-57。

⑤中断程序已连接到事件 10，使用 SM34（定时中断 0）计时。

⑥符号表：PID0_SYM 见表 6-9。

⑦PID 指令块通过一个 PID 回路表（见表 6-10）交换数据，这个表是在 V 数据存储区中的开辟，长度为 80 字节。

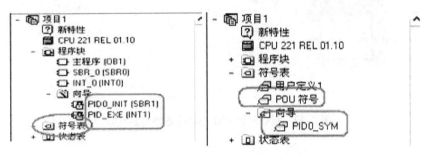

图 6-55 子程序"PID0_INIT"和中断程序"PID_EXE"

	符号	变量类型	数据类型	注释
	EN	IN	BOOL	
LW0	PV_I	IN	INT	过程变量输入：范围从 6400 至 32000
LD2	Setpoint_R	IN	REAL	给定值输入：范围从 0.0 至 100.0
L6.0	Auto_Manual	IN	BOOL	自动/手动模式（0＝手动模式，1＝自动模式）
LD7	ManualOutput	IN	REAL	手动模式时回路输出期望值：范围从 0.0 至 1.0
		IN		
		IN_OUT		
LW11	Output	OUT	INT	PID 输出：范围从 6400 至 32000
L13.0	HighAlarm	OUT	BOOL	过程变量（PV）＞报警高限（0.90）
L13.1	LowAlarm	OUT	BOOL	过程变量（PV）＜报警低限（0.10）
L13.2	ModuleErr	OUT	BOOL	0 号位置的模拟量模块有错误……
		OUT		
LD14	Tmp_DI	TEMP	DWORD	
LD18	Tmp_R	TEMP	REAL	
		TEMP		

图 6-56 子程序"PID0_INIT"语句表

		符号	地址	注释
1		SBR_0	SBR0	子程序注释
2		PID0_INIT	SBR1	此 POU 由 S7-200 指令向导的 PID 功能创建。
3		INT_0	INT0	中断程序注释
4		PID_EXE	INT1	此 POU 由 S7-200 指令向导的 PID 功能创建。
5		主程序	OB1	程序注释

用户定义1 \ POU 符号 \ PID0_SYM

图 6-57 POU（programming organization unit）符号表

表6-9 PID0_SYM 全局符号

符号量	地址	注释说明
PID0_Low_Alarm	VD236	报警低限
PID0_High_Alarm	VD232	报警高限
PID0_Mode	V202.0*	PID 调整模式，VB202 对应 V202.0～V202.7
PID0_WS	VB202*	PID 调整模式工作状态字节地址
PID0_D_Counter	VW200*	积分和或微分和项前值，
PID0_PVn-1	VD152	最后一次执行 PID 指令的过程变量值 PV_n-1
PID0_D_Time	VD144	微分时间（T_d）单位为 min，且正数
PID0_I_Time	VD140	积分时间（T_i）单位为 min，且正数
PID0_SampleTime	VD136	采样时间（T_s）单位为 s，且正数
PID0_Gain	VD132	回路增益（K_c）可正可负
PID0_Output	VD128	标准化的回路输出计算值（M_n）
PID0_SP	VD124	标准化的过程给定值（ManualOutput）
PID0_PVn	VD120	标准化的过程变量，n=120，见 PID 回路表（表6-10）
PID0_Table	VB120	PID 0 的回路表起始地址

⑧必须把实际的物理量（压力、温度）与 PID 功能块需要的（或者输出的）数据之间进行转换，即输入/输出的转换与标准化处理。PID 配置数据保存在数据块的地址在数据项 PID0_DATA，见表6-11。

表6-10 PID 回路表

偏移量	域变量名	数据格式	类型	取值范围
0	反馈量（PV_n）	双字实数	输入	应在 0.0～1.0
4	给定值（SP_n）	双字实数	输入	应在 0.0～1.0
8	输出值（M_n）	双字实数	输入/输出	应在 0.0～1.0
12	增益（K_c）	双字实数	输入	比例常数，可正可负
16	采样时间（T_s）	双字实数	输入	单位为 s，必须为正数
20	积分时间或复位（T_i）	双字实数	输入	单位为 min，必须为正数
24	微分时间或速率（T_d）	双字实数	输入	单位为 min，必须为正数
28	偏差 MX	双字实数	输入/输出	应在 0.0～1.0
32	反馈量前值（PV_n-1）	双字实数	输入/输出	最后一次执行 PID 指令的过程变量值

36～79 保留给自整定变量

表6-11 PID0_DATA 数据块（Data Block）

PID0_PV:	VD120	0.0	//过程变量（PV_n）
PID0_SP:	VD124	0.0	//回路给定值（SP_n）
PID0_Output	VD128	0.0	//回路输出计算值（M_n）
PID0_Gain:	VD132	1.0	//回路增益（K_c）可正可负
PID0_SampleTime:	VD136	1.0	//采样时间（T_s）单位为 s，且正数
PID0_I_Time:	VD140	10.0	//积分时间（T_i）单位为 min，且正数
PID0_D_Time:	VD144	0.0	//微分时间（T_d）单位为 min，且正数

VD148	0.0	//积分项前值（积分和或微分和项前值）
VD152	0.0	//过程变量前值（PV_n-1 反馈量前值）
VB156	'PIDA'	//扩展回路表标志
VB160	16#00	//算法控制字节
VB161	16#00	//算法状态字节
VB162	16#00	//算法结果字节
VB163	16#03	//算法配置字节
VD164	0.08	//从'高级'按钮或默认设置的偏差值
VD168	0.02	//从'高级'按钮或默认设置的滞后死区值
VD172	0.1	//从'高级'按钮或默认设置的起始输出步长值
VD176	7200.0	//从'高级'按钮或默认设置的看门狗超时值
VD180	0.0	//由自动调节算法决定的增益值
VD184	0.0	//由自动调节算法决定的积分时间值
VD188	0.0	//由自动调节算法决定的微分时间值
VD192	0.0	//选择自动计算选项时由算法计算的偏差值
VD196	0.0	//选择自动计算选项时由算法计算的滞后死区值
PID0_High_Alarm:	VD232	0.9	//报警高限
PID0_Low_Alarm:	VD236	0.1	//报警低限

⑨在程序中调用 PID 向导程序（图 6-58）。

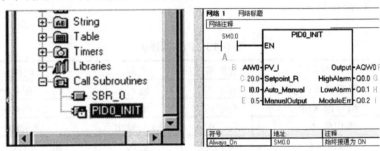

图 6-58　用 Call Subroutings 调用子程序 "PID0_INIT"

⑩通过状态表（status chart）（图 6-59）在调试中修改 PID 参数。

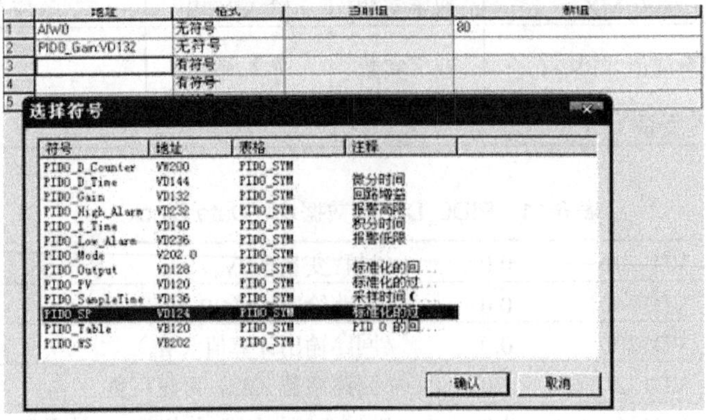

图 6-59　状态表

3）通过"工具"进入 PID 调节控制面板或点击进入 PID 自整定参数。

①若面板没有被激活（灰色），点击配置（configure）按钮运行 CPU。

②图 6-60 中 E 区选回路号，D 区选"Current"并点击"Vpdate PLC"。

③点击图 6-60 中 D 区的 Advanced 按钮进入设置 PID 自整定高级选项，见图 6-61，该图中 B 区 Hysteresis（滞回死区）：允许 PV 偏离 SP 的最大（正负）范围。

④Deviation（偏差），见图 6-61 中 C 区：允许过程变量 PV 偏离 SP 的峰值（D=4H）。

⑤Initial Output Step（初始步长值），见图 6-61 中 D 区：PID 调节开始输出。

⑥Watchdog Time（看门狗时间），见图 6-61 中 E 区：防 PID 调节跑飞。

⑦Dynamic Response Option（动态响应选项），见图 6-61 中 F 区：PID 调节速度。

⑧对应 PID，可以完成图 6-48 中 8 路模拟信号的 PID 参数整定。

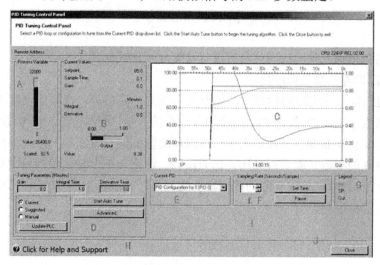

图 6-60　PID 调节控制板

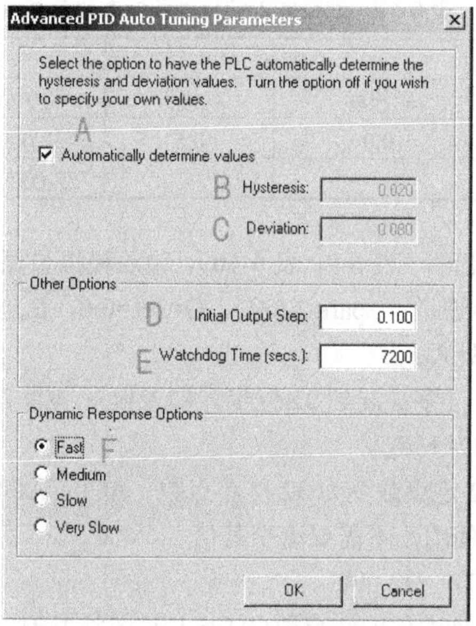

图 6-61　设置 PID 自整定高级选项

6.2.3.3　S7-200 PLC 的 PID 回路输入/输出的标准化/标准化值的标定数值转换

（1）S7-200 PLC 的 PID 指令

如图 6-62 所示，指令中 TBL 是回路表的起始地址（VBx，VB120），LOOP 是回路编号（0~7），可完成 8 路模拟量的 PID 程序控制。

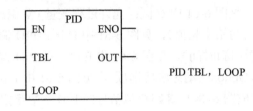

图 6-62　PID 指令

（2）回路模拟输入量的标准化与数字量数据表示格式转化

1）回路模拟输入量的标准化。

PID 控制的是一些实际的物理量，如温度、压力、流量等，在环保设备工程中，这些量都是用浮点数来表示的。每个 PID 回路均有两个输入量，即给定值（SP）和过程变量（PV）。SP 和 PV 都是实际工程量，其数值大小、范围和测量单位一般都不一样，而 PID 指令块只能接受 0.0~1.0 的实数（就是百分比）作为反馈、给定与控制输出值的有效数值。因此，执行 PID 指令前，必须把外围实际的模拟输入物理量转换成标准的 0.0~1.0 的浮点型实数，即模拟输入量的标准化。

$$R_{\text{normal}} = (\frac{R_{\text{raw}}}{\text{Span}} + \text{Offset}) \tag{6-1}$$

式中参数见表 6-12。

表 6-12　回路输入的转换和标准化参数

标准化处理		Offset		Span	
回路输入	K_c	单极性	双极性	0~10V/0~20 mA	1~5V/4~20 mA
Rnormal	0.0~1.0	0.0	0.5	32 000/25 600	64 000
Rsaw	模拟量原值			32 000~0/6 400	32 000~(−32 000)

例 6-2：回路 VB120 起始（表 6-9，表 6-10），输入模拟量原值 R_{raw} 的范围 0~10V/0~20 mA，来自 EM231 的 A 通道：Span=32000，Offset=0.0，R_{raw}=AIW0，图 6-63 所示指令程序完成以下标准化转化处理：

a）指令 I_DI 是把 16 位字扩展到 32 位字，即 VW→ VD 寄存器。

D（AC0）= I（AIW0）←R_{raw}

b）指令 DI_R 是将 32 定点数变为 32 位浮点数，AC0、AC1 累加器，暂存数据用，可以无数次调用，可以重复使用，不需要清空其值。

c）R（AC0）← （AC0）/32 000。

d）VD100←R（AC0），标准化的浮点数（0.0~1.0）送到 VB120 开始的一个双字 VD120。

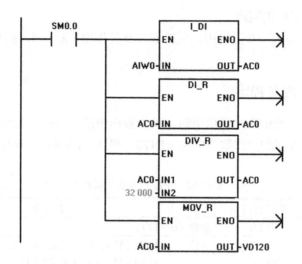

注：S7-200 的模拟通道 1 默认采样地址为 AIW0。

图 6-63　PID 回路单极性输入信号标准化指令

2）回路输出值转换成环保设备工程量标定的数值。

回路输出值，是用来控制外部设备的。经过标准化后，回路输出值是 0.0～1.0 的一个实数值，在回路输出值传送给 D/A 模拟量输出之前，回路输出必须再将其转换成一个 16位的标定整数值。

$$R_{\text{scale}} = (M_n - \text{Offset})\text{Span} \tag{6-2}$$

式中，R_{scale}——回路输出的刻度数值（D/A 中的 input）；

M_n——回路输出的标准化数值（式 6-2 中 M_n 取值见表 6-9 中的 VD128 中值，因此
　　　　根据表 6-10 回路号选择偏移量 8 对应的回路参数存储格式，根据表 6-12，
　　　　Span=32 000，Offset=0.0，图 6-64 所示指令程序完成以下标准化转化处理：

a）M_n-Offset = M_n，(M_n) = (VD128)；

b）R（AC0）← （VD128）× 32 000；

c）（AC0）←ROUND［R（AC0）］；

d）I（AC0）←D（AC0），D/A—Input；

e）AQW0←I（AC0），D/A—Output。

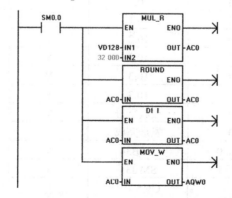

图 6-64　PID 回路标准化值转换成 D/A（Input）中的标定的数值控制环保设备工程量

（3）正作用或反作用回路

表 6-11 中，增益 $K_c > 0$ 正作用，增益 $K_c < 0$ 负作用，$K_c = 0$，就只有 T_i、T_d 的积分与微分作用。

6.2.4　PLC 中断服务程序

S7-200 系列三大类中断：通信中断、输入输出中断、时基（定时）中断。

PLC 中断服务程序的操作数为中断（INT）、事件（EVNT），数据类型定义见表 6-13。

表 6-13　中断指令有效操作数

输入/输出	数据类型	操作数	
INT	BYTE	常数（0~127）	
EVNT	BYTE	常数	CPU 221 和 CPU 222：0~12，19~23 和 27~33 CPU 224：0~23 和 27~33 CPU 224XP 和 CPU 226：0~33

（1）中断连接与分离指令

1）中断连接指令（attach interrupt，ATCH）将中断事件 EVNT 与中断程序号 INTx（x 取 0，1，2，…）相关联，并启用（使能）该中断事件（图 6-65、表 6-14）。

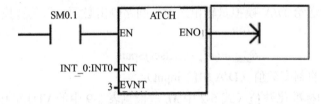

图 6-65　中断事件 EVENT 3 与中断程序号 INT0 关联示意图

表 6-14　中断事件触发、中断事件号与有效操作数对应关系

事件号	描述	功能	CPU 221 CPU 222	CPU 224	CPU 224XP CPU 226
0	上升沿	I0.0	Y	Y	Y
1	下降沿	I0.0	Y	Y	Y
2	上升沿	I0.1	Y	Y	Y
3	下降沿	I0.1	Y	Y	Y
4	上升沿	I0.2	Y	Y	Y
5	下降沿	I0.2	Y	Y	Y
6	上升沿	I0.3	Y	Y	Y
7	下降沿	I0.3	Y	Y	Y
8	端口 0	接收字符	Y	Y	Y
9	端口 0	发送完成	Y	Y	Y
10	定时中断 0	SMB34	Y	Y	Y
11	定时中断 1	SMB35	Y	Y	Y
12	HSC0	CV = PV （当前值＝预设值）	Y	Y	Y

事件号	描述	功能	CPU 221 CPU 222	CPU 224	CPU 224XP CPU 226
13	HSC1	CV = PV （当前值 = 预设值）		Y	Y
14	HSC1	输入方向改变		Y	Y
15	HSC1	外部复位		Y	Y
16	HSC2	CV = PV （当前值 = 预设值）		Y	Y
17	HSC2	输入方向改变		Y	Y
18	HSC2	外部复位		Y	Y
19	PTO 0	完成中断	Y	Y	Y
20	PTO 1	完成中断	Y	Y	Y
21	定时器 T32	CT = PT 中断	Y	Y	Y

2）关中断连接指令（detach interrupt，DTCH）取消中断事件与中断程序之间的连接，并禁用该中断事件。

（2）开、关中断指令

1）开中断指令（enabled interrupt，ENI）全局性允许所有中断事件（相当于 C51 中的总开关位指令 EA = 1）。

2）关中断指令（disabled interrupt，DISI）全局性禁止所有中断事件（相当于 C51 中的总开关位指令 EA = 0）。中断事件每次触发出现都得排队等候，直至使用全局开中断指令重新开启中断。

3）PLC 转换到 RUN（运行）模式时，中断开始时被禁用，可通过 ENI 指令开启所有中断事件。执行 DISI 会禁止所有中断，现用中断事件将进入继续排队等候状态。

中断事件 EVENT 2 触发的中断 INT_0 的开、关示意见图 6-66。

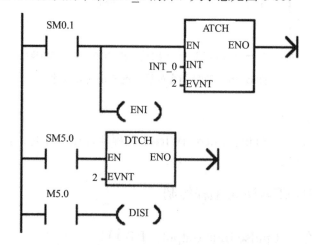

图 6-66　中断事件 EVENT 2 触发的中断 INT_0 的开、关

（3）中断服务程序

中断服务程序就是要处理的特定任务越短越好。其编写从中断程序号开始，以无条件返回指令（condition return interrupt，CRETI）结束。

注：中断服务程序中，禁止包含 DISI、ENI、HDEF（high speed counter definition：高速计数器定义）、LSCR（load sequential control relay：装载顺序控制继电器）、END 指令。

在程序中用来对突发紧急事件进行处理，通常采用 STOP 指令和 END 指令，以避免实际生产中的重大损失。

1）STOP 指令（图 6-67）。

①执行时，CPU 由 RUN 切换到 STOP，立即中止用户程序执行，只能通过模式开关或 PLC 上电才能重新启动 PLC 的运行模式。

②可用在主程序、子程序和中断服务程序中。

③当用在中断服务程序中，中断处理立即终止，并忽略所有挂起的中断。继续主程序的剩余部分，本次扫描直至扫描周期结束后，完成将主机从 RUN 到 STOP 的切换。

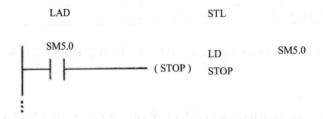

图 6-67　STOP 指令的梯形图与语句表程序

2）END 指令（图 6-68）。

只能用于主程序中，不能在子程序和中断程序中使用。

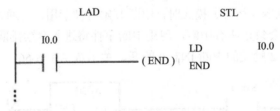

I0.0 闭合→END 指令运行→返回主程序首地址重新开始执行

图 6-68　END 指令的梯形图与语句表程序

3）MEND 指令。

主程序结束的标志是 STEP7-Micro jWIN41 编程软件在编译时，自动在主程序结束位置加的（编程忘记写时）。

6.2.5　PLC 的 PTO/PWM 可编程控制

6.2.5.1　脉冲串输出（pulse train output，PTO）

连续输出多个方波脉冲序列，每个 PT 的周期和脉冲数可以不同。要输出多个 PTs 时，PTs 要进行排队，在当前的 PT 输出完成后，立即输出新的 PT。可分为单段 PTO 和多段 PTO（图 6-69）。

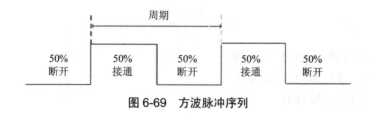

图 6-69 方波脉冲序列

（1）单段 PTO

单段 PTO，序列中只存放 1 个 PT 的控制参数（入口地址）。在当前 PTO 期间，就要对与下一个 PT 相关的特殊继电器进行更新，待当前的 PTO 完成后，通过执行 PLS（Pulse）指令，就可以立即输出新的 PT，实现多个 PT 的连续输出。

1）单段 PTO 可实现时间基准的各个不同脉冲串输出。

2）单段 PT 编程复杂且烦琐，当参数设置不当时，会造成各个 PT 连接的不平滑。

（2）多段 PTO

1）多段 PTO 需要将包络表的 V 内存起始偏移地址，装载到标志寄存器 SMW168（或 SMW178）中，并建立一个包络表，在包络表中存储各个 PT 的参数，执行 PLS 指令时，CPU 自动按顺序从包络表中调出各个 PT 的入口地址，连续输出各个 PT。

2）包络表（envelope table）由段数和每段参数构成，每段长度为 8 个字节，用于存储初始周期值（16 bits，2 Bs）、周期增量值（16 bits，2 Bs）、脉冲个数（16 bits，4 Bs），格式构成如表 6-15 所示。

表 6-15 PTO 包络表的格式

字节偏移地址	PTO	段数及每段参数存储说明
VBn	段号	PT 总段数，数据范围：1～255（0 不产生 PTO 输出）
VWn+1		第 1 个 PT 的初始周期值，字型数据，数据范围：2～65 535
VWn+3	1#	第 1 个 PT 的周期增量值，有符号整数，范围：−32 768～+32 767
VDn+5		第 1 个 PT 的输出脉冲数，无符号整数，范围：1～4 294 967 295
VWn+9		第 2 个 PT 的初始周期值，字型数据，数据范围：2～65 535
VWn+11	2#	第 2 个 PT 的周期增量值，有符号整数，范围：−32 768～+32 767
VDn+13		第 2 个 PT 的输出脉冲数，无符号整数，范围：1～4 294 967 295
VWn+17		第 3 个 PT 的初始周期值，字型数据，数据范围：2～65 535
VWn+19	3#	第 3 个 PT 的周期增量值，有符号整数，范围：−32 768～+32 767
VDn+21		第 3 个 PT 的输出脉冲数，无符号整数，范围：1～4 294 967 295
…	…	…
VWn+251		第 255 个 PT 的初始周期值，字型数据，数据范围：2～65 535
VWn+253	255#	第 255 个 PT 的周期增量值，有符号整数，范围：−32 768～+32 767
VDn+255		第 255 个 PT 的输出脉冲数，无符号整数，范围：1～429 4967 295
说明		n 为当前地址，比如 n=100，每段的+1、+3、+5 式偏移量

3）包络表中的周期单位为 ms 或 μs。

①表中所有周期单位必须一致；

②周期增量。

$$\Delta T_i = \frac{T_{i+1} - T_i}{N_i} \tag{6-3}$$

式中，T_{i+1}——该 i 段结束的周期时间；

T_i——该 i 段开始的周期时间；

N_i——该 i 段的脉冲数。

6.2.5.2　高速脉冲输出口

1）每个 CPU 分别在 Q0.0 和 Q0.1 各配 1 个 PTO/PWM 发生器（Delta 配在 Y0、Y1）。

2）Q0.0 和 Q0.1 在作为 PTO/PWM 发生器时普通输出端子功能失效。

3）在启动 PTO/PWM 功能之前用复位 R 指令将 Q0.0 或 Q0.1 清零。

6.2.5.3　对应 PTO/PWM 发生器功能的 SM（Special Memory）寄存器

SM 特殊功能的寄存器见表 6-16。

表 6-16　SM 特殊功能寄存器

Q0.0 ↔ SM	Q0.1 ↔ SM	功能描述
SMB66	SMB76	状态字节，PTO 监控 PT 运行状态
SMB67	SMB77	控制字节，定义 PTO/PWM 的 PT 输出格式
SMW68	SMW78	设置 PTO/PWM 的 PT 的周期值（2～65 535）
SMW70	SMW80	设置 PWM 的 PT 的宽度值（0～65 535）
SMD72	SMD82	设置 PTO 的 PT 的数目（1～4 294 967 295）
SMB166	SMB176	设置 PTO 的多段操作时段数（1～255）
SMW168	SMW178	设置 PTO 多段操作时包络表变量寄存器 VBn 起始地址 n，例：表 6-15，$n=400$，VB400，VWn+1 = VW401

6.2.5.4　SMB66 与 SMB76 状态字节寄存器

SMB66 与 SMB76 位功能定义见图 6-70。

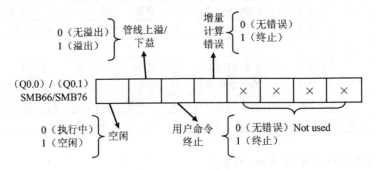

图 6-70　SMB66 与 SMB76 位功能定义

6.2.5.5 SMB67 与 SMB77 控制字节寄存器

SMB67 与 SMB77 位功能定义见图 6-71。

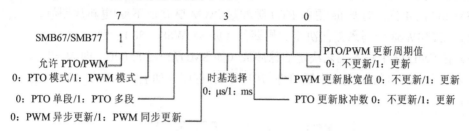

图 6-71 SMB67 与 SMB77 位功能定义

6.2.5.6 PLS 指令

PLS 指令格式见表 6-17。

表 6-17 PLS 指令格式

名称	高速脉冲输出
指令	PLS
STL	PLS Q0.x
LAD	(0 或 1) ???? — EN ENO / Q0.x / PLS

1）在 EN 端口出现 1 个上升沿时：

检测脉冲输出 SM 的状态（表 6-16）→激活所定义额脉冲操作（执行 PLS 指令）→从 Q 端口操作数指定的端口（0：0.0/1：0.1）输出高数脉冲。

2）可在 Q0.0 和 Q0.1 输出可控的 PWM 脉冲或 PTO 高速脉冲串的波形。

3）在 1 个程序中最多使用 2 次。

4）PTO 可以采用中断方式控制（表 6-14，PTO 0/1：EVENT 19/20）。

5）PWM 输出只有 PLS 指令输出。

6）输出高数脉冲时 CPU 自动将 SM66.7 或 SM76.7 置 1（图 6-16）。

7）输出高速脉冲信号时只适合选择晶体管输出类型的 PLC 机型。

6.2.5.7 单段 PTO 编程步骤

1）SM0.1 使能初始化操作。

①PTO 输出点 Q0.0 复位。

②编写 PTO 初始化子程序（如名为 PTO_0_init，用 SM0.1 触发调用，节省扫描时间）：

a）SMB67 = 16#85（或 SMB67 = $8 \times 16^1 + 5 \times 16^0 = 2^7 + 2^2 + 2^0 = 133$）。

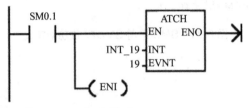

SMB67 高 4 位：允许 PTO/PTO 模式/PTO 单段/PWM 异步更新。

SMB67 高 4 位：时基 μs/更新 PTO 脉冲数/PWM 脉宽值不变/更新周期值。

b）在 SMW68 中写入工艺决定的周期值（如 SMW68 = 500，则 T = ？）。

c）在 SMD72 中写入工艺决定的脉冲数（如 SMD72 = 500 000，即 N = ？）。

d）建立 PTO 0 输出完成中断事件与中断服务程序（如名为：INT_19）。

e）ENI 开启全局中断。

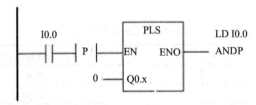

2）执行 PLS 指令输出单段 PTO 高速脉冲。

3）一旦启动了 1 个脉冲输出就要为下一个 PT 设置控制参数并再次 PLS。

4）有停止信号时 PTO 才停止。

6.2.5.8 多段 PTO 编程举例

例 6-3： 已知步进电机（stepping motor）的启动频率为 2 kHz（A 点），经过 400 个脉冲加速后频率上升到 10 kHz（B 点和 C 点），恒转动脉冲数为 4 000 个，减速过程脉冲个数为 200 个，频率为 2 kHz（D 点）。多段 PTO 示意见图 6-72。

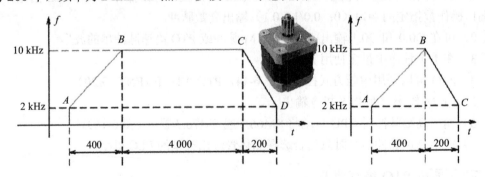

图 6-72 多段 PTO 示意图

（1）补充知识点

步进电机：将电脉冲信号转变为角位移或线位移的开环控制电机。

步进电机步距角：每个脉冲信号电机转过的角度 θ_{step}。

$$\theta_{step} = \frac{360°}{Z_r N} = \frac{齿距角}{N} \qquad (6\text{-}4)$$

式中，Z_r——转子的齿数；

N——电机转过一个齿距角所需脉冲数（齿距角 $= 360°/Z_r$）。

转子的转速 n（单位为 r/min）：

$$n = \frac{60 f \theta_{step}}{360} = \frac{60 f}{Z_r N} \qquad (6\text{-}5)$$

（2）解题步骤

1）由图 6-72 可知，需采用 3 段 PTO/PWM。

2）设计采用 Q0.0 输出高速脉冲。

3）SMB67 = 16#A0。

4）SMW168。

5）$T_i = 1/f_i$（$i = 1$，2，3）。

6）$\Delta T_1 = \dfrac{T_2 - T_1}{N_1} = \dfrac{100 - 500}{400} = -1$ $\qquad$ $\Delta T_2 = \dfrac{T_3 - T_2}{N_2} = \dfrac{100 - 100}{4\,000} = 0$

$\Delta T_3 = \dfrac{T_1 - T_3}{N_3} = \dfrac{500 - 100}{200} = 2$

7）填写包络表（表 6-18）。

表 6-18　包络表

包络表地址	包络表内容		
VB300	3	段数	
VW301	500 μs	T_1	第 1 段
VW303	−1	ΔT_1	
VD305	400	N_1	
VW309	100 μs	T_2	第 2 段
VW311	0	ΔT_2	
VD313	4 000	N_2	
VW317	100 μs	T_3	第 3 段
VW319	2	ΔT_3	
VD321	200	N_3	

8）用 ATACH 建立 EVENT 19 与中断服务程序 19 的连接并触发 ENI。

9）执行 PLS 指令。

10）本程序控制结构：主程序+初始化子程序+中断服务程序。

11）多段 PTO 控制时：

①因按钮 I0.1 不起作用不会出现 PTO 重复排队输出（表 6-16）。

②PT 能够按照规定的第 1 段、第 2 段、第 3 段顺序输出完毕后停止输出，本例多段 PTO 指令程序见图 6-73。

MAIN: OB1

Network 1//Q0.0 清零　同时 Call 初始化子程序 SBR_0

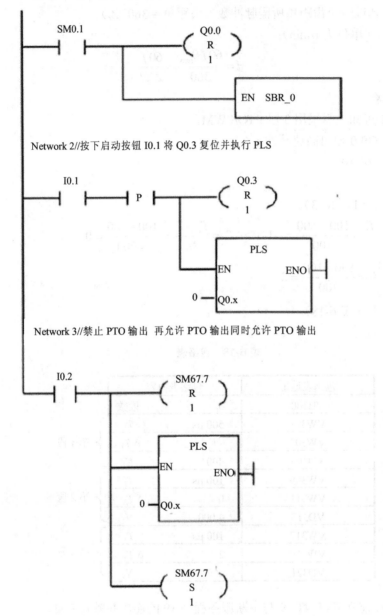

Network 2//按下启动按钮 I0.1 将 Q0.3 复位并执行 PLS

Network 3//禁止 PTO 输出　再允许 PTO 输出同时允许 PTO 输出

Network 1//初始化子程序 SBR_0

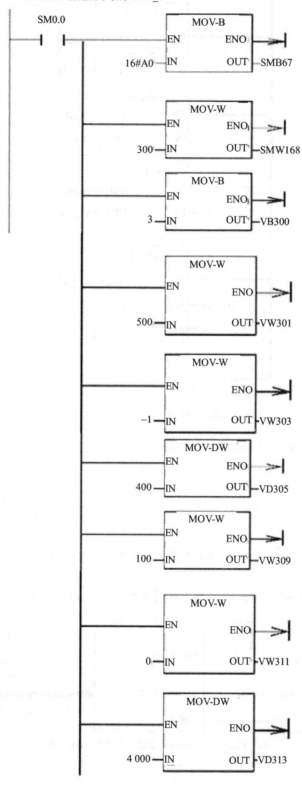

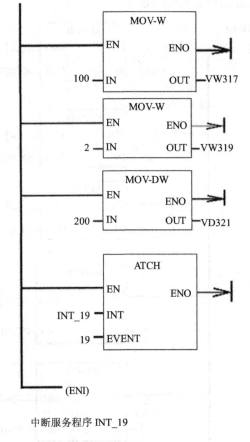

中断服务程序 INT_19

Network 1//PT 输出完毕指示灯亮

图 6-73 多段 PTO、PLC 参考程序梯形图

课程设计：如图 6-74 所示 PTO 控制，可实现任意时刻停止直流 Servo 电动机。

（a）PLC→直流 Servo 控制器→直流 Servo 电动机

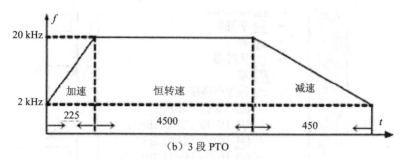

（b）3 段 PTO

图 6-74　多段 PTO 控制伺服电机

表 6-19　直流 Servo 电动机精确定位控制系统 I/O 分配

输入点	功能说明	输出线圈	功能说明
I0.0	Servo 电机启动	Q0.0	PTO 端口输出
I0.1	Servo 电机停止	Q0.1	Servo 控制允许输出

主要参考程序见图 6-75，S7-200 PLC 完整程序建议采用基于子程序调用的模块化编程方式，见图 6-76。

i. 初始化子程序 INIT（参照例题 7-3 图 6-73：初始化子程序 SBR_0）

ii. I0.0 闭合启动了高速脉冲 PLS 并使 Servo 控制允许开启。

iii. I0.1 闭合通过设置 SM67.7 为 0 禁止 PTO 并使 Servo 控制允许关闭直流 Servo 顶动机。

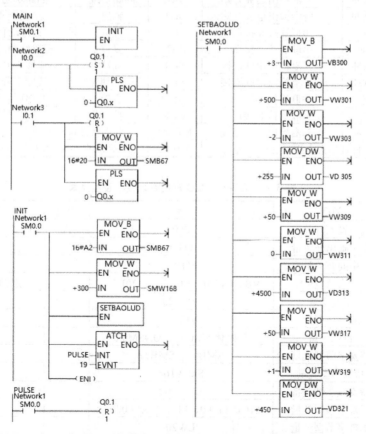

图 6-75　课程设计 PTO 控制参考程序梯形图

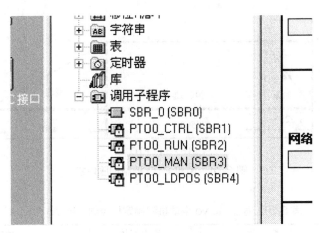

图 6-76　子程序调用模块

S7-200PLC 的基本语句表指令（Statement List，STL）及常用寻址变量及类型见表 6-20、表 6-21。

表 6-20　S7-200PLC 基本 STL 表

助记符	名称	功能	助记符	名称	功能
LD	取	运算开始 a 接点	ORF	或脉冲	下降沿检出并联连接
LDI	取反	运算开始 b 接点	ANB	回路块与	回路之间串联连接
LDP	取脉冲	上升沿检出运算开始	ORB	回路块或	回路块之间并联连接
LDF	取脉冲	下降沿检出运算开始	OUT	输出	线圈驱动指令
AND	与	串联连接 a 接点	SET	置位	线圈动作保持指令
ANI	与非	串联连接 b 接点	RST	复位	解除线圈动作保持指令
ANDP	与脉冲	上升沿检出串联连接	PLS	脉冲	线圈上升沿输出指令
ANDF	与脉冲	下降沿检出串联连接	PLF	下降沿脉冲	线圈下降沿输出指令
OR	或	并联连接 a 接点	MC	主控	公共串联接点线圈指令
ORI	或非	并联连接 b 接点	MCR	主控复位	公共串联接点解除指令
ORP	或脉冲	上升沿检出并联连接	MEND		编程软件自动加的主程序的结束标志
END		条件真结束主程序回程序起点	STOP		条件成立不 RUN 程序以处理突发事件

表 6-21　S7-200PLC 常用寻址变量及类型表

变量名	类型	例	通道	模拟输入默认地址
Ii.j	端口输入开关量	I0.0	A	AIW0
Qi.j	端口输出开关量	Q3.0	B	AIW2
Mi.j	中间开关量	M10.0	C	AIW4
VB	字节型	VB0（V0.0、V0.1、...、V0.7）		模拟输出默认地址
VW	字型变量	VW120		AQW0
VD	双字型变量	VD320		AQW0
SMi.j	特殊关量	初始化 SM0.1 常 ONSM0.0		AQW4
SMB	特殊字节型变量	SMB67、SMB77		AQW6
SMW	特殊字型变量	SMW168		
SMD	特殊双字型变量	SMD200		
LB	局部字节型变量	LB10（L0.0、L0.1、...、L0.7）		
LW	局部字型变量	LW20		

6.2.5.9 使用位向导实现多段 PTO 控制

以下是 S7-200PLC 编程环境中通过位置控制向导进行 PTO 或 PWM 编程操作的步骤截图（图 6-77）。

工具→位置控制向导并选择配置 S7-200PLC 内置 PTO/PWM 操作。

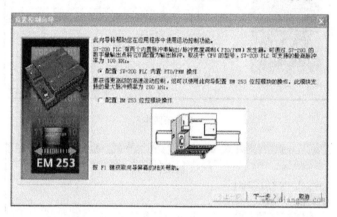

（a）第一步

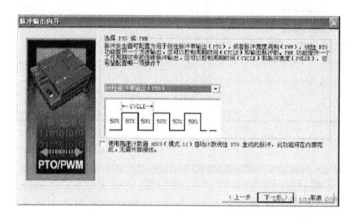

（b）第二步

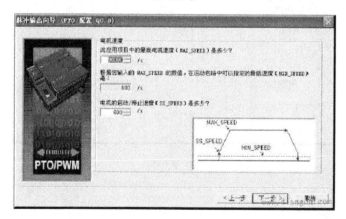

（c）第三步

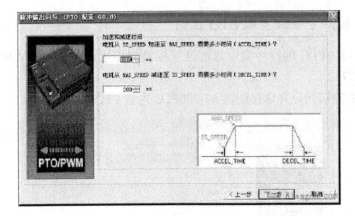

（d）第四步

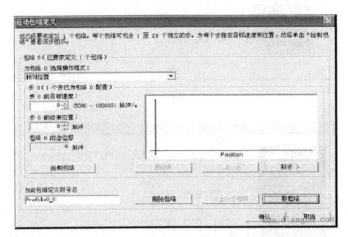

（e）第五步

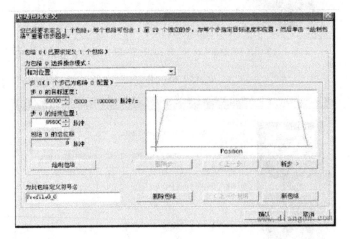

（f）第六步

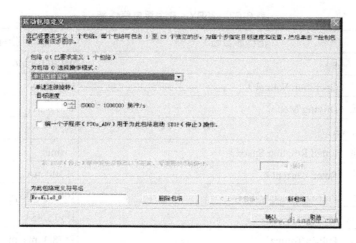

（g）第七步

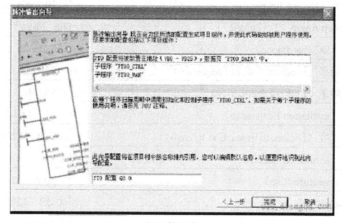

（h）第八步

图 6-77　PTO/PWM 编程操作步骤截图

6.3　项目一　基于 PLC 的步进电机控制典型应用

与其他设备相比，环保设备自动化控制要按照处理工艺的要求进行 PLC 采样逻辑与控制逻辑的设计，再根据这些逻辑设计出 PLC 输入/输出（I/O）的接线图，将监控逻辑与处理工艺合理相融合，完成 PLC 监控程序的设计。在进行新的环保设备的在线监测仪器的开发中，基于 PLC 的步进电机控制，可以与所设计的机械传动结构相结合进而设计出各种自动采样系统。

6.3.1　步进电机的典型控制

（1）步进电机选型参数

步进电机主要选型参数见表 6-22 中的 1～9。

表 6-22　35BYJ46 主要电气性能

序号	指标参数名	指标参数
1	型号（Model）	BH-35BYJ46
2	启动电压（Operation Voltage）	12DCV
3	驱动方式（Driving Mode）	4 相 8 拍
4	功耗（Power）	3W
5	额定转速（Rated Rotation Speed）	6 r/min
6	额定电流（Rated Current）	≤300 mA
7	脉冲频率（Pulse Frequency）	100～1 400 pps
8	减速比（Cycle ratio）	1/30 1/85
9	牵入转矩（Pull-in Torque）	≥78.4 mN·m（120 Hz）
10	自定位转矩（Detent Torque）	≥39.2 mN·m
11	步距角［Step Angle（1～2phase）］	7.5°/85.25
12	直流电阻（DC Resistance）	130 Ω±7%（25℃）
13	空载牵入频率（Freeload Pull-in Frequency）	≥500 Hz
14	空载牵出频率（Pull-out Frequency）	≥800 Hz
15	绝缘电阻（Insulation Resistance）	>10 MΩ（500V）
16	绝缘介电强度（Dielectric iinsulation Intensity）	600VAC/1 mA/1S
17	绝缘等级（Insulation Class）	A
18	温升（Temperature Rise）	<50 K（120 Hz）
19	噪声（Noise）	40 dB（120 Hz）
20	重量（Weight）	大约 60 g

（2）35BYJ46 步进电机 5 线

35BYJ46 步进电机 5 线见图 6-78、图 6-79。

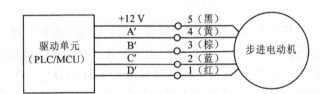

图 6-78　步进电机实物　　　　图 6-79　35BYJ46 步进电机工作电源与 4 相（A′、B′、C′、D′）

（3）35BYJ46 步进电机工作原理

1）35BYJ46 步进电机励磁线圈与励磁顺序见图 6-80。

2）35BYJ46 步进电机工作原理见图 6-80（a），转子由一个永久磁铁构成，定子分别由 4 个绕（ϕ1/C、ϕ2/C、ϕ3/C、ϕ4/C）组成。

3）CCW 正转/CW 反转励磁控制。如图 6-80（b）所示，SW1 连通电源，定子将产生一个靠近转子侧 N 极、远离转子侧 S 极的磁场，该磁场与转子固有磁场相作用，转子就会转动，正确地控制 SW1～SW4 送电定子绕组的顺序，就能控制转子旋转的方向（图 6-81）。

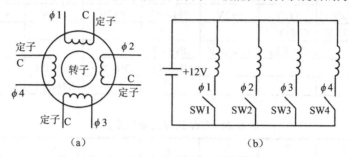

图 6-80　35BYJ46 步进电机 8 拍驱动

顺时针（clockwise，CW）控制：

[SW1（NO）→SW1（OFF）]→[SW2（NO）→SW2（OFF）]→

[SW3（NO）→SW4（OFF）]→[SW4（NO）→SW4（OFF）]

逆时针（CounterClockWise，CCW）控制：

[SW4（NO）→SW4（OFF）]→[SW3（NO）→SW3（OFF）]→

[SW2（NO）→SW2（OFF）]→[SW2（NO）→SW1（OFF）]

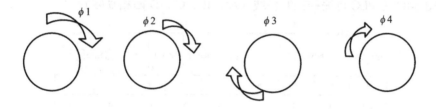

图 6-81　35BYJ46 步进电机 CW 反转励磁

（4）35BYJ46 步进电机 8 拍驱动

图 6-82 为 35BYJ46 步进电机励磁线圈连接图，表 6-23、表 6-24 分别为 CCW 与 CW 转动方向的 8 拍驱动。

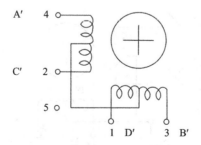

图 6-82　35BYJ46 步进电机励磁线圈

表 6-23　CCW 反转励磁 8 拍驱动

线色	序号	1	2	3	4	5	6	7	8
黑	5	+12V	+12V	+12V	+12V	+12V	+12V	+12V	+12V
黄	4	ON-OFF	ON-OFF						ON
棕	3		ON-OFF	ON-OFF	ON-OFF				
蓝	2				ON-OFF	ON-OFF	ON-OFF		
红	1						ON-OFF	ON-OFF	ON-OFF

表 6-24　CW 正转励磁 8 拍驱动

线色	序号	1	2	3	4	5	6	7	8
黑	5	+12V	+12V	+12V	+12V	+12V	+12V	+12V	+12V
黄	4						ON-OFF	ON-OFF	ON-OFF
棕	3				ON-OFF	ON-OFF	ON-OFF		
蓝	2		ON-OFF	ON-OFF	ON-OFF				
红	1	ON-OFF	ON-OFF						ON

6.3.2　35BYJ46 步进电机正反转 4 相驱动 PLC 控制典型设计

图 6-83 为 35BYJ46 步进电机正反转 4 相驱动 PLC 可编程控制接线（中间继电器线圈控制），图 6-84 为 PLC 可编程控制接线（A′、B′、C′、D′四相励磁）。

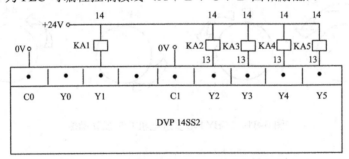

图 6-83　PLC 可编程控制接线（中间继电器线圈控制）

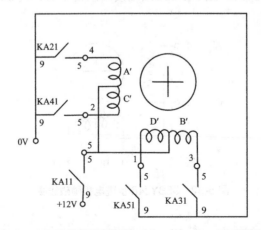

图 6-84　PLC 可编程控制接线（A′、B′、C′、D′四相励磁）

6.3.3 35BYJ46 步进电机典型 PLC 可编程 8 拍驱动控制

（1）拍（ON-OFF）

一般中间继电器的触点动作闭合滞后时间（ms）：动合触头为 8～35 ms；动断触头为 6～20 ms。所以采用中间继电器控制 4 相 8 拍驱动的"拍（ON-OFF）"，采用定时设计，1 拍 = 10 ms（= 100Hz）。

（2）8 拍驱动控制

按表 6-23、表 6-24 进行 PLC 可编程 8 拍驱动控制循环。

6.4 项目二 基于 PLC 的无阀滤池电气自动化控制

6.4.1 无阀滤池处理过程

无阀滤池的冲洗用水，全靠自身上部的冲洗水箱暂时储存。冲洗水箱的容积是按照一个滤池的一次冲洗水量设计。无阀滤池常用小阻力配水系统。

当滤池刚投入运转时，滤层较清洁，虹吸上升管内外的水面差便反映了滤池清洁滤层过滤时的水头损失，如图 6-85 所示的 H 段，这一数值一般在 20 cm 左右，也称它为初期水头损失。随着过滤的进行，水头损失逐渐增加，但是由于澄清池的进水量不变，就使得虹吸上升管内的水位缓慢上升，也就使得滤层上的过滤水头加大，用以克服滤层中增加的阻力，使滤速不变，过滤水量也因此不变。根据图 6-85 中无阀滤池处理装置的清水箱、清水管、虹吸管这 3 个结构水位变化来进行以下无阀滤池处理。

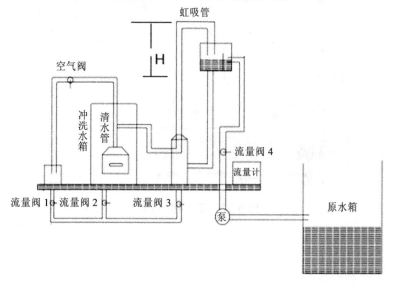

图 6-85 学校水处理实验无阀滤池

1）正向过滤开始：清水管开始出水，见图 6-86。

2）虹吸正向过滤：虹吸进水管水位上升，见图 6-87。

3）正向过滤-虹吸排水开始：虹吸排水管开始排水，见图 6-88。

4）反冲洗开始：清水出水管暂停出水，见图 6-89。

5）反冲洗进行中：冲洗水箱水位下降，见图 6-90。

6）反冲洗减速开始：控制图 6-85 中控制阀来破坏虹吸致使虹吸破坏开始，见图 6-91。

7）反冲洗减速进行中：虹吸进水管内水位逐渐下降，见图 6-92。

8）反冲洗停止：虹吸进水管内水位下降至最低水位，见图 6-93。

9）进入下一循环，见图 6-94。

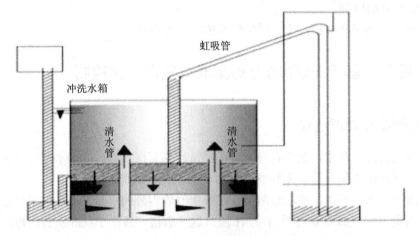

图 6-86　正向过滤开始

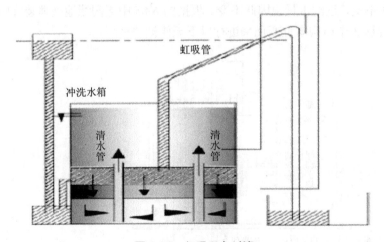

图 6-87　虹吸正向过滤

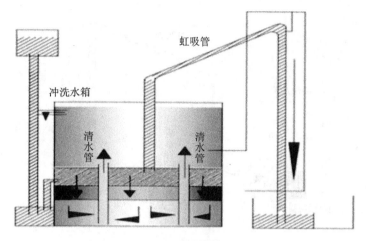

图 6-88　正向过滤-虹吸排水开始

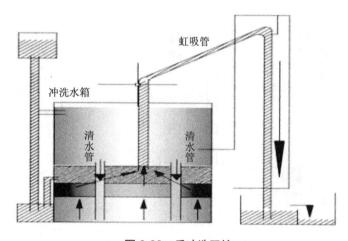

图 6-89　反冲洗开始

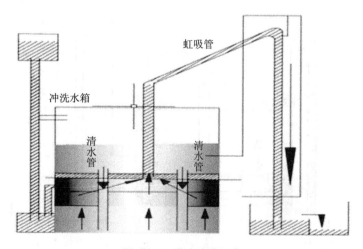

图 6-90　反冲洗进行中

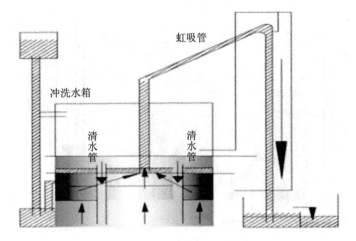

图 6-91　反冲洗减速开始（虹吸破坏开始）

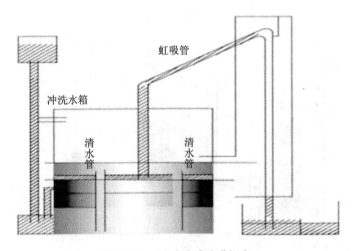

图 6-92　反冲洗减速进行中

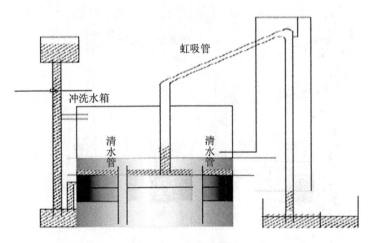

图 6-93　反冲洗停止

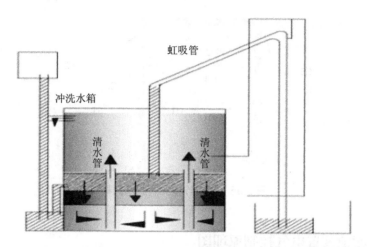

图 6-94　循环回正向过滤开始（回到如图 6-86 所示的起点）

6.4.2　无阀滤池处理过程工艺点

表 6-25 和图 6-95 中，H0、H1 为水位传感器监测工艺点，在进水管 G1 右侧安装电磁阀（工艺点 S1），在 G3 与 G2 交会处安装电磁阀（工艺点 S2，进行控制强制进水）。冲洗过程：随着过滤过程的进行，滤料会出现堵塞，出水浊度和过滤压力随之升高，进而虹吸上升管中的水位升高。当虹吸上升管中水位到达工艺点 H0 处时，当 PLC 扫描到 H0 处水位感应器采样信号，程控执行器立即关闭工艺点 S1 处电磁阀，并立即开启工艺点 S2 处电磁阀，出水管 G5 停止出水，出水池中的水经过 G3 流入 G2，G4 与 G2 处于连通状态，使无阀滤池反冲洗也随即开始，滤料上方的集水箱中用于反冲洗的水反向流过滤料，集水箱的水位也随即下降，当 PLC 监测到水位下降到工艺点 H1 处时，再程控执行器开启工艺点 S1 处的电磁阀，同时关闭工艺点 S2 电磁阀，虹吸上升管的水位也恢复到正常，此时反冲洗彻底结束。此过程中，当 PLC 监测到出水浊度工艺点 A1 与液位感应器工艺点 H0 的任何信号，都会触发反冲洗的开始。

表 6-25　本设计中无阀滤池的处理过程工艺节点

序号	工艺节点	功能	节点数据类型	数量	备注
1	H0	感应液位	I/O	1	
2	H1	感应液位	I/O	1	
3	A1	感应浊度	浊度感应器	1	
4	S1	ON/OFF	电磁阀	1	只控制进水
5	S2	强开、强闭	电磁阀	1	代替原来空气阀

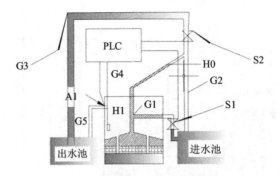

图 6-95　本设计中无阀滤池结构

6.4.3　无阀滤池装置电气控制原理图

（1）实验室无阀滤池电气控制图

实验室无阀滤池电气控制图见图 6-96。

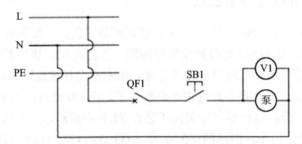

图 6-96　实验室无阀滤池电气控制图

（2）PLC 电气自动化控制电气原理图

1）PLC 电气自动化控制电气原理图见图 6-97～图 6-99。

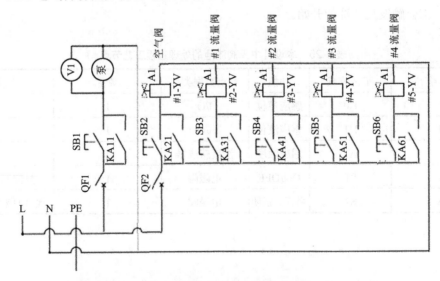

图 6-97　实验室无阀滤池装置改造电气控制电路原理图

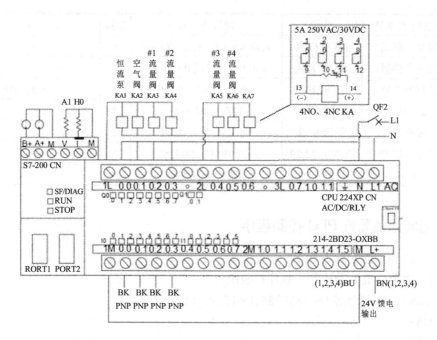

图 6-98　PLC-224XP（214-2BD23-0XB8）端子接线图

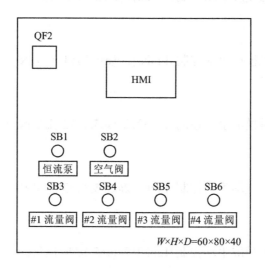

图 6-99　实验室无阀滤池装置改造手动电气面

2）无阀滤池 PLC 与低压元器件选型（表 6-26）。

表 6-26　无阀滤池 PLC 与低压元器件选型

序号	装置/器件名称	功能	规格或信号	数量	备注
1	PLC	自动控制	S7-200/CPU 224	1	
2	恒流泵	定时抽取水	Q0.0	1	
3	电磁阀	ON/OFF 控制	NHT040-10 AC220V-14W	5	空气阀、流量阀（1~4）
4	无阀滤池	过滤废水	实验室无阀滤池装置	1	

序号	装置/器件名称	功能	规格或信号	数量	备注
5	液位传感器	虹吸液位 H0	输出 0~10V 或 0~20 mA	1	
6	浊度传感器	采样水浊度	输出 0~10V 或 0~20 mA	1	
7	中间继电器	控制电磁阀	5 A 250VAC/30VDC	7	4NO、4NC
8	接近开关	水箱液位 H1	I0.0、I0.1……	4	
9	断路器	见图 6-97	220VAC 50 Hz 2P	2	
10	复位型灯钮开关	见图 6-97/99	220VAC 50 Hz	6	
11	HMI	见图 6-99	DOP B07E415	1	

6.4.4 无阀滤池装置 PLC 控制程序

（1）PLC 手动控制参考程序

采用本地上位机手动控制子程序：SBR_1

NetWork1：HMI 触摸屏手动控制{Link2}2@M5.0//循环泵

LD M5.0

OUT Q0.0

NetWork2：HMI 触摸屏手动控制{Link2}2@m5.1//空气阀

LD M5.1

OUT Q0.1

NetWork3：HMI 触摸屏手动控制{Link2}2@m5.2//#1 流量阀

LD M5.2

OUT Q0.2

NetWork4：HMI 触摸屏手动控制{Link2}2@m5.3//#2 流量阀

LD M5.3

OUT Q0.3

NetWork5：HMI 触摸屏手动控制{Link2}2@m5.4//#3 流量阀

LD M5.4

OUT Q0.4

NetWork6：HMI 触摸屏手动控制{Link2}2@m5.5//#4 流量阀

LD M5.5

OUT Q0.6

（2）PLC 全自动控制参考程序

PLC 全自动控制流程见图 6-100。

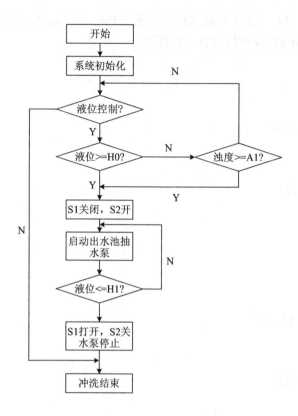

图 6-100 本设计 PLC 全自动控制流程

模块化的程序设计：

1）出水浊度采样子程序、虹吸液位 H0（SBR_2）

SBR_2------

Network1

LD SM0.0

MOVW　AIW4，VW20

Network2

LD SM0.0

MOVW　AIW6，VW24

2）采样线性标定子程序（SBR_3）

①AIW4 通道采样出水浊度 A1 工艺参数的 A/D 模块，模拟量单极性 0～10V，转换后数字量 0～64 000，对应浊度值 20～1 000。

VD50-20 =（980/64 000）（VW20-0）→VD50 = 0.015 3 × VD20 + 20.0，故 CPU 224X（214-2BD23-0XB8）PLC 主机 V 通道采样出水浊度 A1 线性标定输出给 HMI 上位机主站监测接口变量 {link2}2@VD50 的线性标定程序。

②AIW6 通道采样虹吸液位 H0 工艺参数的 A/D 模块，模拟量单极性 0～20 mA，转换后数字量 0～64 000，对应虹吸液位 0.2～2.0 m。

VD54-0.2 =（1.8/64 000）（VW30-0）→VD52 = 0.000 03 × VD24 + 0.2，故 CPU 224X

（214-2BD23-0XB8）PLC 主机 I 通道采样虹吸液位 H0 线性标定输出给 HMI 上位机主站监测接口变量{link2}2@VD54 的线性标定程序为：

```
SBR_3-------
Network1
LD SM0.0
MOVR 0.0153,VD50
Network2
LD SM0.0
MULR  VD20,VD50
Network3
LD SM0.0
+R   20.0,VD50
Network4
LD SM0.0
MOVR 0.00003,VD54
Network5
LD SM0.0
MULR  VD24,VD54
Network6
LD SM0.0
+R   0.2,VD54
```

3）初始化虹吸液位 H0、出水浊度 A1 子程序（SBR_4）

```
SBR_4------
Network1
LD SM0.0
MOVR 100,VD58
Network2
LD SM0.0
MOVR 0.7,VD62
```

4）PLC 全自动控制子程序（SBR_5）

上位机手动/全自动切换控制 ON/OFF 交替按钮{Link2}2@M7.0。若{Link2}2@M7.0 = ON（1）：全自动运行；若{Link2}2@M7.0 = OFF（0）：手动运行。{Link2}2@VD62 = 0.6，{Link2}2@VD58 = 0.6。

```
SBR_5-------
NetWork1：{Link2}2@M7.0 = 1
LD M7.0
S Q0.0,0
NetWork2：
LD Q0.0
```

S Q0.5,5

NetWork3

LD SM0.0

AR≥ VD54,VD62

S Q0.1,1

R Q0.5,5

NetWork4

LD I0.0

R Q0.1,1

S Q0.5,5

R Q0.0,0

NetWork5

LD SM0.0

AR< VD54,VD62

AR≥　VD50,VD58

S Q0.5,0

5）在主程序 OB1 中调用以上子程序

OB1-------

Network1

LD SM0.0

Call SBR_1

Network2

LD SM0.0

　Call SBR_2

Network3

LD SM0.0

　Call SBR_3

Network4

LD SM0.0

　Call SBR_4

Network5

LD SM0.0

　Call SBR_5

6.5　本地上位机 HMI 组态监控

组态监控系统设计与开发很少独立归结为一个项目，一般要结合触摸屏（touch panel）、文本操作（TOP）或工控机作为 PLC 或其他微控制器（如单片机等）控制系统的上位机监控接口。所以组态监控系统的任务是配合 PLC 控制系统或其他微控制系统完成

人机互动的监视、测量与控制任务（监控任务）。组态监控工程设计与开发，是基于 PLC
控制或其他智能电子微控制器的组态监控工程的设计与开发（图 6-101～图 6-103）。

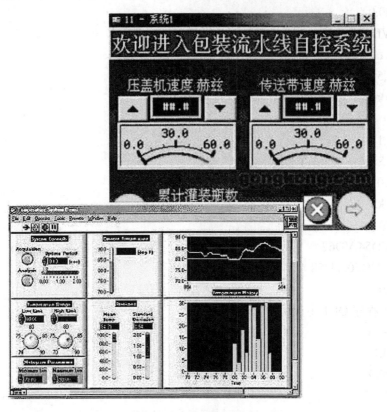

图 6-101　HM 监控系统

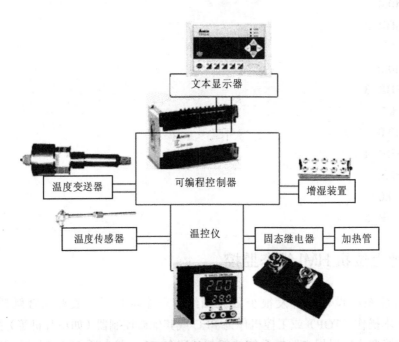

图 6-102　恒湿压块箱控制系统文本型 HMI

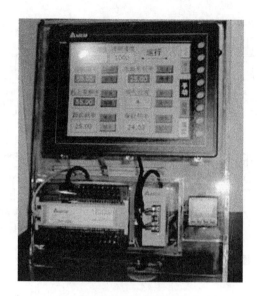

图 6-103 触摸屏 HMI

6.5.1 触摸屏 HMI 与 PLC 接口

（1）环保设备本地上位机监控系统

环保设备本地上位机多采用触摸屏 HMI，如 Siemens 的 SMART 系列、昆仑通态 TPC 系列以及台达的 DOP 系列。图 6-104 是"项目三 UASB 发酵柱本地上位机（Loca Host HMI）监控"技术方案中的功能框图，台达 DOP 系列的触摸屏人机界面（Human Machine Interface，HMI）通过 RS485 总线接口与西门子的 PLC 下位机进行通讯，图 6-105 是该项目的下位机 PLC 可编程自动控制电气图，图 6-106 中 COM2 为图 6-104 中的 RS485 总线通讯接口，图 6-107 为此通讯接口双侧（PLC 侧与 HMI 侧）DB9 的硬件通道。图 6-108 为项目三选用的 DOP 人机界面种类（DOP-B07S415），图 6-109 为项目三上下位机 RS485 通讯口（COM2）、上位机站号（人机站号）、下位机控制器（PLC 站号）及通讯口参数组态设计。

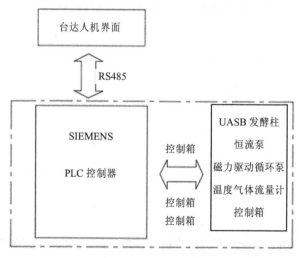

图 6-104 UASB 发酵柱本地上位机（Loca Host HMI）监控

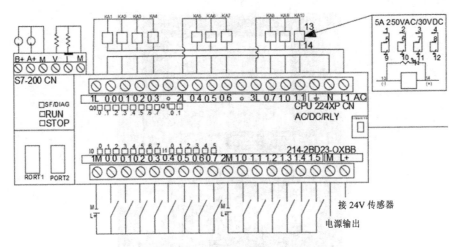

图 6-105　UASB 发酵柱下位机（Slave PLC）

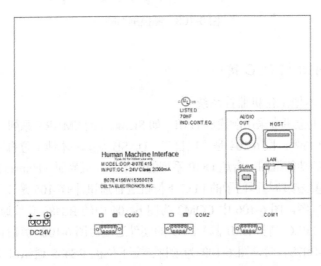

图 6-106　HMI-DOP-BO7E415 背面接口简图

注：COM1（母头）采用 RS232 双向全功传输模式；COM2（母头）采用 RS485 半功差分传输模式；COM3（母头）采用 RS422 全功功差分传输模式。

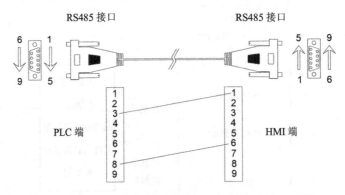

图 6-107　S7-200 系列 PLC 的 RS485 接口（PORT1 或 PORT2）

台达 HMI 通信接口 COM2 的 RS485 通信电缆设计

（2）DOP 设置人机接口模块参数组态

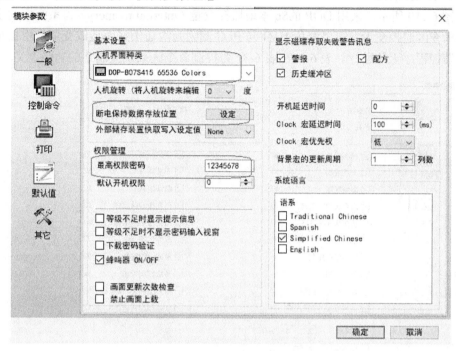

图 6-108　接口模块参数组态

（3）DOP 与 PLC 通信接口参数组态

图 6-109　通信接口参数组态

（4）系统控制区

如图 6-110 所示，采用 DOP 的$n 本地监控变量（internal memory）为系统控制字，作为控制命令区监控变量，可以避免 HMI 与 PLC 侧因为沟通不畅而造成变量使用相互重复混乱，监控程序无法运行。表 6-27～表 6-31 为控制命令区系统控制字的功能定义。

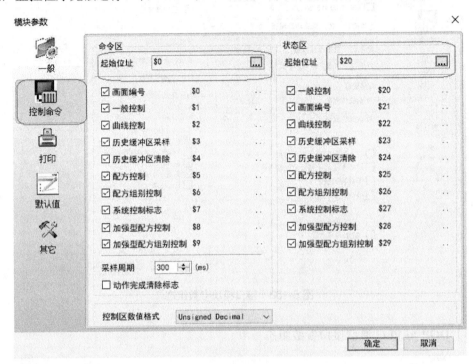

图 6-110　DOP 控制命令区推荐设置

表 6-27　系统控制字定义

Word	编号寄存器编号	定义	举例
0	画面编号指定寄存器（SNIR）	$n	($0)
1	控制旗标寄存器（CFR）	$n+1	($1)
2	曲线控制寄存器（CUCR）	$n+2	($2)
3	历史缓冲品取样寄存器（HBSR）	$n+3	($3)
4	历史缓冲区清除寄存器（HBCR）	$n+4	($4)
5	配方控制寄存器（RECR）	$n+5	($5)
6	配方组别指定寄存器（RBIR）	$n+6	($6)
7	系统控制旗标寄存器（SCFR）	$n+7	($7)

1）画面编号指定寄存器（Screen Number Indicating Register，SNIR）。

画面编号截图如图 6-111 所示，目前 SNIR = 1，当 HMI 宏程控中$0 = 3，则 SNIR = 3。

图 6-111　画面编号截图

2）控制旗标寄存器（表 6-28）。

表 6-28 控制旗标寄存器（Control Flag Register，CFR）

Bit Number	功能	Hx：16 进制数 Kx：10 进制数
$1.0	通信开关	MOV H1 D1（MOV K1 D1）
$1.1	背灯开关	MOV H2 D1（MOV K2 D1）
$1.2	蜂鸣器开关	MOV H4 D1（MOV K4 D1）
$1.3	报警缓冲区清除	MOV H8 D1（MOV K8 D1）
$1.4	报警计数器清除	
$1.5～1.7	保留	
$1.8	设定使用者等级 Bit0	MOV H10 D1（MOV K256 D1）
$1.9	设定使用者等级 Bit1	MOV H20 D1（MOV K512 D1）
$1.10	设定使用者等级 Bit2	MOV HA0 D1（MOV K1024 D0）
$1.11～1.15	保留	

3）曲线控制寄存器（表 6-29）。

表 6-29 曲线控制寄存器（CUrve Control Regiter，CUCR）

Bit Number	功能	说明
$2.0	曲线取样旗标 1	人机曲线图（一般曲线图或 XY 曲线图）的资料取样是由控制器来控制；当触发此曲线图取样控制旗标（Bit 0～Bit 3 设为 ON），则人机即刻对人机画面上的一般曲线图或 XY 曲线图元件所需的连续资料取样一次，再将资料转换成曲线图显示。再次触发前必须先清除此旗标
$2.1	曲线取样旗标 2	
$2.2	曲线取样旗标 3	
$2.3	曲线取样旗标 4	
$2.4～2.7	保留	
$2.8	曲线清除旗标 1	清除人机曲线图（一般曲线图或 XY 曲线图）元件的曲线；触发此清除控制旗标（Bit 8～Bit 11 设为 ON），即可清除曲线图元件上的曲线。再次触发前必须先清除此旗标
$2.9	曲线清除旗标 2	
$2.10	曲线清除旗标 3	
$2.11	曲线清除旗标 4	
$2.12～2.15	保留	

4）配方控制寄存器（表 6-30）。

表 6-30 配方控制寄存器（Recipe Control Register，RECR）

Bit Number	功能	H1：16 进制数
$5.0	配方组别变更	MOV H1 D5
$5.1	配方读取（PLC→HMI）	MOV H2 D5
$5.2	配方写入（HMI→PLC）	MOV H4 5
$5.3～5.5	保留	

5）配方组别指定寄存器（表 6-31）。

表 6-31　配方组别指定寄存器（Recipe Block Indicating Register，RBIR）

Word	功能
$6	指定要变更配方组别的编号

6.5.2　触摸屏 HMI 配方

设计一个 2 维 "4×3" 配方：

1）工具→配方（图 6-112、图 6-113）。

图 6-112　构建配方

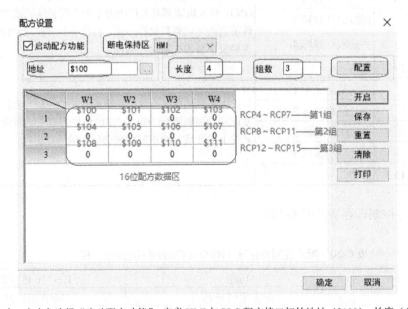

图 6-113　配方设置

注：图 6-113 中，左上角选择 "启动配方功能"，定义 HMI 与 PLC 配方接口初始地址（$100）、长度（4）、组数（3），然后点击 "配置" 按钮，就出现图中的 16 位 2 维配方数据区，第 1 组 HMI 与 PLC 配方数据接口区地址为$100～$103，配方数据组数（3）、每组数据数（4），2 维配 3X4 整型 16 位（W）配方。

2）系统控制字 $0（对照表 6-27）。

3）配方组号 RCPNO = $5.0（对照表 6-27 与表 6-30）。

4）HMI→PLC $5.2（对照表 6-27 与表 6-30）。

5）HMI←PLC $5.1（对照表 6-27 与表 6-30）。

6）当前组 RCP0～RCP3，配方数据区（三组，见图 6-113 中显示的 RCP4～RCP15）。

32 位配方设计见图 6-114。

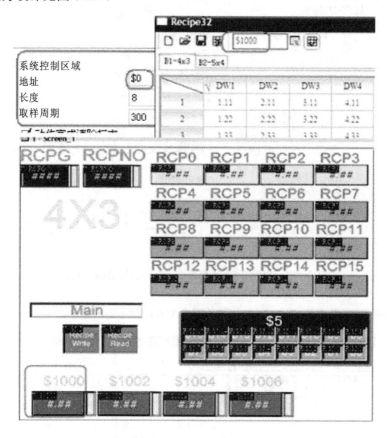

图 6-114　32 位配方设计

6.6　远程上位机力控组态监控

力控组态监控软件（ForceControl）是一个面向 SCADA（supervisory control and data acquisition）方案的平台软件。

（1）ForceControl 集成环境

1）开发系统（Draw）创建工程画面并配置各种系统参数。

2）界面运行系统（View）运行由开发系统 Draw。

3）实时数据库（DB）构建分布式应用系统的数据处理的核心。

4）I/O 驱动程序负责力控与 I/O 接口设备的通信（I/O 点授权购买）。

5）网络通信程序（NetClient/NetServer）实现各网络结点上数据通信。

（2）I/O接口设备组态配置

力控2.62平台系统I/O接口设备组态配置见图6-115。

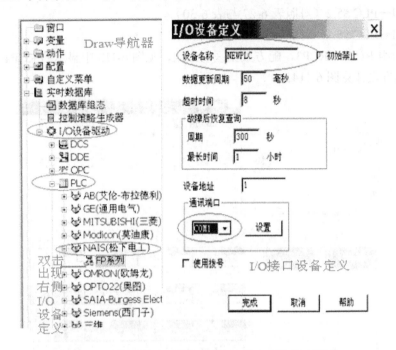

图6-115　力控2.62平台系统I/O接口设备组态配置

1）启动数据库组态程序DbManager（图6-116）。

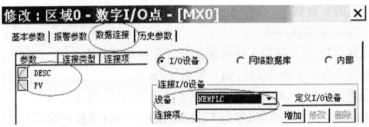

图6-116　力控2.62平台系统I/O接口设备组态配置

2）双击点MX0，切换到"数据连接"页。

①将点MX0的参数PV与设备NEWPLC关联。

②点击图6-117中"增加"按钮。

图6-117　MX0.PV与接口设备连接组态

MX0.PV 与 NEWPLC 设备所对应数据连接组态见图 6-118。

设备连接项

寄存器/继电器： X/WX（外部输入继电器）

数据格式： BIT（位，0或1）

地址： 0 位偏移： 0

确定 取消 帮助

图 6-118 MX0.PV 与 NEWPLC 设备所对应数据连接组态

③重复上述步骤（相邻继电器，位偏移依次加 1）（表 6-32）。

表 6-32 MXi/MYi.PV 对应继电器偏移地址

	MX0	MX1	MY0	MY1	MY2
寄存器/继电器	X（按位）	X（按位）	Y（按位）	Y（按位）	Y（按位）
数据格式	bit	bit	bit	bit	bit
地址	0	1	0	1	2

④单击图 6-115 中工具栏上"退出"按钮返回 DRAW 主窗口。

（3）力控组态监控系统与 S7-300/400 的 MPI 通信接口设备组态配置

"I/O 设备驱动"选择"PLC"→"SIEMENS（西门子）"→"S7-300/400（MPI）"，见图 6-119、图 6-120。

1）设备名称：aa。

2）MPI 地址（站号）：S7-300/400PLC 默认站号为 2。

3）MPI 设备槽号：S7-300/400PLC 的 CPU 模块 X1 槽号为 2。

4）通信超时时间。

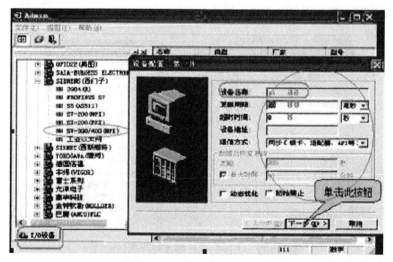

图 6-119 力控与 S7-300/400（MPI）通信接口组态

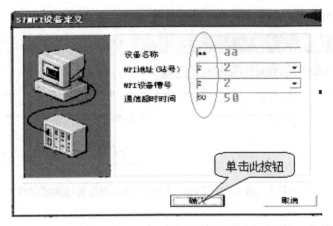

图 6-120　300/400（MPI 接口参数）

5）查看 I/O Server 运行状态测试 MPI 网通信连接状态（图 6-121）。

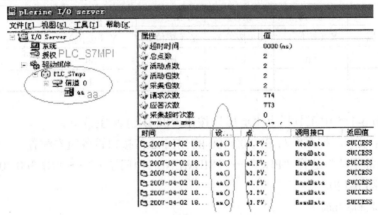

图 6-121　MPI 网通信测试结果

（4）力控的动作脚本程序

力控的动作脚本程序见图 6-122、图 6-123。

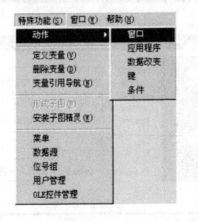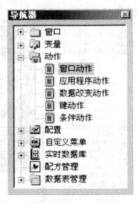

图 6-122　力控的动作脚本程序添加窗口

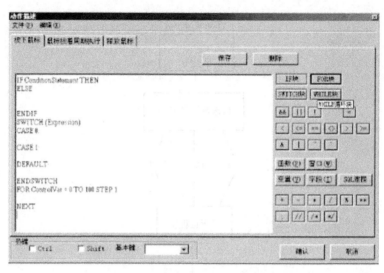

图 6-123　力控的动作脚本程描述方式窗口

6.7　项目三　智慧浮岛基于力控组态 V7.1 的远程上位机监控系统

（1）力控组态软件结构

力控组态监控软件基本的程序及组件包括工程管理器、人机界面 VIEW、实时数据库 DB、I/O 驱动程序、控制策略生成器以及各种数据服务及扩展组件等，其中实时数据库是系统的核心，力控组态软件结构如图 6-124 所示。

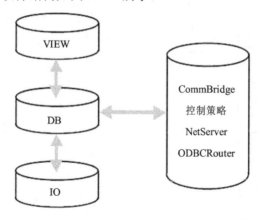

图 6-124　ForceControl 组态设计三层结构

（2）ForceControl 组态与下位机接口协议

ForceControl 组态开发环境为与各种厂商的下位机接口提供了不同的协议，其常用的监控下位机与接口协议见图 6-125。

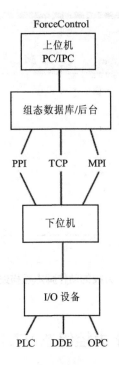

图 6-125　ForceControl 常用监控下位机与接口

（3）智慧浮岛下位机系统

智慧浮岛下位机采用台达 DVP-14SS2 主机，其 I/O 端口及结构见图 6-126。

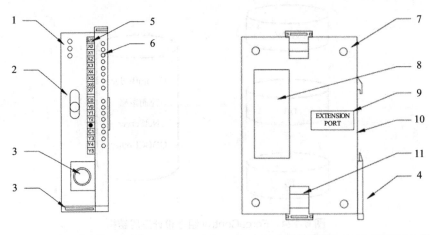

a）DVP-14SS2 型号的 PLC 主机　　　　（b）DVP-14SS2 主机扩展模块（AI/AO/DI/DO）接口

图 6-126　DVP-4SS2 主机 I/O 端口与结构（图中标号 1～14 见表 6-33）

台达 DVP-14SS2 主机的工作电源及 RS485 总线接口见图 6-127。其中，标号 12 中的"+"端子接 485A，"−"端子接 485B；标号 14 中的 3 个接线端子分别为 24VDC、0V、保护地。

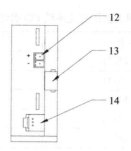

图 6-127 DVP-14SS2 型号的 PLC 主机电源接口与 RS485 总线接口

DVP-14SS2 型号的 PLC 主机结构信息见表 6-33。

表 6-33 DVP-14SS2 型号的 PLC 主机结构信息

1. POWER，RUN，ERROR indicator	8. Nameplate
2. RUN/STOP switch	9. Extension port
3. I/O port for program communication（RS232）	10. DIN rail mounting slot（35 mm）
4. DIN rail clip	11. Extension unit clip
5. I/O terminals	12. RS485 communication port
6 I/O point indicator	13. Mounting rail for extension module
7. Mounting hole for extension module	14. DC power input（24VDC）

（4）智慧浮岛远程上位机监控系统

1）远程上位机监控流程（图 6-128）。

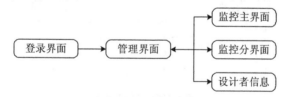

图 6-128 远程上位机监控流程

2）远程上位机监控 I/O 点分析（表 6-34、表 6-35）。

表 6-34 远程上位机系统与下位机 PLC 接口的 I/O 点

序号	点名	作用	数量	备注
1	1 号电机开关	控制浮岛的运动	2	在监控界面中，为数字点，表现为按钮
2	2 号电机开关	控制浮岛的运动	2	在监控界面中，为数字点，表现为按钮
3	3 号电机开关	控制浮岛的运动	2	在监控界面中，为数字点，表现为按钮
4	4 号电机开关	控制浮岛的运动	2	在监控界面中，为数字点，表现为按钮
5	浮岛温度监控	显示浮岛温度	2	在监控界面中，为模拟点，表现为按钮和棒图
6	浮岛湿度监控	显示浮岛湿度	2	在监控界面中，为模拟点，表现为按钮和棒图
7	浮岛光照度监控	显示浮岛光照度	1	在监控界面中，为模拟点，表现为按钮和棒图
8	浮岛 GPS 经度	确定浮岛 X 轴位置	1	在监控界面中，为模拟点，表现为 XY 曲线
9	浮岛 GPS 纬度	确定浮岛 Y 轴位置	1	在监控界面中，为模拟点，表现为 XY 曲线
10	浮岛 8 方位避障	显示浮岛是否紧急避障	8	在监控界面中，为模拟点，表现为警示灯

表 6-35　远程上位机监控系统 I/O 点组态数据库设计

序号	点名	作用	数量
1	M1_FWD	控制一号电机	1
2	M2_FWD	控制二号电机	1
3	M3_FWD	控制三号电机	1
4	M4_FWD	控制四号电机	1
5	TEMP	监控浮岛温度	1
9	MOIS	监控浮岛湿度	1
10	LUM	监控浮岛光照度	1
11	GPS_X	浮岛位置 X 轴	1
12	GPS_Y	浮岛位置 Y 轴	1
13	DOA	浮岛紧急避障	1

3）远程上位机权限与安全管理设计。

上位机权限管理：在菜单栏中选择功能→用户管理（图 6-129），进入如图 6-130 所示的窗口，在其中编辑用户名，选择级别和口令，对操作工、班长、工程师和系统管理员四种级别进行设置。

图 6-129　用户管理

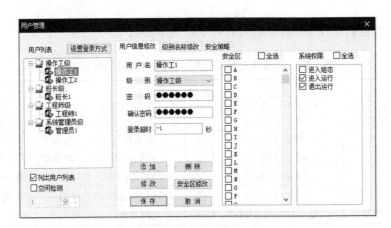

图 6-130　用户管理设计

　　远程上位机安全管理设计：新建图 6-131 的管理窗口，在该窗体上设计号如图中的图元：

　　选中"登录"按钮图元，右击该图元，选择"动画"设计动作进入如图 6-132 所示的"动画"设计对话窗口，双击图 6-132 中"左键动作"进入如图 6-133 所示的窗口面板，写入程序语句"login（）；"。

　　选中"进入"按钮图元，右击该图元，选择"动画"设计动作，同样进入如图 6-132 所示的"动画"设计对话窗口，双击图 6-132 中"左键动作"进入图 6-134 图元"动画"设计对话窗口，写入程序语句：

　　"if \$userlevel>0 then

Display（"监控界面"）；

endif"。

　　图 6-135 中的菜单栏中选择：功能→动作→窗口动作，进入如图 6-136 所示的窗口面板，写入程序语句，程序语句见图 6-136。

图 6-131　远程上位机安全与权限管理窗口

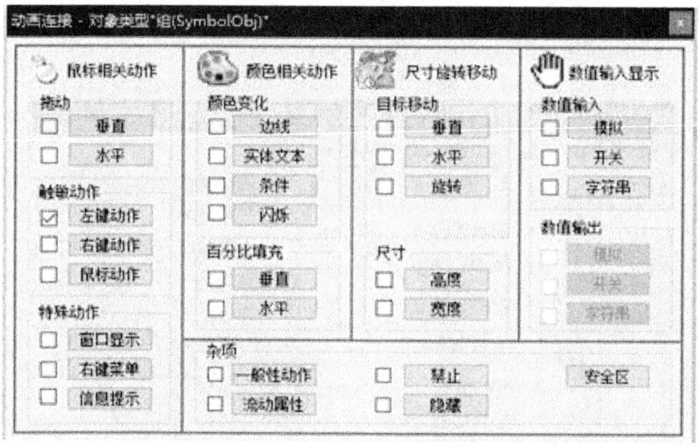

图 6-132　图元"动画"设计对话窗口

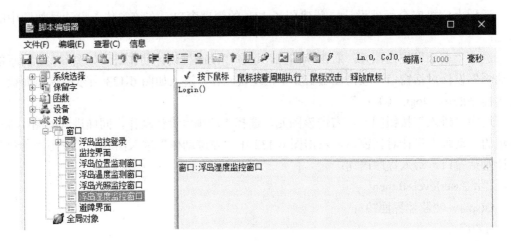

图 6-133 "登录"按钮图元程序设计窗口

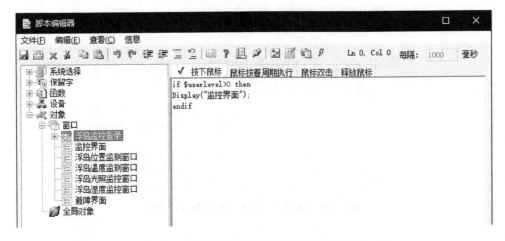

图 6-134 "进入"按钮图元程序设计窗口

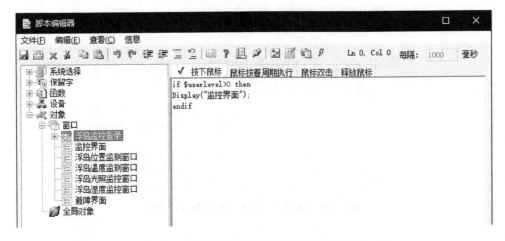

图 6-135 窗口动作

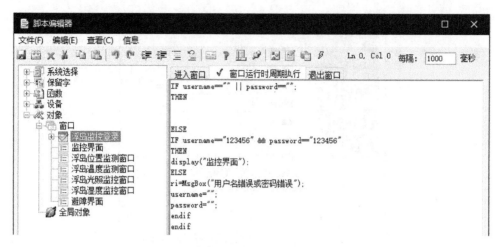

图 6-136 "用户名、密码"程序设计窗口

4）数据库组态设计。

①下位机 PLC 从 I/O 接口驱动参数组态设置（图 6-137、图 6-138）。

上位机系统数据库是运行在其系统后台的、与其下位机 PLC 进行动态监控信息与数据交互的接口。该接口参数组态取决于下位机 PLC 具体厂家类型，智慧浮岛下位机 PLC（台达 DVP-14SS2 系列）的 I/O 点定义见表 6-33、表 6-34。特别注意，必须完全安装 I/O Server 程序模块。

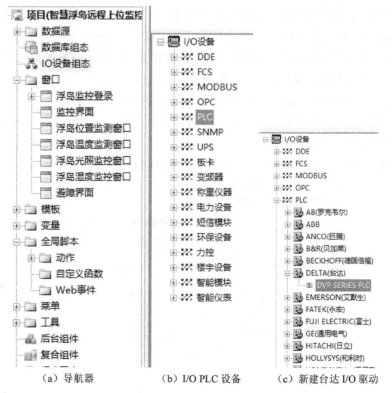

（a）导航器　　　　（b）I/O PLC 设备　　　（c）新建台达 I/O 驱动

图 6-137　数据库组态设计

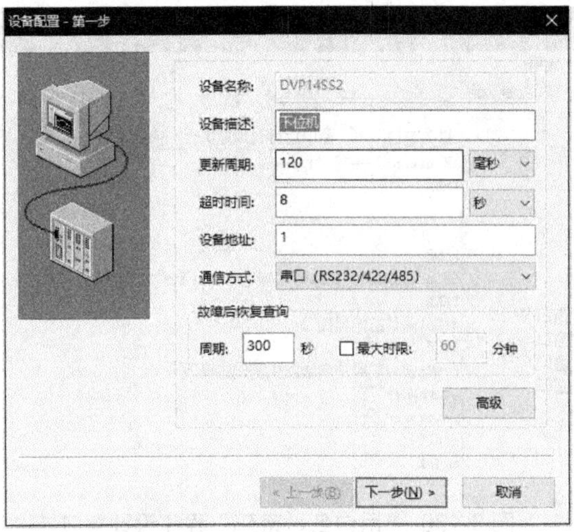

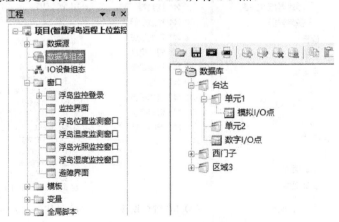

图 6-138　下位机 PLC 从 I/O 接口驱动参数组态设置

②上位机系统后台实时数据库组态设计。

在力控组态开发平台环境中左侧的设计导航管理中：双击图 6-139 中左侧的"数据库组态"，进入如图 6-139 中右侧数据库工程管理器（DbManager）数据库组态设计平台，并在该平台中选择数据库组态区域为"台达区域"。再根据表 6-34 与表 6-35 中 I/O 点的类型，进行下位机 PLC 点符号名与绝对地址定义：

→右击"区域…01""模拟 I/O 点"的"新增"进入"基本参数"界面如图 6-140 所示；"点名"为 M1_FWD（表 6-35）；"点说明"：浮岛电机一号驱动。

→点击图 6-140 中的"确定"按钮为 M1_FWD 选择 DVP14SS2 作为其 I/O 设备（图 6-140），点击"增加"按钮进行点 M1_FWD 定义，见图 6-141。

→点击图 6-142 中的"数据连接"选项卡进入图 6-142。

→M1_FWD 的"报警参数"见图 6-143，选择报警参数，若为模拟点，则需按照图 6-144 进行低限和高限的报警设置。

→同理重复组态定义表 6-35 中下位机 PLC 所有 I/O 点。

图 6-139　数据库组态设计平台

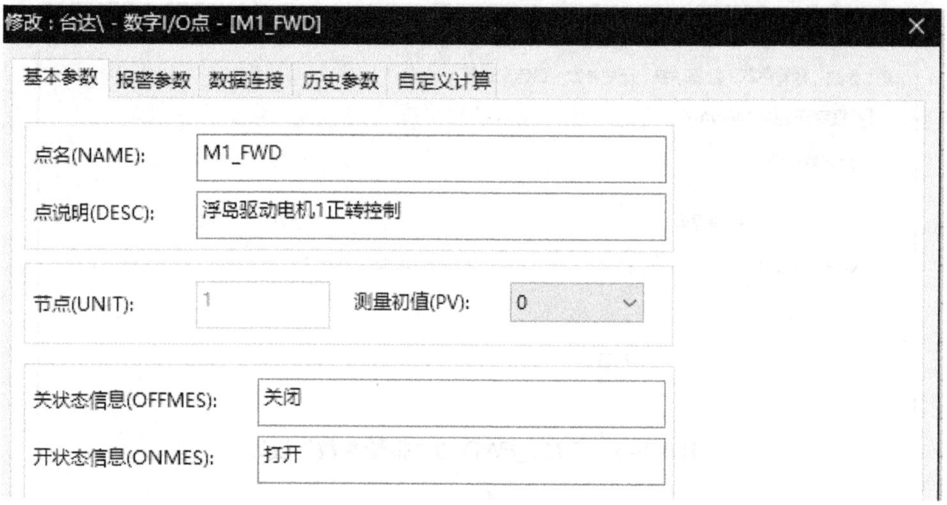

图 6-140　M1_FWD 基本参数对话窗口

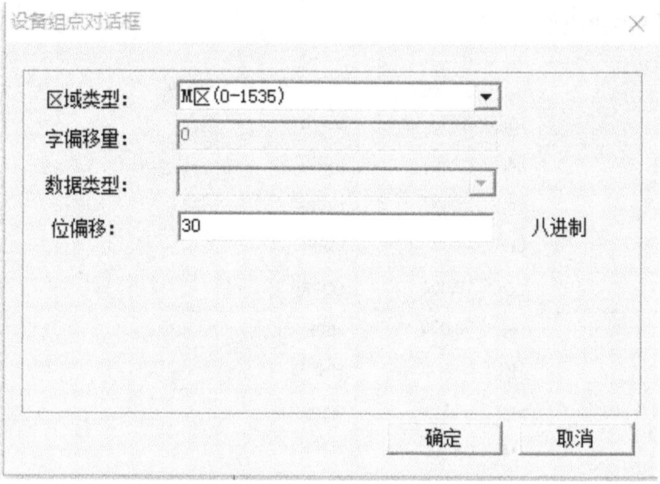

图 6-141　点 "M1_FWD" 定义

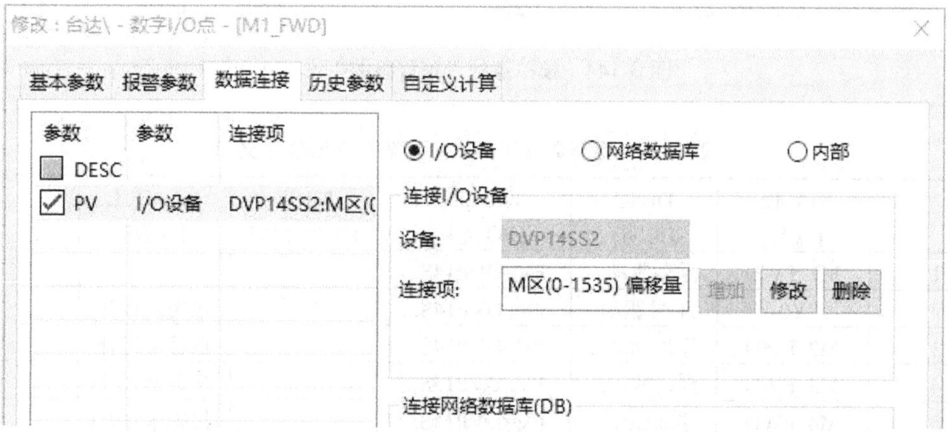

图 6-142　定义点 "M1_FWD" 设备 I/O-PLC

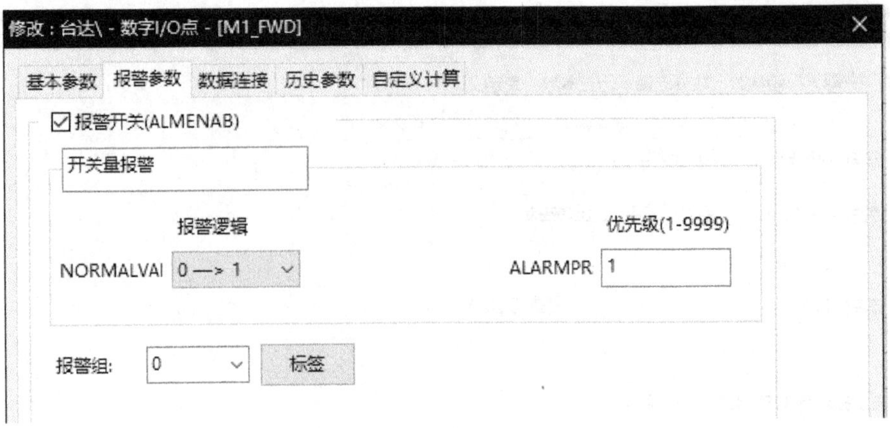

图 6-143 点 M1_FWD 的"报警参数"设计

图 6-144 模拟点的"报警参数"设计

表 6-36 组态数据库 I/O 点系统中 DI/DO 定义

	NAME [点名]	DESC [说明]	%IOLINK [I/O 连接]	%HIS [历史参数]	%LABEL [标签]	
1	M1_FWD	浮岛驱动...	PV=DVP14S...			
2	Y0	1 号驱动	PV=DVP14S...		报警未打开	
3	M2_FWD	浮岛驱动...	PV=DVP14S...		报警未打开	
4	M3_FWD	浮岛驱动...	PV=DVP14S...		报警未打开	
5	M4_FWD	浮岛驱动...	PV=DVP14S...		报警未打开	

表 6-37　组态数据库 I/O 点系统中 AI 定义

	NAME [点名]	DESC [说明]	%IOLINK [I/O 连接]	%HIS [历史参数]	%LABEL [标签]	
1	TEMP	浮岛上温...	PV=DVP14S...			
2	MOIS	浮岛上湿...	PV=DVP14S...			
3	LUM	浮岛上光...	PV=DVP14S...			
4	GPS_X	浮岛位置...	PV=DVP14S...			
5	GPS_Y	浮岛位置...	PV=DVP14S...			
6	srcName				报警未打开	
7	nTime				报警未打开	
8	nColor				报警未打开	
9	time	浮岛时间			报警未打开	
10	DOA	避障				

5）监控界面设计。

在力控的 DRAW 编辑器中新建画面，命名为"监控界面"（图 6-145）。进行图 6-146 中所有监控图元设计，并为反映组态数据中 IO 点的变量设计动作，见图 6-147～图 6-150。

图 6-145　新建"监控界面窗口"

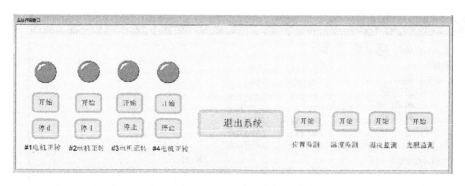

图 6-146　"监控界面窗口"设计

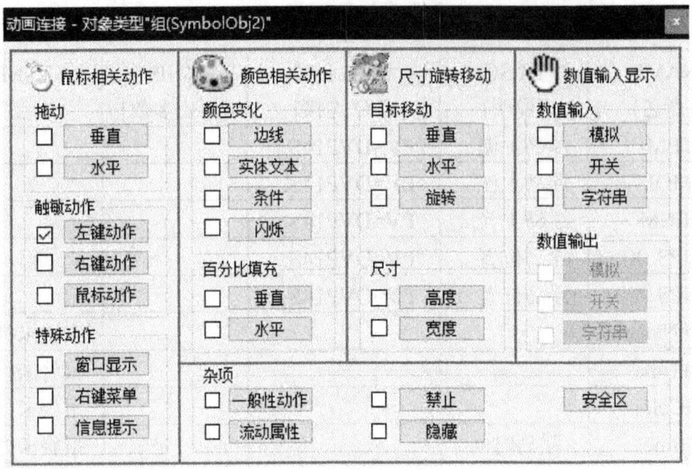

图 6-147　组态数据库中开关 I/O 点变量变化条件设计

图 6-148　组态数据库中开关 I/O 点变量设定

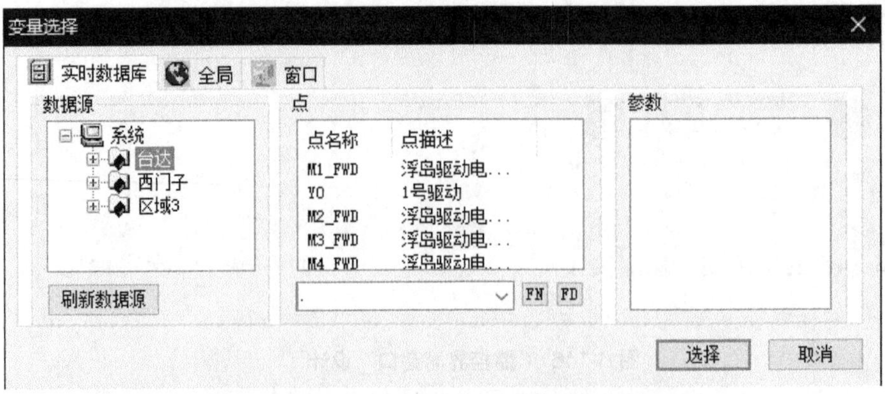

图 6-149　组态数据库中开关 I/O 点变量单位设计

动画连接 - 对象类型"组(SymbolObj11)"

🖱 鼠标相关动作	🎨 颜色相关动作	尺寸旋转移动	🖐 数值输入显示
拖动	**颜色变化**	**目标移动**	**数值输入**
☐ 垂直	☐ 边线	☐ 垂直	☐ 模拟
☐ 水平	☐ 实体文本	☐ 水平	☑ 开关
触敏动作	☐ 条件	☐ 旋转	☐ 字符串
☑ 左键动作	☐ 闪烁		**数值输出**
☐ 右键动作	**百分比填充**	**尺寸**	☐ 模拟
☐ 鼠标动作	☐ 垂直	☐ 高度	☐ 开关
特殊动作	☐ 水平	☐ 宽度	☐ 字符串
☐ 窗口显示	**杂项**		
☐ 右键菜单	☐ 一般性动作	☐ 禁止	安全区
☐ 信息提示	☐ 流动属性	☐ 隐藏	

图 6-150　组态数据库中开关 I/O 点变量输入输出设计

6）远程上位机监控与 PLC 通信接口设置。

力控（ForceControl）远程上位机组态监控系统，开发程序、监控界面运行于 Windows XP 或 Win7 旗舰版操作系统。通过 PC 机或工控机（IPC）的 USB 口，采用 USB 转 RS232 总线 PPI 通信电缆与下位机从站 DVP-14SS2 的 PLC 的 COM1 或 COM2 口相连。PLC 与电脑线路连接，根据电脑的串口情况，笔记本电脑没有串口，需要使用 USB 转 RS232 数据线，图 6-151 是 DVP-14SS2 系列 PLC 的 RS232 接口（COM1）的通信电缆图。若下位机是西门子的 PLC，需要使用 USB 转 RS485 数据线，利用其驱动创建虚拟串口；其他厂商 PLC 则根据其使用说明查询 USB 转串口的通信线。

PC 机 USB 口/IPC 机 USB 口　　　　　　　　　　PLC 主机

图 6-151　远程上位机监控的 PC 机（IPC 机）的 USB 口

6.8　WINCC 与 S7-300/400 PLC 接口

WINCC 有两个版本：RC 版（具有组态和开发环境）、RT 版（只有运行环境）。

WINCC 是基于个人计算机的操作监视系统，其很容易结合标准的和用户的程序建立人机界面，精确地满足生产实际要求。

（1）WinCC 组态集成开发环境

1）变量管理。

先确定通信方式安装驱动程序（如 MPI），再定义内部变量和外部变量（下位机监控点数），外部变量是受所购买 WINCC 软件授权限制的（最大授权 64K 字节），内部变量没有限制。

2）画面生成。

进入图形编辑器创建过程画面的面向矢量的作图程序，并通过动作编程将动态添加到单个图形对象上。

3）报警记录设置。

为报警记录提供显示和操作选项与归档结果，可以任意组态选择报警显示形式。

4）变量记录。

用来从运行过程中采集数据并准备将它们显示和归档。

5）报表组态。

通过报表编辑器来实现为消息、操作、归档内容和当前或已归档的数据定时器或事件控制文档等集成的报表系统，可以自由选择用户报表的形式。

6）全局脚本的应用。

全局脚本就是 C 语言函数和动作的统称，不同的类型脚本被用于对象组态动作，并通过系统内部 C 语言编译器来处理。全局脚本动作用于过程执行的运行中，一个触发（如按下左键事件）可以开始这些动作的执行。

7）用户管理器设置。

用于分配和控制用户的单个组态和运行系统编辑器的访问权限。每建立一个用户，就设置了对 WINCC 功能的访问权利，并独立地分配给此用户。至多可分配 999 个不同的授权。

8）交叉表索引。

用于为对象寻找和显示所有使用处，如变量、画面和函数等。使用"链接"功能可以改变变量名称，而不会导致组态不一致。

（2）WINCC 组态监控系统结构

WINCC 组态界面结构见图 6-152。

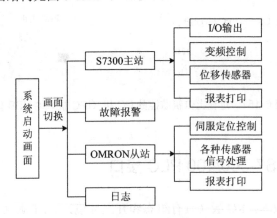

图 6-152　WINCC 组态界面结构

（3）三种类型的 WINCC 组态项目

1）单用户项目（DCS 监控）。

只拥有一个操作终端的项目类型，在计算机上可以完成组态与过程总线的连接以及项目数据的存储。

2）多用户项目（适合集成开发设计）。

同一项目使用多台客户机和一台服务器（最多可有 16 台客户机访问一台服务器），可以在服务器或任意客户机上组态。共享数据存储在服务器上，服务器执行与过程总线的连接和过程数据的处理，运行系统通常由客户机控制。

3）多客户机项目（适合大数据处理设计）。

能够访问多个服务器的数据的项目类型。每个多客户机和相关的服务器都拥有自己的项目。在服务器或客户机上完成服务器项目的组态；在多客户机上完成多客户项目的组态。最多 16 个客户机或多客户机能够访问服务器。在运行时多客户机能访问至多 6 个服务器。也就是说，6 个不同服务器的数据可以在多客户机上的同一幅画面中可视化显示。

（4）WINCC 单用户项目系统与 S7-PLC 通信

在工控机上完成单用户 WINCC 项目系统的设计（WINCC6.3 与 STEP 7 5.4 等安装完毕）。安装与接口参数组态设置：

1）将 MPI 网卡 CP5611 插入 PC 机上并固定好。

2）启动计算机。

3）在计算机的控制面板中双击"Setting PG/PC interface"图标（图 6-153）。

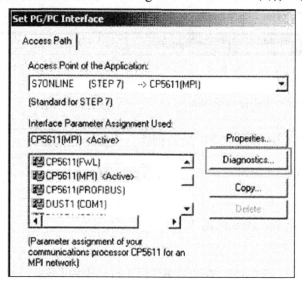

图 6-153　控制面板中 "Set PG/PC Interface" 接口参数组态窗口

4）在 WINCC 上添加 SIAMTIC S7 通信协议。

在 WINCC 标签管理器（tag management）中选择添加 PLC 驱动程序，要对应所建立的 PROFIBUS 或 MPI 网，选择支持这两种网络的 S7 协议的通信驱动程序"SIMATIC S7 Protocol Suite. CHN"（图 6-154）。

①在打开的 WINCC 导航器中右键选择"Tag Management"。

②选择"Add New Driver"。

③在弹出窗口中选择"SIAMTIC S7 PROTOCOL SUITE"。

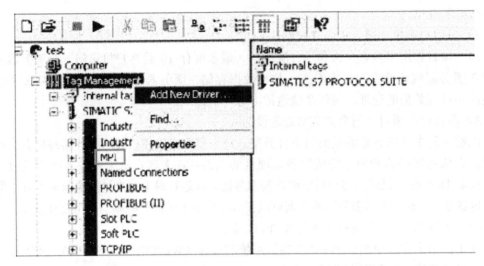

图 6-154　添加 SIAMTIC S7 通信协议 "SIAMTIC S7 PROTOCOL SUITE"

5）WINCC 通信接口连接参数组态设置（图 6-155）。

①选择图 6-154 中 WINCC 导航器中 "MPI" 图标。

②按右键选择 "System Parameter"。

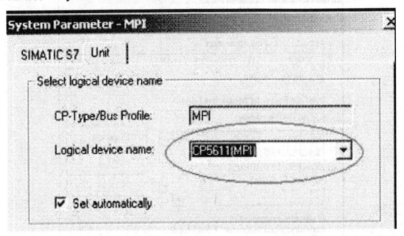

图 6-155　WINCC 通信接口连接参数组态设置

6）在 WINCC 上建立通信连接组态设置。

①选择图 6-154 中 WINCC 导航器中 "MPI" 图标。

②按右键选择 "New driver connection"。

注：连接多个 CPU，每连接一个 CPU 就需要建立一个连接，所能连接的 CPU 的数量与上位机所用网卡有关。例如，CP5611 所能支持的最大连接数是 8 个 WINCC 与 S7-PLC 的连接，网卡的连接数可以在手册中查找。

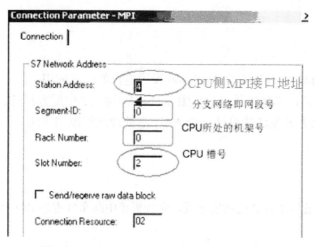

图 6-156　WINCC 对应的 PLC 接口连接参数

（5）WINCC 单用户项目系统与 S7-PLC 通信诊断

1）点击图 6-153 中"Diagnosis"按钮启动 WINCC 通信诊断（图 6-157）。

2）MPI 地址（Station Address）必须唯一，建议取出厂默认 0。

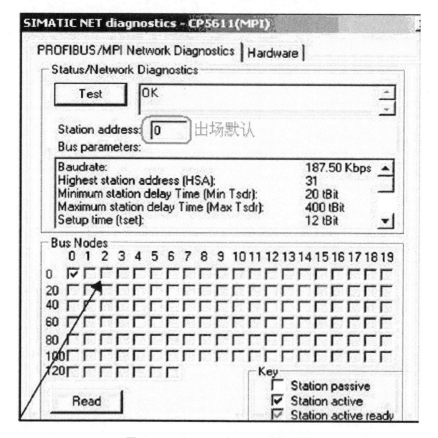

图 6-157　WINCC 与 PLC 通信诊断

课程设计

1. 请用 DVP 14SS2 设计 3 个 35BYJ46 步进电机的驱动应用。
2. 对 AAO 水处理工艺参数进行如图 6-114 所示的 32 位配方设计。
3. 采用力控组态开发环境设计一个 AAO 水处理远程监控系统。

思考题

根据表 6-14，分析事件 2 的触发方式，并分析该中断事件程序 INT-O 的执行方式。

第7章 环保设备信息化与智能化

信息化与智能化在环保设备的应用领域涉猎很宽泛。本章为在环保设备开发设计中突出信息化、智能化的技术特点，将从以下4个方面进行阐述：①电子表格+VBA数据信息处理技术，用于进行环保设备参数评估与计算信息化设计；②C51单片机接口技术，方便用于环保智能部件的设计与开发；③"PLC+EMCP+云物联网plus"的环保设备智能App监控技术，快速推动环保设备数据云+物联网技术的设计与开发；④"单片机嵌入+OneNET云+物联网plus"的环保设备智能App监控技术，推动环保设备系统高性价比的智能App监控与管理技术的应用（图7-1）。

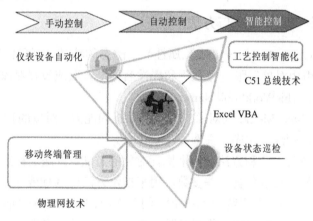

图7-1　环保设备领域的信息化与智能化

7.1 Excel VBA 编程技术

Microsoft Office办公自动化软件中的电子表格有许多信息化功能都被我们所忽视。采用Excel +VBA进行程式环保设备工艺参数的估算设计、设备选型设计，可以更好地提高环保设备开发与设计的质量与效率。

VBA（Visual Basic for Applications）是微软开发出来在其桌面应用程序中执行通用的自动化（Object Linking and Embedding，OLE）任务的编程语言，是数据统计（Excel）连接嵌入式的可视化VB编程，方便快捷处理统计数据。

7.1.1 Excel VBA 编程对象

VBA对象是指在VBA环境中可以处理的任何事物，如工作簿、工作表、单元格、图表等，见表7-1。

表 7-1 VBA 对象

操作对象	对象名称
工作簿	Workbook
工作表	Worksheet
图表	Chart
单元格	Range
字体	Font
对象内部	Interior
排序	Sort
筛选	Filter

对象引用：可以使用点号"."来连接对象类、对象集合和对象名称或索引。例如，引用 A1 单元格：

Application.Workbooks（"Book1"）.Worksheets（"Sheet1"）.Range（"A1"），如果"Sheet1"是激活状态，可以 Range（"A1"）。

7.1.2 Excel VBA 编程属性与方法

对象的属性：Object.Property（对象.属性），静态的特征，对象的特征，如名称、颜色、值、格式等。引用对象后跟点号"."和属性名称来获取或设置对象的属性。例如，获取当前工作簿名称：ThisWorkbook.Name。

对象的方法：Object.Method（对象.方法），动态的能力，对象的行为，如打开、关闭、保存、复制、粘贴、删除、排序、筛选等。

引用对象后跟点号"."和方法名称来执行对象的方法。方法名称后面通常需要跟一对括号"（）"，括号中可以包含一些参数，用来指定方法的选项或条件。

例如，打开当前目录下，名称为"Book1"的工作簿：Workbooks.Open（"Book1.xlsx"）。

可以使用 VBA 编辑器中的对象浏览器（Object Browser）来查看和搜索对象类和对象集合的属性和方法的列表，以及它们的参数和描述。

7.1.3 Excel VBA 编程基础

（1）Excel VBA 编程启动

图 7-2 Excel VBA 启动

（2）进入 VBA 编程

将 VB 编程移至 Excel 对象中。

图 7-3　Excel VBA 集成编程环境

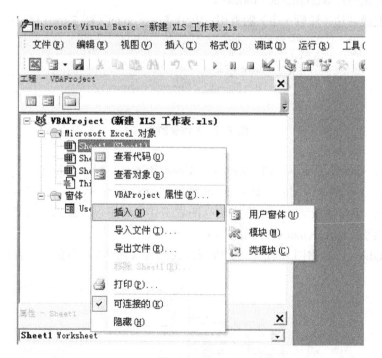

图 7-4　选中 Sheet1 右击鼠标插入编程对象（用户窗体、模块、类模块）

（3）VBA 的基本概念

1）工作簿：Workbooks、Workbook、ActiveWorkbook、ThisWorkbook。

①Workbooks：包含 Excel 中当前打开的所有 Excel 工作簿。

②Workbook：成员是 Excel 文件（图 7-5：Sheet1、Sheet2、Sheet3）。

③ActiveWorkbook：当前处于活动状态的工作簿（图 7-5）。

④ThisWorkbook：代表其中有 VB 代码正在运行的工作簿（图 7-5）。

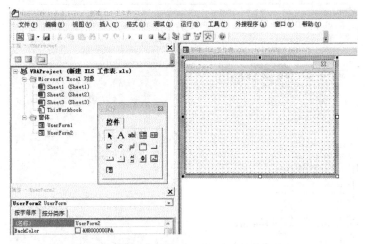

图 7-5　选中 Sheet1 右击鼠标插入用户窗体

2）工作表：Worksheets、Worksheet、ActiveSheet。

①工作表索引：Worksheets（index）。

②工作表最右边（最后一个）的索引：Worksheets.count（图 7-6 中 Sheet3，index = 3）。

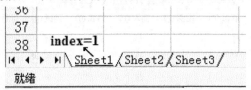

图 7-6　工作表的索引

3）图表：Chart、Charts、ChartObject、ChartObjects、ActiveChart。

①Chart：工作簿中的图表（嵌入式-包含在 ChartObject 中，单独图表）。

②Charts：工作簿或活动工作簿中所有图表工作表（不包含嵌入式）。

③图表索引 Charts（index）：同图 7-6。

④ChartObject：右击图表边框可完成嵌入式图表（图 7-7）和独立图表设置。

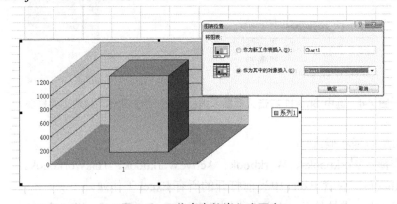

图 7-7　工作表中的嵌入式图表

⑤ChartObjects：指定的图表、对话框编辑表或嵌入式图表的集合。

⑥ChartObjects（index）：index 为嵌入式图表的编号或名称。

a）Worksheets（"Sheet1"）.ChartObjects（1）；

b）Worksheets（"Sheet1"）.ChartObjects（"Chart1"）。

⑦ActiveChart：可以引用活动状态下的图表。

4）单元格：Cells、ActiveCell、Range、Areas。

①Cells（row，column）。

②Range（"A5"）、Range（"A1：H8"）、Range（"Criteria"）（图 7-8）。

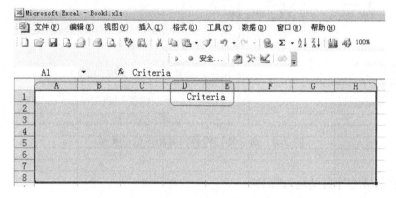

图 7-8　Range（）函数应用 VBA 代码格式

③Range（"C5：C10"）.Cells（1，1）= C5。

④Areas 为选定区域内的连续单元格块的集合，其成员是 Range 对象。

5）行与列：Rows、Columns、Row、Column。

①Rows（3）、Columns（4）= 3 行 4 列。

②Row、Column 定位行列。

（4）简单编程

1）单元格程序。

Dim I As Integer

I = Worksheets（"Sheet1"）.Cells（1，1）

Cells（1，2）.Select '选定 B1 单元格，使其成为当前单元格

ActiveCell = I+1 '以 I+1 为当前单元格赋值

2）用公式赋值。

①将活动单元格左侧第 4 列向上第 6 行至向上第 2 行的单元格数值之和赋给活动单元格（以本行、本列为第 0 行、第 0 列）。

ActiveCell.Formula =〝AVERAGE（R[-6]C[-4]：R[-2]C[-4]）〞

②Range（"E10"）.Formula =〝SUM（sheet1！R1C1：R4C1）〞。

③Worksheets（"sheet1"）.ActiveCell.Formula =〝MAX（'1-1 剖面'！D3：D5）〞。

④Worksheets（"sheet1"）.ActiveCell.Formula =〝MAX（'1-1 剖面'！D3：D5）〞。

⑤ActiveCell. Formula =〝MAX（[Book1.sls]sheet3！R1C1：RC[4]）〞。

⑥cells. Formula =〝MIN（'[2015-2018 总结.xls]2015-2018 年'！\$A\$1：\$A\$6）〞。

（5）命令按钮控件打开相应数据表单编程

命令按钮控件打开相应数据表单的操作见图 7-9。

图 7-9　命令按钮控件打开相应数据表单

1）电子表格运行自动运行窗体。

①双击"ThisWorkbook"（图 7-10）。

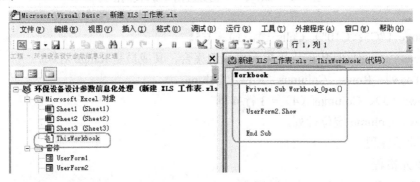

图 7-10　在右侧窗口"Workbook_open（）"事件中添加：UserForm2.Show

修改宏"安全性"（图 7-11、图 7-12）。

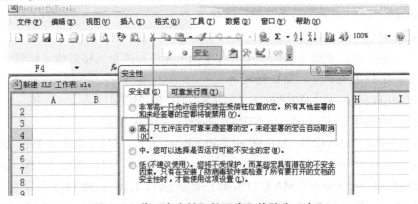

图 7-11　将"安全性"的"高"修改为"中"

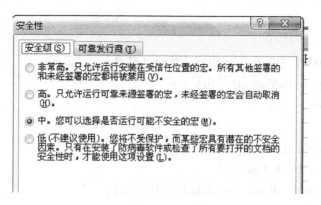

图 7-12 "安全性"修改为"中"

②双击目录中电子表格文件名。

a）出现宏"安全警告"（图 7-13）。

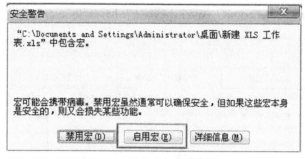

图 7-13 宏"安全警告"

b）单击"启用宏（E）"按钮则出现窗体运行画面（图 7-14）。

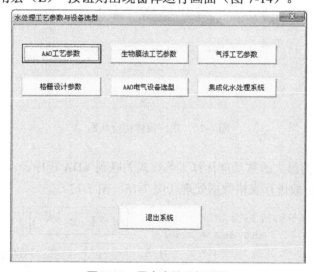

图 7-14 用户窗体运行画面

c）单击"退出系统"按钮事件代码。

Private Sub CommandButton5_Click（）

Unload Me

End Sub

d）单击"AAO 工艺参数"按钮事件代码（打开）。

Private Sub CommandButton1_Click（）

userform1.show

End Sub

e）打开电子表格自启动窗体代码。

Private Sub Workbook_Open（）

Application.Visible = False '自动隐藏所有电子表格

UserForm2.Show

End Sub

f）用按钮事件打开电子表格的指定数据表。

workbooks.open "d：\环保设备设计\ 我的工作表.xls"

workbooks（workbooks.count）.worksheets（"Sheet1"）.activate

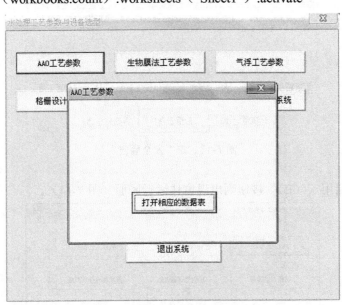

图 7-15　用户窗体运行画面

2）Excel 内嵌的强大函数功能计算工艺程式关联到 VBA 程序。

①调用 Excel 函数进行表格数据处理（图 7-16、图 7-17）。

基于分割粒径的除尘效率			$\eta_i = 1 - e^{-A_e d_a^{B_e}}$)
	填料塔和筛板塔	离心式洗涤器	=1-exp（-B3*POWER（B5, B4））
常数Ae	1	0.5	POWER(number, power)
常数Be	2	0.67	
粒子的空气动力学直径da（μm）	0.5	0.1	

图 7-16　Excel 中表格数据处理

	A	B	C	D	E
1	基于分割粒径的除尘效率				$\eta_i = 1 - e^{-A_e d_a^{B_e}}$)
2		填料塔和筛板塔	离心式洗涤器		
3	常数Ae	1	0.5		0.221199
4	常数Be	2	0.67		
5	粒子的空气动力学直径da（μm）	0.5	0.1		

图 7-17　Excel 中表格数据处理结果进入 VBA 窗体界面显示

②VBA 编程在前台窗体文本显示数据处理结果。

```
Dim I As Integer
I = Worksheets（"Sheet1"）.Cells（3，5）
Dust_removal_η.Text = str（I）
```

7.2　项目四　基于 Excel VBA 的混凝气浮工艺参数设计

7.2.1　混凝气浮工艺参数

混凝气浮法分为混凝和气浮两部分，该方法先通过添加合适的混凝剂以形成较大的絮体，再将絮体通入气浮分离设备后与大量密集的细气泡相互黏附，形成比重小于水的累体，依靠浮力上浮到水面，从而实现固液分离。

（1）混凝气浮池进水参数

详见表 7-2。

表 7-2　混凝气浮池进出水水质

水质指标	COD	BOD_5	悬浮固体浓度
进水水质/（mg/L）	247	58.1	312.1
出水水质/（mg/L）	123.5	29	68.7
去除率/%	50	50	78

（2）混凝气浮池工艺参数

1）溶解池的容积

$$V_1 = \frac{24 \times 100AQ}{1\,000 \times 1\,000\omega n} \tag{7-1}$$

式中，V_1——溶解池容积，m^3；

A——混凝剂最大投加量，mg/L（按无水产品计，石灰最大用量按 CaO 计，假设 20 mg/L）；

Q——设计流量，m^3/h；

ω——溶液质量分数，%（一般为 10%～20%，本设计取 10%）；

n——每天配制次数，次（应根据混凝剂投加量和配制条件等因素确定，一般为 2～6 次，本设计取 4 次）。

2）反应池的计算。

①反应池的容积。

$$W = \frac{QT}{60n} \tag{7-2}$$

式中，W——每池容积，m^3；

　　Q——设计流量，m^3/h；

　　T——反应时间，min（一般为 15～30 min，本设计取 15 min）；

　　n——池数，个（假设为 2 个）。

②反应池池深与直径。

反应池池深与直径之比：$H : D = r$。

$$D = \sqrt[3]{\frac{4W}{\pi r}} \tag{7-3}$$

式中，D——反应池直径，m；

　　W——每池容积，m^3；

　　π——圆周率，本设计取 3.14；

　　r——反应池池深与直径之比。

③喷嘴直径。

$$d = \sqrt{\frac{4Q}{3\,600nv\pi}} \tag{7-4}$$

式中，d——喷嘴直径，m；

　　Q——设计流量，m^3/h；

　　n——池数，个（假设为 2 个）；

　　v——喷嘴出口流速，m/s（一般为 2～3 m/s，本设计取 2.5 m/s）；

　　π——圆周率。

喷嘴设置在池底，水流沿切线方向进入。

④水头损失。

$$h_1 = 0.06v^2 \tag{7-5}$$

$$h = h_1 + h_2 \tag{7-6}$$

式中，h_1——喷嘴水头损失，m；

　　v——喷嘴出口流速，m/s（一般为 2～3 m/s，本设计取 2.5 m/s）；

　　h——总水头损失，m；

　　h_2——池内水头损失，m（一般为 0.1～0.2 m，本设计取 0.15 m）。

3）空压机的选择参数。

①气浮池所需空气量。

$$Q_g = \frac{\gamma Q R a_e \psi}{1\,000} \tag{7-7}$$

式中，Q_g——气浮池所需空气量，kg/h；

γ——空气容重，g/L（假设温度为 10℃，空气容重为 1.206 g/L）；

Q——设计流量，m^3/h；

R——溶气水量占处理水量的比值，%（假设为 20%）；

a_e——气浮池的释气量，L/m^3（假设为 140L/m^3）；

ψ——水温校正系数，1.1～1.3（本设计取 1.2）。

②空压机的额定气量。

$$Q_g' = \frac{\psi' Q_g}{60\gamma} \tag{7-8}$$

式中，Q_g'——所需空压机额定气量，m^3/min；

ψ'——安全系数，1.2～1.5（本设计取 1.3）；

Q_g——气浮池所需空气量，kg/h；

γ——空气容重，g/L（假设温度为 10℃，空气容重为 1.206 g/L）。

选用 Z-0.1/7 型空压机间歇工作时的具体参数见表 7-3。

表 7-3　选用 Z-0.1/7 型空压机间歇工作时的具体参数

型号	气量/（kg/h）	最大压力/MPa	电动机功率/kW	配套使用气浮池范围/（m^3/d）
Z-0.1/7	0.1	0.7	0.75	＜10 000

4）压力溶气罐的选择。

压力溶气罐直径 D_d。

$$D_d = \sqrt{\frac{4 \times Q R}{\pi I}} \tag{7-9}$$

式中，D_d——压力溶气罐直径，m；

Q——设计流量，m^3/h；

R——溶气水量占处理水量的比值，%（假设为 20%）；

π——圆周率，本设计取 3.14；

I——单位罐截面积的水力负荷，m^3/（$m^2\cdot$h）[一般为 80～150 m^3/（$m^2\cdot$h），本设计取 125 m^3/（$m^2\cdot$h）]。

选用标准直径 D_d = 500 mm/TR-V 型压力溶气罐具体参数见表 7-4。

表 7-4　选用标准直径 D_d = 500 mm/TR-V 型压力溶气罐具体参数

型号	罐直径/mm	流量适用范围/（m^3/h）	压力适用范围/MPa	进水管管径/mm	出水管管径/mm	罐总高/mm
TR-V	500	20～30	0.2～0.5	100	125	3 000

5）溶气释放器的选择。

选用 TJ-Ⅲ型释放器 3 只（表 7-5），释放器安置在距离接触室底部约 50 mm 处，呈等边三角形均匀布置。

表 7-5　溶气释放器具体参数

型号	规格	溶气水管接口直径/mm	抽真空管接口直径/mm	3 MPa 下的流量/（m³/h）	作用直径/mm
TJ-Ⅲ	8×25	50	15	5.6	100

6）气浮池设计参数的计算。

气浮池选用竖流式气浮池，竖流式气浮池池底设有小型的污泥斗，以排除颗粒相对密度较大、没有与气泡黏附上浮的沉淀污泥，污泥斗高度假设为 0.6 m。

①接触室表面积。

$$A_C = \frac{Q(1+R)}{3\,600 v_C} \tag{7-10}$$

式中，A_C——接触室表面积，m²；

　　　Q——设计流量，m³/h；

　　　R——溶气水量占处理水量的比值，%（假设 20%）；

　　　v_C——接触室水流上升平均速度，mm/s（一般为 10～20 mm/s，本设计取 10 mm/s）。

②接触室直径。

$$d_C = \sqrt{\frac{4 \times A_C}{\pi}} \tag{7-11}$$

式中，d_C——接触室直径，m；

　　　A_C——接触室表面积，m²；

　　　π——圆周率，本设计取 3.14。

③分离室表面积。

$$A_s = \frac{Q(1+R)}{3\,600 v_s} \tag{7-12}$$

式中，A_s——分离室表面积，m²；

　　　Q——设计流量，m³/h；

　　　R——溶气水量占处理水量的比值，%（假设为 20%）；

　　　v_s——分离室水流向下平均速度，mm/s（一般为 1～2 mm/s，本设计取 2 mm/s）。

④气浮池直径。

$$D = \sqrt{\frac{4 \times (A_C + A_s)}{\pi}} \tag{7-13}$$

式中，D——气浮池直径，m；

　　　A_C——接触室表面积，m²；

　　　A_s——分离室表面积，m²；

　　　π——圆周率，本设计取 3.14。

⑤分离室水深。

$$H_s = v_s t_s \tag{7-14}$$

式中，H_s——分离室水深，m；

v_s——分离室水流向下平均速度，mm/s（一般为 1～2 mm/s，本设计取 2 mm/s）；

t_s——气浮池分离室停留时间，min（一般为 10～20 min，本设计取 20 min）。

⑥气浮池总高度。

$$H = H_s + h \tag{7-15}$$

式中，H——气浮池总高度，m；

H_s——分离室水深，m；

h——污斗高度，m（假设为 0.6 m）。

⑦气浮池容积。

$$W = (A_C + A_s)H_s \tag{7-16}$$

式中，W——气浮池容积，m³；

A_C——接触室表面积，m²；

A_s——分离室表面积，m²；

H_s——分离室水深，m。

7）刮渣机的选择参数。

选用 JX-2 行星式刮渣机（表 7-6），出渣槽位置在圆池的直径方向的一侧，排渣管管径取 DN150 mm。

表 7-6　刮渣机的选择参数

型号	池体直径/m	轨道中心圆直径/m	电机功率/kW	电机转速/（r/min）	行走速度/（m/min）
JX-2	4～6	D+0.16	0.18	1 440	4～5

8）污泥量计算。

已知污水悬浮固体浓度与去除率，污泥量计算公式如下：

$$V_w = \frac{Q \cdot 24(C_0 - C_1) \cdot 100}{1\,000\gamma(100 - p_0)} \tag{7-17}$$

式中，V_w——污泥量，m³/d；

Q——设计流量，m³/h；

C_0——进水的悬浮固体浓度，mg/L；

C_1——出水的悬浮固体浓度，mg/L；

γ——污泥容重，kg/m³（含水率在 95% 以上时，可取 1 000 kg/m³）；

p_0——污泥含水率，%（假设为 98%）。

7.2.2　基于 Office 2016 环境的 Excel+VBA 混凝气浮参数设计

（1）启动 Excel 程序并切换到 VBE 窗口

1）按<Alt+F11>组合键。

2）依次执行"开发工具"→"Visual Basic"菜单命令（图7-18）。

图 7-18 "Visual Basic"菜单命令

如果菜单栏没有"开发工具"选项，点击"文件"→"选项"→"自定义功能区"，勾选主选项卡中的"开发工具"，见图7-19。

图 7-19 在自定义功能区定义"开发工具"

3）VBE 的主窗口（图7-20）。

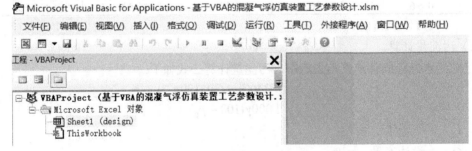

图 7-20 VBE 的主窗口

4）工程资源管理器。

该工程里有 4 个类对象，即 Excel 对象（包括 Sheet 对象和 ThisWorkbook 对象）、窗体对象、模块对象和类模块对象。

5）VBA 变量与其声明。

数据类型就是对同一类数据的统称，如文本、日期、数值等。VBA 里的数据类型有字节型（byte）、整数型（integer）、长整数型（long）、单精度浮点型（single）、双精度浮点型（double）、货币型（currency）、小数型（decimal）、字符串型（string）、日期型（date）、布尔型（boolean）等。

VBA 变量语句格式为 Dim 变量名 As 数据类型，如 Dim x1 As long。注意语句后面无任何标点。

6）打开 Excel 文件编辑图样式（图 7-21）。

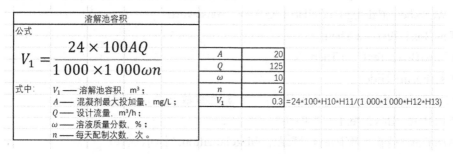

图 7-21　Excel 文件中编辑图样式

（2）VBA 中窗体设计

1）"登录"窗体（图 7-22）。

①"时间"命令按钮。

利用 VBA 内置函数"Time 函数"，当鼠标在"时间"命令按钮控件上移动时，就会触发事件，弹出窗口。其代码程序如下：

Private Sub CommandButton1_MouseMove（ByVal Button As Integer，ByVal Shift As Integer，ByVal X As Single，ByVal Y As Single）

MsgBox "现在的时间是：" & Time（）

End Sub

图 7-22　"登录"窗体

②"登录"命令按钮。

Click 事件：

点击"登录"命令按钮时，弹出提示框"请提供用户名后再登录"；如果输入用户名错误，弹出提示框"用户名错误，请注意大小写"。如果不输入密码，弹出提示框"请输入密码后再登录"；如果输入密码错误，弹出提示框"密码错误，还有 2 次机会"；如果再次输入密码错误，弹出提示框"密码错误，还有 1 次机会"；如果再次输入密码错误，弹出提示框"输入密码次数已达上限，可以点击窗口右侧的'重置密码'进行重置，再次点击'登录'将退出程序"。其代码程序如下：

```
Private Sub CommandButton2_Click()
    Dim a As String, b As String
    a = Worksheets("design").Cells(3, "C")          //username
    b = Worksheets("design").Cells(4, "C")          //password
    If TextBox1.Text = a Then
        If TextBox2.Text = b Then
        UserForm1.Hide
        UserForm4.Show                          // 工艺参数分类查询窗口
        ElseIf TextBox2.Text = "" Then
        MsgBox "请输入密码后再登录", vbExclamation, "提示框"
        Else
            count = count - 1
            If count = 0 Then
            MsgBox "输入密码次数已达上限，可以点击窗口右侧的"重置密码"进行重置，再
            次点击"登录"将退出程序", vbExclamation, "提示框"
            ElseIf count = -1 Then
            ActiveWorkbook.Close Savechanges:= True
            Else
            MsgBox "密码错误,还有" & count & "次机会", vbExclamation, "提示框"
            End If
        End If
    ElseIf TextBox1.Text = "" Then
        MsgBox "请提供用户名后再登录", vbExclamation, "提示框"
    Else
        MsgBox "用户名错误,请注意大小写", vbExclamation, "提示框"
    End If
End Sub


    Private Sub UserForm_Activate()
    count = 3
    End Sub
```

③"重置密码"命令按钮。

Click 事件：

点击"重置密码"命令按钮控件时，UserForm1 隐藏，UserForm2 显示，而后进入密保与重置密码窗体。其代码程序如下：

```
Private Sub CommandButton3_Click()
    UserForm1.Hide
    UserForm2.Show
```

End Sub

2）溶解池容积窗体（图 7-23）。

①"确定"命令按钮。

Click 事件：

点击"确定"命令按钮，则单元格(14, H)的数据赋给 TextBox5 文本框。其代码程序如下：

```
Private Sub CommandButton4_Click()
    Dim a As Double
    a = Worksheets("design").Cells(14, "H")
    TextBox5.Text = Val(Str(a))
End Sub
```

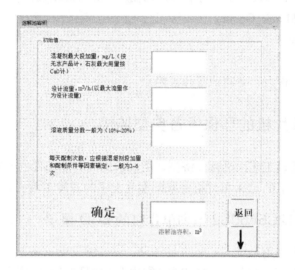

图 7-23 溶解池容积窗体

②TextBox1 文本框。

Change 事件：

当文本框里面内容改变时，将 TextBox1 文本框的数据赋给单元格（10，H）。其代码程序如下：

```
Private Sub TextBox1_Change()
Worksheets("design").Cells(10, "H") = TextBox1.Text
End Sub
```

③"返回"命令按钮。

Click 事件：

当点击"返回"命令按钮控件时，UserForm5 隐藏，UserForm4 显示，返回主窗体。其代码程序如下：

```
Private Sub CommandButton3_Click()
UserForm5.Hide
UserForm4.Show
End Sub
```

④ "↓" 命令按钮

Click 事件：

当点击 "↓" 命令按钮控件时，UserForm5 隐藏，UserForm6 显示，进入下一窗体。其代码程序如下：

Private Sub CommandButton1_Click()

UserForm5.Hide

UserForm6.Show

End Sub

（3）VBA+Excel 封装

借助 Excel 隐藏工作表界面，将下列代码输入 ThisWorkBook 中：

Private Sub Workbook_Open()

UserForm1.Show

End Sub

而后新建一个工作表，并将原工作表隐藏。

7.3　基于 51 单片机的环保设备典型监控

结合环保设备处理工艺，进行经济型、高性价比的智能部件的开发，推动环保设备集成化设计的进程，新型的 C51 单片机是基础型易上手的开发工具。

7.3.1　基于 STC12C5A60S2 系列单片机的 LCD 显示

（1）单片机最小应用系统

单片机最小应用系统包括：①51 芯片+②电源+③晶振设计+④复位设计+⑤程序存储器寻址设计。单片机应用系统在 51 单片机最小应用系统基础上，通过增加相应外围功能部件，可扩展为定制型单片机的应用系统（图 7-24）。

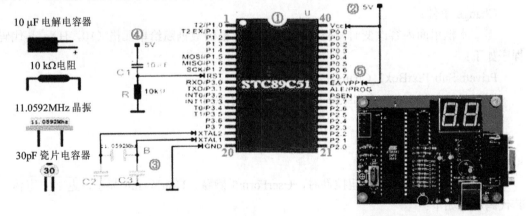

（a）单片机最小应用系统　　　　　（b）单片机应用系统，存储器扩展、
　　　　　　　　　　　　　　　　　　　　I/O 扩展、A/D 与 D/A 扩展、LCD 扩展

图 7-24　单片机应用系统

（2）STC12C5A60S2 系列单片机内置的可编程 AD 扩展口

如表 7-7 所示，STC12C5A60S2 系列单片机的 P1 口可做普通双向 IO 口，也可被编程设计为 1～8 路 10 位的 ADC 通道，每通道每秒可达 25 万次的采样速度。图 7-25 是 P1 口设计为 ADC 采样口的硬件设计参考。

表 7-7　STC12C5A60S2 系列单片机主要性能指标

型号	工作电压/ V	Flash 程序存储器 (byte) / K	SRAM 字节	EEP ROM	串行口并可掉电唤醒	SPI	普通定时器计数器 T0/T1 外部管脚也能掉电唤醒	CCP PCA PWM 可当外部中断并可掉电唤醒	独立波特率发生器	DPTR	A/D 8 路 25 万次每秒（2 路 PWM 还可当 2 路 D/A 使用）	看门狗	内置复位	外部实时低压检测中断	外部复位（可调复位门槛电压）
STC12C5A60S2	4.0～5.5	60	1 280	1K	2～3	有	2	2-ch	有	2	10 位	有	有	有	有
IAP12C5A62S2	4.0～5.5	62	1 280	1AP	2～3	有	2	2-ch	有	2	10 位	有	有	有	有

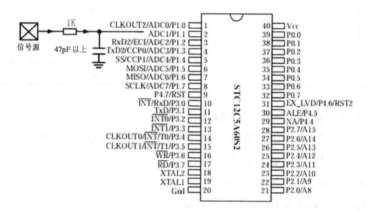

图 7-25　STC12C5A60S2 单片机 P1 口的 ADC 模式设计

（3）STC12C5A60S2 可编程 8 路 10 位 ADC

1）P1 口的 ADC 模式特殊功能寄存器 P1ASF。

P1ASF：P1Analog Special Function Configure Register，P1ASF 的可编程控制位见表 7-8，不可位寻址。

表 7-8　P1ASF 位功能与位符号定义

SFR 名称	地址	bit	B7	B6	B5	B4	B3	B2	B1	B0
P1ASF	9DH	name	P17ASF	P16ASF	P15ASF	P14ASF	P13ASF	P12ASF	P11ASF	P10ASF

51C/ASM 语言语句：P1ASF = 0xFF（MOV P1ASF，#0FFH），开 8 路 A/D，若只开 0 通道，P1ASF = 0x01（MOV P1ASF，#01H）。

2）ADC 控制寄存器 ADC_CONTR（表 7-9）。

表 7-9　ADC_CONTR 位功能与位符号定义

SFR 名称	地址	bit	B7	B6	B5	B4	B3	B2	B1	B0
ADC_CONTR	BCH	name	ADC_POWER	SPEED1	SPEED0	ADC_FLAG	ADC_START	CHS2	CHS1	CHS0

①ADC_POWER：A/D 转换器电源开启/关闭可编程控制，STC12C5A60S2 系列 A/D 转换的参考电源是该芯片的输入驱动电源 VCC，所以一般不外用参考电源。若用户要求精度比较高，可在产品出厂时，将实测出来的工作电压记录在单片机内部的 EEROM 里面，供计算参考。

②转换速度控制位，其定义见表 7-10。

表 7-10　转换速度控制位定义　　　　　　　　　　　　　　单位：个

SPEED1	SPEED2	A/D 转换所需时钟周期（1/fosc）
0	0	90
0	1	180
1	0	360
1	1	540

③A/D 转换结束标志位 ADC_FLAG。

51 单片机的标志位一般都具有申请中断的权利，须硬件置 1、软件清零，ADC_FLAG，同样满足硬件置 1、软件清零的条件。

④A/D 转换启动控制位 ADC_START。

可编程 ADC_START 实现 A/D 转换启动、关闭。

⑤1～8 路模拟通道选择控制位（表 7-11）。

表 7-11　1～8 路模拟通道选择控制位定义

CHS2	CHS1	CHS0	Analog Channel Select
0	0	0	CH0 = P1.0
0	0	1	CH0 = P1.1
……	……	……	……
1	1	1	CH7 = P1.7

3）10 位 A/D 转换高、低位控制特殊寄存器（表 7-12）。

表 7-12　10 位 A/D 转换结果高、低位控制特殊寄存器定义

Mnemonic	Addr	Name	B7	B6	B5	B4	B3	B2	B1	B0
ADC_RES	BDH	A/D 转换结果寄存器高								
ADC_RESL	BEH	A/D 转换结果寄存器低								
AUXR1	A2H	Auxiliary register1	—	PCA_P4	SPI_P4	S2_P4	GF2	ADRJ	—	DPS

① 10 位 A/D 转换结果高、低位储存方式。

辅助寄存器 AUXR1 的 ADRJ 控制位可编程控制 10 位 A/D 转换结果高、低位储存方式，见表 7-13、表 7-14。

表 7-13　将 ADRJ 写 0 时 10 位 A/D 转换结果

Mnemonic	B7	B6	B5	B4	B3	B2	B1	B0
ADC_RES	ADC_RES9	ADC_RES8	ADC_RES7	ADC_RES6	ADC_RES5	ADC_RES4	ADC_RES3	ADC_RES2
ADC_RESL	—	—	—	—	—	—	ADC_RES1	ADC_RES0
AUXR1						ADRJ = 0		

表 7-14　将 ADRJ 写 1 时 10 位 A/D 转换结果

Mnemonic	B7	B6	B5	B4	B3	B2	B1	B0
ADC_RES	—	—	—	—	—	—	ADC_RES9	ADC_RES8
ADC_RESL	ADC_RES7	ADC_RES6	ADC_RES5	ADC_RES4	ADC_RES3	ADC_RES2	ADC_RES1	ADC_RES0
AUXR1						ADRJ = 1		

4）A/D 结果。

①10 位 A/D 结果。

$$\text{10-bit A/D Conversion Result}: (\text{ADC\_RES}[7:0], \text{ADC\_RESL}[1:0]) = 1\,024 \times \frac{\text{Vin}}{\text{Vcc}}$$

②8 位 A/D 结果（如 0～100℃）。

$$\text{8-bit A/D Conversion Result}: (\text{ADC\_RES}[7:0]) = 256 \times \frac{\text{Vin}}{\text{Vcc}}$$

③10 位 A/D 结果。

$$\text{10-bit A/D Conversion Result}: (\text{ADC\_RES}[1:0], \text{ADC\_RESL}[7:0]) = 1\,024 \times \frac{\text{Vin}}{\text{Vcc}}$$

④8 位 A/D 结果。

$$\text{8-bit A/D Conversion Result}: (\text{ADC\_RES}[7:0]) = 256 \times \frac{\text{Vin}}{\text{Vcc}}$$

5）A/D 中断有关的寄存器。

①中断允许寄存器 IE。IE 中与 A/D 转换中断相关的可编程控制位定义见表 7-15。

表 7-15　IE 中与 A/D 转换中断相关的可编程控制位定义

SFR name	Address	bit	B7	B6	B5	B4	B3	B2	B1	B0
IE	A8H	name	EA	ELVD	EADC	ES	ET1	EX1	ET0	EX0

a）EA = 1；EADC = 1；A/D 转换中断允许。

b）EA = 1；EADC = 0；A/D 转换中断禁止。

②中断优先级寄存器 IP、IPH。

根据表 7-16、表 7-17 可以程控编码设定 A/D 中断优先级，见表 7-18。

表 7-16　IP 中与 A/D 转换中断相关的可编程控制位定义

SFR name	Address	bit	B7	B6	B5	B4	B3	B2	B1	B0
IP	B8H	name	PPCA	PLVD	PADC	PS	PT1	PX1	PT0	PX0

表 7-17　IPH 中与 A/D 转换中断相关的可编程控制位定义

SFR name	Address	bit	B7	B6	B5	B4	B3	B2	B1	B0
IPH	B7H	name	PPCAH	PLVDH	PADCH	PSH	PT1H	PX1H	PT0H	PX0H

表 7-18　A/D 转换时中断优先级可编程定义

PADCH	PADC	A/D 中断优先级
0	0	0（最低）
0	1	1
1	0	2
1	1	3（最高）

7.3.2　单片机的 LCD 显示扩展与参考程序

51 单片机的 P0 可编程口硬件属于 OC 门设计，使用时必须用电阻上拉，但其驱动能力是其他 3 个可编程双向 I/O 口的 2 倍，一般 LCD 数据驱动接口均设计在 P0 口。

/******引脚说明

LCD 液晶芯片读 RS（接 51 单片机芯片 P3.3 脚），写 RW（接 51 单片机芯片 P3.4 脚），使能 EN（接 51 单片机芯片 P3.5 脚），LCD 液晶芯片数据线 DB0~DB7（接 51 单片机芯片 P0.0~P0.7 脚）.

电压测量通道选 P1.1（表 7-11 中 CHS2CHS1CHS0 控制编码=001）；若电压传感器输出 0~30v（分辨率 0.03v）需要加分流电阻确保从 P1.1 引脚采样的 A/D 通道输入电流位 0-20mA**********/

//stc12c5a60

#include<STC12C5A60S2.h>

#include<stdio.h>

#include<intrins.h>//头文件

#define uchar unsigned char//宏定义

#define uint unsigned int//宏定义

#define ulint unsigned long int//宏定义

#define filter_num 35//ADC 中值滤波次数，必须 odd

#define ISP_TRIG() ISP_TRIG = 0x5A,ISP_TRIG = 0xA5//ISP 触发命令

```
typedef bit BOOL ;
sbit beep = P2^3;        //定义蜂鸣器
sbit key = P3^2;//定义按键
sbit rs = P3^3;//液晶 RS
sbit rw = P3^4;//液晶 RW
sbit e = P3^5;//液晶 E
void AD_init(void);//ADC 初始化
void delay(uint wait);//延时函数
uint ADC(uchar AD_data );//读 ADC 的数值
void LCD_dis(uchar dis_data);//显示数据
void LCD_cmd(uchar cmd);//写指令
void LCD_init(void);//初始化 LCD
BOOL lcd_bz();//LCD busy
lcd_pos(uchar pos);//字符显示定位
void data_char(uint dat);//数据变字符
uint chs_filter(uchar ch_dat);//中值滤波
void timer_init(void);//定时器初始化
uchar i,h1,h2,h3,h4;//LCD 显示变量
uchar   cat_key,paper,num;//容量计算
uchar display[]="0123456789";//显示数组
uchar code display1[] = {"PAPERV NUMBERS!"};
void main()
{
ulint papervoltage;//存放电压电流值
AD_init();//ADC 初始化
timer_init();//定时器初始化
    LCD_init();//LCD 初始化
    lcd_pos(0);// 设置显示位置为第一行的第 1 个字符
    i = 0;
    while(display1[i] != '\0')
    {                               // 显示字符"PAPERV NUMBERS!"
        LCD_dis(display1[i]);
        i++;
    }
    while(1)
    {
    papervoltage = chs_filter(0x88);//设置 ADC 通道 0、开始转换
        data_char(papervoltage);//分解数据
        LCD_cmd(0x80+0x40);//LCD 地址
```

```
            LCD_dis(display[h1]);//
            LCD_dis(display[h2]);//
    //      LCD_dis(display[0]);//
            LCD_dis(display[h3]);//
            LCD_dis(display[h4]);// 显示
    //      LCD_dis(display[1]);//显示
    //      }
        data_char(cat_key/1000);//显示纸张数
            LCD_cmd(0x88+0x41);
            LCD_dis(display[h1]);
            //LCD_dis(display[0]);
    //      LCD_dis(display[h2]);
            //LCD_dis(display[h3]);
            //LCD_dis(display[h4]);//显示

            data_char(paper/1000);//显示纸张数
            LCD_cmd(0x88+0x44);
    //      LCD_dis(display[h1]);
            LCD_dis(display[0]);
            LCD_dis(display[h2]);
            LCD_dis(display[h3]);
            LCD_dis(display[h4]);//显示
    //      LCD_dis(display[4]);
                while(1)
        {
        delay(1);
        beep = 0;
        delay(20) ;
            }
        }
}
//----------------------------------------------------------
void delay(uint wait)///////////////延时程序
{
    uint x,y;
    for(x = wait;x>0;x--)
    for(y = 19;y>0;y--);
}
void AD_init(void)/////////////////////初始化 ADC
```

```
{
P1ASF = 0xff;//P1 口全部作为模拟功能 AD 使用
ADC_RES = 0;//清零转换结果寄存器高 8 位
ADC_RESL = 0;//清零转换结果寄存器低 2 位
ADC_CONTR = 0x80;//开启 AD 电源
delay(5);//等待 1ms，让 AD 电源稳定
}


uint ADC(uchar AD_data )//ADC 读数
{
uint value;
ADC_CONTR = AD_data;//开启 AD 转换
_nop_(); _nop_(); _nop_(); _nop_();//经过 4 个机器周期的延时
while(!(ADC_CONTR&0x10));//等待转换完成
ADC_CONTR&= 0xe7;//关闭 AD 转换，ADC_FLAG 位由软件清 0
value = ADC_RES*4+ADC_RESL;//组合成 10 位
delay(1);//等待
return value;//返回 ADC 值
}
void LCD_cmd(uchar cmd)//写指令
{
e = 0;
rs = 0;
rw = 0;     //下降沿
P0 = cmd;//写指令数据，已经定义"uchar cmd"
delay(20);
e = 1; //使能端置高电平
delay(20);
e = 0;          //使能端置低电平
}
void LCD_dis(uchar dis_data)//LCD 数据显示
{
while(lcd_bz()); //检测 LCD 是否处于忙碌状态
e = 0;
rs = 1;
rw = 0;
P0 = dis_data;   //写数据，已经定义"uchar dis_data"
delay(20); //延时等待
e = 1;   //使能端置高电平
```

```
delay(20);
e = 0;        //使能端置低电平
}
void LCD_init(void)//初始化 LCD
{
delay(300);       //延时
LCD_cmd(0x38); //   打开显示开关，允许移动位置，允许功能设置
delay(100);
LCD_cmd(0x38);
delay(100);
LCD_cmd(0x38);
delay(100);
LCD_cmd(0x38);
LCD_cmd(0x38); //   打开显示开关，允许移动位置，允许功能设置
LCD_cmd(0x08);   //
LCD_cmd(0x01);// 清除 LCD 显示内容
LCD_cmd(0x06);      //设置显示开关，设置输入方式
LCD_cmd(0x0c);       //控制显示开关打开，光标不显示，字符不显示
   }
BOOL lcd_bz()
{                          // 测试 LCD 忙碌状态
BOOL result;
rs = 0;
rw = 1;
e = 1;
     delay(1);//移植到 STC12C，此延时去掉不可以，12 个空操作都不可以，自由用
delay1 才可以
result = (BOOL)(P0 & 0x80);
e = 0;
return result;
}
lcd_pos(uchar pos)
{                          //设定显示位置
LCD_cmd(pos | 0x80);
}
void data_char(uint dat)//数据分为字符
{
h1 = dat/1000;//1023//1
h2 = dat%1000/100;//023//0
```

```
h3 = dat%100/10;//23//2
h4 = dat%10;//3
}
uint chs_filter(uchar ch_dat)//中位值滤波
{
    uint ADC_buf[filter_num];
    uint counter,i,j,temp;
    for(counter = 0;counter<filter_num;counter++)
    {
            AD_init();//初始化 ADC
        ADC_buf[counter] = ADC(ch_dat);//读 ADC 数值
        delay(1);
    }
    for (j = 0;j<filter_num-1;j++)
    {
        for (i = 0;i<filter_num-j;i++)
        {
            if ( ADC_buf[i]>ADC_buf[i+1] )
            {
                temp = ADC_buf[i];
                ADC_buf[i] = ADC_buf[i+1];
                ADC_buf[i+1] = temp;
            }
        }
    }
    return ADC_buf[(filter_num-1)/2]; //返回滤波中值
}
void timer_init(void)//定时器初始化
{
TMOD = 0x01;//设置工作方式 1
TH0 =(65536-50000)/256;//赋值
TL0 =(65536-50000)%256;
EA = 1;
ET0 = 1;//开总中断；开定时器中断
TR0 = 1;//启动计数器
}
void timer0()interrupt 1    //定时中断
{
uchar t;
```

```
TR0 = 0;
TH0 =(65536-50000)/256; //赋初值
TL0 =(65536-50000)%256;
t++;
if(t == 20)
{
    t = 0;
    num+=(paper*1000)/3600;
}
TR0 = 1;
}
```

7.4 项目五 基于 C51 单片机的 AAO 实验装置控制系统

（1）AAO 法

AAO 法又称 A^{2}O 法，是英文 Anaerobic-Anoxic-Oxic 第一个字母的简称（厌氧-缺氧-好氧法），是污水处理中一种常用的工艺，一般可用于中水回用、二级污水处理和三级污水处理，具有良好的脱氮除磷效果。A^{2}O 工艺是传统活性污泥工艺、生物硝化及反硝化工艺和生物除磷工艺的综合，其各段的功能如下：

1）厌氧池：在厌氧池环节主要是聚磷菌在厌氧条件下释放磷的过程，在释放磷的同时将大分子有机物转化为挥发性脂肪酸等小分子有机物。

2）好氧池：在好氧池环节主要是微生物在好氧条件下进行生物硝化过程和生物除磷过程。聚磷菌在好氧条件下超量吸收水体中的磷。另外，水体中的氨态氮被硝化细菌转化为硝态氮，后流经沉淀池，经过混合液回流到缺氧池，生物脱硝过程得以进行。

3）缺氧池：在缺氧池环节主要是微生物在缺氧条件下进行生物反硝化过程，即反硝化细菌将进口污水和回流污水中的硝态氮转化为氮气的过程。

4）沉淀池：泥水分离发生在沉淀池过程中，大部分污泥在回流后以回流污泥的形式流入厌氧池，剩余的污泥作为剩余污泥对外排出，实现污水脱磷并保持反应器中恒定的污泥量。

（2）AAO 仿真装置电气控制电路

实验室 AAO 仿真装置电气控制电路如图 7-26 所示。

（3）AAO 污水处理仿真装置电气 DO 点控制

1）C51 单片机的弱→强电气控制。

AAO 污水处理仿真装置中的 55 个强电中间继电器的电气 DO 点如表 7-19、表 7-20 所示，均选型 250VAC 5A 2NO/2NC（DMRON MY2NJ）。

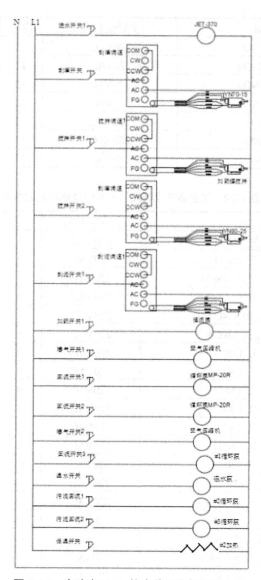

图 7-26　实验室 AAO 仿真装置电气控制电路

表 7-19　负载电气继电器控制 DO 点

设备负载名称	开关量信号类型	序号	强电中间继电器
进水泵开关（NO）	220VAC	1	KA1
刮渣电机开关（NO）	220VAC	2	KA2
#1 搅拌电机开关（NO）	220VAC	3	KA3
#2 搅拌电机开关（NO）	220VAC	4	KA4
#3 搅拌电机开关（NO）	220VAC	5	KA5
刮泥电机开关（NO）	220VAC	6	KA6
加药泵开关（NO）	220VAC	7	KA7
#1 空气压缩机开关（NO）	220VAC	8	KA8
#2 空气压缩机开关（NO）	220VAC	9	KA9
#1 回流泵开关（NO）	220VAC	10	KA10

设备负载名称	开关量信号类型	序号	强电中间继电器
#2 回流泵开关（NO）	220VAC	11	KA11
#1 回流泵开关（NO）	220VAC	12	KA12
#1 污泥泵开关（NO）	220VAC	13	KA13
#2 污泥泵开关（NO）	220VAC	14	KA14
温水泵开关（NO）	220VAC	15	KA15
保温加热开关（NO）	220VAC	16	KA16
加药泵开关（NO）	220VAC	17	KA16

表 7-20　工艺环节电磁阀门电气继电器控制 DO 点

设备负载名称	开关量信号	序号	强电中间继电器
调节池进水开关（NO）	220VAC	1	KA1
调节池放空开关（NC）	220VAC	2	KA2
#1 斜板隔油进水开关（NO）	220VAC	3	KA3
#2 斜板隔油进水开关（NO）	220VAC	4	KA4
斜板隔油排水开关（NC）	220VAC	5	KA5
斜板隔油放空开关（NC）	220VAC	6	KA6
厌氧池进水开关（NO）	220VAC	7	KA7
厌氧池放空开关（NC）	220VAC	8	KA8
缺氧池放空开关（NC）	220VAC	9	KA9
#1 缺氧池曝气（T）	220VAC	10	KA10
#2 缺氧池曝气（T）	220VAC	11	KA11
好氧池进水开关（NO）	220VAC	12	KA12
好氧池放空开关（NC）	220VAC	13	KA13
#1 好氧池曝气开关（T）	220VAC	14	KA14
#2 好氧池曝气开关（T）	220VAC	15	KA15
缓冲管出水开关（NO）	220VAC	16	KA16
#1 污泥回流流量调节（NC）	220VAC	17	KA17
#2 污泥回流流量调节（NC）	220VAC	18	KA18
辐流式沉淀进水开关（NO）	220VAC	19	KA19
辐流式沉淀排水开关（T）	220VAC	20	KA20
辐流式沉淀回流开关（NO）	220VAC	21	KA21
角锥浓缩池进水开关（T）	220VAC	22	KA22
角锥浓缩池上水位开关（T）	220VAC	23	KA23
角锥浓缩池中水位开关（T）	220VAC	24	KA24
角锥浓缩池下水位开关（T）	220VAC	25	KA25
角锥浓缩回流泵出水开关（T）	220VAC	26	KA26
角锥浓缩池排水开关（T）	220VAC	27	KA27
角锥浓缩池出口开关（T）	220VAC	28	KA28
角锥浓缩池放空开关（NC）	220VAC	29	KA29
排水槽放空开关（NC）	220VAC	30	KA30
#1 污泥泵流量调节开关（T）	220VAC	31	KA31
#2 污泥泵流量调节开关（T）	220VAC	32	KA32
#3 污泥泵流量调节开关（T）	220VAC	33	KA33

设备负载名称	开关量信号	序号	强电中间继电器
温水流量调节开关（T）	220VAC	34	KA34
环形污泥管（T）	220VAC	35	KA35
CH₄输出出口开关（NO）	220VAC	36	KA36
污泥硝化罐污泥出口开关（T）	220VAC	37	KA37
污泥硝化罐放空开关（NC）	220VAC	38	KA37

接线端子图见图 7-27，需要 55 个小型继电器（OMRON G6-2，接线端子图见图 7-28）被单片机可编程控制。用 1 个 51 单片机芯片（P0、P1、P2 以及 P3 口共 32 个可编程引脚）编程控制 7 个 3 进 8 出多路切换开关 CD4501［接线端子图见图 7-29（b）］来选择控制 56 个小型继电器。

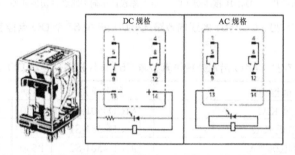

图 7-27　OMRON MY2NJ（250VAC 5A 2NO/2NC）实物与接线端子图

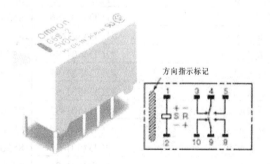

图 7-28　小型继电器（OMRON G6-2 5VDC 2NO/2NC）实物与接线端子图

2）基于 CD4501 的双向多路选择切换开关 55 个 DO 点控制

CD4501 的双向多路选择切换开关芯片引脚功能定义见图 7-29，用 7 个 8 路 CD4501 的 55 个 DO 点控制编码见表 7-21，对 7 个 CD4501（表 7-21 中#1CD4501～#7CD4501）的编码选择用 P1.5-A、P1.6-B、P1.7-C 引脚实现，见表 7-22。注：此时，STC12C5A60S2 系列单片机 P1 口的 8 路 A/D 通道中只有 CH0～CH4 可用，CHS2CHS1CHS0 允许编码 000～100。

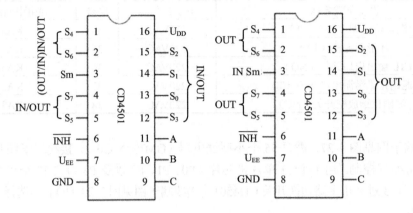

（a）双向多路选择切换开关 CD4501 接线端子图　（b）本设计单向多路选择切换开关 CD4501 接线端子图

图 7-29　CD4501 的双向多路选择切换开关 55 个 DO 点控制

表 7-21　AAO 污水处理仿真装置 C51 单片机编码控制 DO 点

强电中间继电器	多路开关	驱动	OMRON G6S-2	
进水泵 KA1	#1CD4501-S0	8550	Ka1	P0.0-A
刮渣电机 KA2	#1CD4501-S1	8550	Ka2	P0.1-B
#1 搅拌电机 KA3	#1CD4501-S2	8550	Ka3	P0.2-C
#2 搅拌电机 KA4	#1CD4501-S3	8550	Ka4	
#3 搅拌电机 KA5	#1CD4501-S4	8550	Ka5	
刮泥电机 KA6	#1CD4501-S5	8550	Ka6	$\overline{INH}$ -pin20
加药泵 KA7	#1CD4501-S6	8550	Ka7	
#1 空气压缩机 KA8	#1CD4501-S7	8550	Ka8	
#2 空气压缩机 KA9	#2CD4501-S0	8550	Ka9	P0.3-A
#1 回流泵 KA10	#2CD4501-S1	8550	Ka10	P0.4-B
#2 回流泵 KA11	#2CD4501-S2	8550	Ka11	P0.5-C
#1 回流泵 KA12	#2CD4501-S3	8550	Ka12	
#1 污泥泵 KA13	#2CD4501-S4	8550	Ka13	
#2 污泥泵 KA14	#2CD4501-S5	8550	Ka14	$\overline{INH}$ -pin20
温水泵 KA15	#2CD4501-S6	8550	Ka15	
保温加热 KA16	#2CD4501-S7	8550	Ka16	
加药泵 KA17	#3CD4501-S0	8550	Ka17	P0.6-A
调节池进水开关（NO）KA18	#3CD4501-S1	8550	Ka18	P0.7-B
调节池放空开关（NC）KA19	#3CD4501-S2	8550	Ka19	P2.7-C
#1 斜板隔油进水开关（NO）KA20	#3CD4501-S3	8550	Ka20	
#2 斜板隔油进水开关（NO）KA21	#3CD4501-S4	8550	Ka21	
斜板隔油排水开关（NC）KA22	#3CD4501-S5	8550	Ka22	$\overline{INH}$ -pin20
斜板隔油放空开关（NC）KA23	#3CD4501-S6	8550	Ka23	
厌氧池进水开关（NO）KA24	#3CD4501-S7	8550	Ka24	
厌氧池放空开关（NC）KA25	#4CD4501-S0	8550	Ka25	P2.4-A
缺氧池放空开关（NC）KA26	#4CD4501-S1	8550	Ka26	P2.5-B
#1 缺氧池曝气（T）KA27	#4CD4501-S2	8550	Ka27	P2.6-C

强电中间继电器	多路开关	驱动	OMRON G6S-2	
#2 缺氧池曝气（T）KA28	#4CD4501-S3	8550	Ka28	
好氧池进水开关（NO）KA29	#4CD4501-S4	8550	Ka29	
好氧池放空开关（NC）KA30	#4CD4501-S5	8550	Ka30	$\overline{\text{INH}}$ -pin20
#1 好氧池曝气开关（T）KA31	#4CD4501-S6	8550	Ka31	
#2 好氧池曝气开关（T）KA32	#4CD4501-S7	8550	Ka32	
缓冲管出水开关（NO）KA33	#5CD4501-S0	8550	Ka33	P2.3-A
#1 污泥回流流量调节（NC）KA34	#5CD4501-S1	8550	Ka34	P2.2-B
#2 污泥回流流量调节（NC）KA35	#5CD4501-S2	8550	Ka35	P2.1-C
辐流式沉淀进水开关（NO）KA36	#5CD4501-S3	8550	Ka36	
辐流式沉淀排水开关（T）KA37	#5CD4501-S4	8550	Ka37	
辐流式沉淀回流开关（NO）KA38	#5CD4501-S5	8550	Ka38	$\overline{\text{INH}}$ -pin20
角锥浓缩池进水开关（T）KA39	#5CD4501-S6	8550	Ka39	
角锥浓缩池上水位开关（T）KA40	#5CD4501-S7	8550	Ka40	
角锥浓缩池中水位开关（T）KA41	#6CD4501-S0	8550	Ka41	P2.0-A
角锥浓缩池下水位开关（T）KA42	#6CD4501-S1	8550	Ka42	P3.7-B
角锥浓缩回流泵出水开关（TKA43	#6CD4501-S2	8550	Ka43	P3.6-C
角锥浓缩池排水开关（T）KA44	#6CD4501-S3	8550	Ka44	
角锥浓缩池出口开关（T）KA45	#6CD4501-S4	8550	Ka45	
角锥浓缩池放空开关（NC）KA46	#6CD4501-S5	8550	Ka46	$\overline{\text{INH}}$ -pin20
排水槽放空开关（NC）KA47	#6CD4501-S6	8550	Ka47	
#1 污泥泵流量调节开关（T）KA48	#6CD4501-S7	8550	Ka48	
#2 污泥泵流量调节开关（T）KA49	#7CD4501-S0	8550	Ka49	P3.3-A
#3 污泥泵流量调节开关（T）KA50	#7CD4501-S1	8550	Ka50	P3.4-B
温水流量调节开关（T）KA51	#7CD4501-S2	8550	Ka51	P3.5-C
环形污泥管（T）KA52	#7CD4501-S3	8550	Ka52	
CH_4 输出出口开关（NO）KA53	#7CD4501-S4	8550	Ka53	
污泥硝化罐污泥出口开关（TKA54	#7CD4501-S5	8550	Ka54	$\overline{\text{INH}}$ -pin20
污泥硝化罐放空开关（NC）KA55	#7CD4501-S6	8550	Ka55	
	#7CD4501-S6	8550	Ka56	

表 7-22　P3.0 连接#8CD4501-SM（IN）编程控制 55 个 Kax（x = 1，2，3，…，56）

#1CD4501-Sm（IN）	#8CD4501-S0	OUT		
#2CD4501-Sm（IN）	#8CD4501-S1	OUT		P1.5-A
#3CD4501-Sm（IN）	#8CD4501-S2	OUT		P1.6-B
#4CD4501-Sm（IN）	#8CD4501-S3	OUT		P1.7-C
#5CD4501-Sm（IN）	#8CD4501-S4	OUT	#8CD4501-SM（in）←P3.0	
#6CD4501-Sm（IN）	#8CD4501-S5	OUT		
#7CD4501-Sm（IN）	#8CD4501-S6	OUT		$\overline{\text{INH}}$ -pin20
	#8CD4501-S7	OUT		

控制 56 个设备小型继电器 Kax（选 2，3，4，…，Ka47，Ka48）以及对应 56 个开关量负载图，如图 7-30 所示。

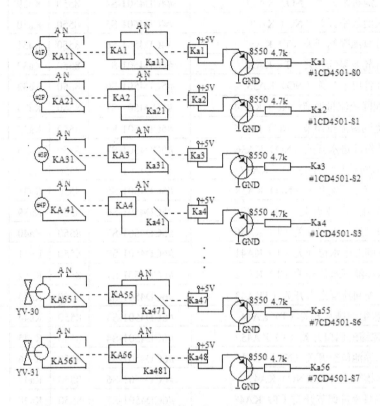

图 7-30　7 个 1～8 单向切换开关#1CD4501～#7CD4501

采用 STC12C5A60S2 系列单片机芯片设计 C51 单片机硬件，P0 口要上拉，图 7-31 中 P0 口网络 R1、R2、R3、R4、R5、R6、R7、R8 为图 7-31 上拉电阻接口标识。

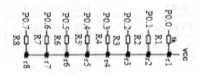

图 7-31　STC12C5A60S2 系列单片机芯片 P0 口上拉电阻接口

第 1 个 STC12C5A60S2 系列单片机控制 AAO 仿真装置电气 DO 点设备硬件设计见图 7-32。

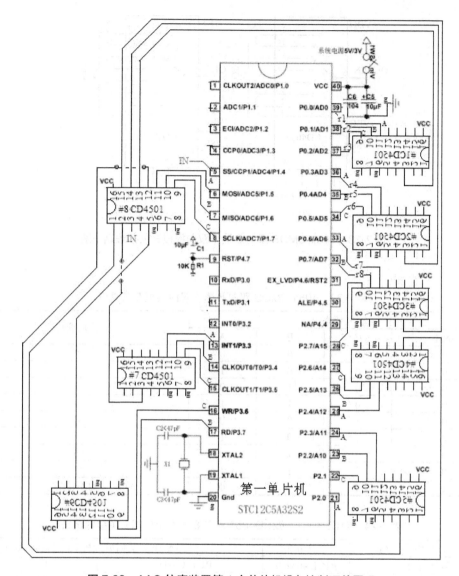

图 7-32　AAO 仿真装置第 1 个单片机设备控制硬件原理

（4）实验室 AAO 污水处理仿真装置 16 个 AI 点采样

1）基于 CD4051 双向 8 选 1 双向模拟开关的 ADC 接口拓展。

第 2 个 STC51 单片机 P1 口的 P1.2、P1.3、P1.4 可编程引脚接第 1 个 CD4051（图 7-33）CMOS 双向 8 选 1 双向模拟开关（图 7-29）编码输入引脚角 A（pin11）、B（pin10）、C（pin9），第 1 个 CD4051 的 INH（pin6）接 STC51 单片机的 pin20（接地，恒 0 电平）。P1 口的、P1.5、P1.6、P1.7 可编程引脚接第 2 个 CD4051 CMOS 双向 8 选 1 双向模拟开关编码输入引脚角 A（pin16）、B（pin10）、C（pin9），第 2 个 CD4051 的 INH（pin6）同样接 STC51 单片机的 pin20（接地，恒 0 电平）。这样 2 个 4051 可以采样本设计实验室 AAO 污水处理仿真装置的 16 路工艺参数（温度、压力、流量、污泥浓度、DO、液位、pH 等）模拟量输入 AI 量。表 7-23 为单向 8 选 1 模拟开关编程编码选择相应模拟输入 AI 通道的真值，表 7-24 为#1CD4051、#2CD4051 单向 8 入 1 出模拟开关参数定义。

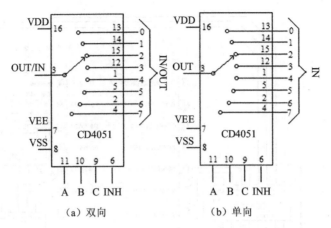

图 7-33　4051 CMOS 双向 8 选 1 双向模拟开关接线端子图

表 7-23　4051 CMOS 双向 8 选 1 双向模拟开关真值

输入状态				接通通道
INH	C	B	A	
0	0	0	0	0
0	0	0	1	1
0	0	1	0	2
0	0	1	1	3
0	1	0	0	4
0	1	0	1	5
0	1	1	0	6
0	1	1	1	7
1	φ	φ	φ	均不接通

表 7-24　#1CD4051、#2CD4051 单向 8 入 1 出模拟开关参数定义

AAO 装置采样 AI	多路开关	STC12C5A60S2 系列单片机 P1 口自带 A/D	
调节池液位	#1CD4051-0	P1.1（A/D）	P1.2-A
调节池 pH	#1CD4051-1	P1.1（A/D）	P1.3-B
调节池污泥浓度	#1CD4051-2	P1.1（A/D）	P1.4-C
厌氧池 DO	#1CD4051-3	P1.1（A/D）	
厌氧池污泥浓度	#1CD4051-4	P1.1（A/D）	
缺氧池 DO	#1CD4051-5	P1.1（A/D）	INH-pin20
缺氧池污泥浓度	#1CD4051-6	P1.1（A/D）	
好氧池 DO	#1CD4051-7	P1.1（A/D）	
好氧池污泥浓度	#2CD4051-0	P1.0（A/D）	P1.5-A
#1 回流污泥浓度	#2CD4051-1	P1.0（A/D）	P1.6-B
#2 回流污泥浓度	#2CD4051-2	P1.0（A/D）	P1.7-C
硝化罐出口 CH_4 流量	#2CD4051-3	P1.0（A/D）	
硝化罐保温温度	#2CD4051-4	P1.0（A/D）	
辐流沉淀池污泥浓度	#2CD4051-5	P1.0（A/D）	INH-pin20
角锥浓缩池液位	#2CD4051-6	P1.0（A/D）	
角锥浓缩池污泥浓度	#2CD4051-7	P1.0（A/D）	

2）单片机采样的模拟数据与控制设备的状态。

　　第 2 个 STCC51 单片机显示第一个单片机采样的模拟数据与控制设备的状态。图 7-34 为 3.3 寸 CYW-B12864A 点阵液晶显示屏，图 7-35 为该显示屏与第 2 个 STC12C5A32S2 的拓展原理图。

产品分类：12864液晶模块
尺寸：3.3"
点阵数：128*64
外形尺寸：113.0*65.0
视窗尺寸：73.4*38.8
控制器：KS0108B or Eqv
供电电压：3.3V 5V
接口类型：并口

图 7-34　3.3 寸 CYW-B12864A 点阵液晶显示屏

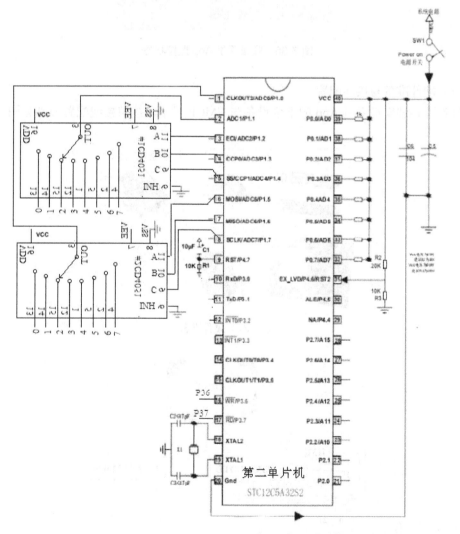

图 7-35　基于 CD4051 双向 8 选 1 双向模拟开关的 ADC 接口拓展原理图

7.5 EMCP 云+手机智能 APP 典型监控系统

基于"PLC+ EMCP 云+物联网 plus"的环保设备智能 App 监控技术，其中图 7-36 是借助共享云，在任意一款普通的安卓手机上实现拓展应用的案例，通过接口模块设计完成了上位机组态监控，更方便环保设备实现状态信息的事实监控、无人值守的数据更新以及远程随动监控等功能。

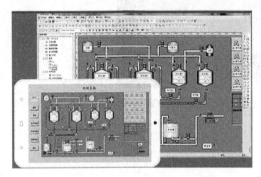

图 7-36　安卓手机 App 监控状态

（1）硬件准备与接线配置

硬件准备和安卓手机 App 的下位设备与 EMCP 云平台接口接线配置分别见图 7-37 和图 7-38。

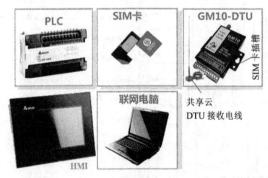

图 7-37　硬件准备

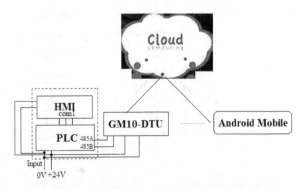

图 7-38　安卓手机 App 的下位设备与 EMCP 云平台接口接线配置

GM10-DTU 是通过 EMCP (Embedded Multi-Chip Package) 物联网云平台连接下位设备所用的 GPRS (General Packet Radio Service) 网关，GPRS 是 GSM (Global System for Mobile Communications) 的延续，利用 GPRS 网络实现 Modbus 数据自动采集和传输，其传输速率可提升至 56 kbps 甚至 114 kbps。

（2）"PLC+HMI"下位机监控与安卓手机智能 App 接口模块设计

1）环保设备本地监控程序 PLC 与 HMI 开发与设计（图 7-39）。

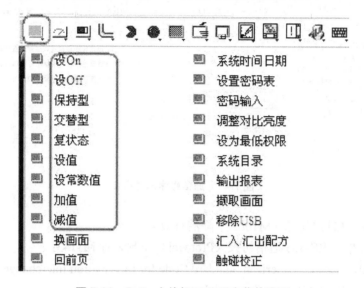

图 7-39 Delta 上位机 HMI 组态菜单界面

2）Android Mobile PLC+HMI 的 Modbus 从站创建。

①打开"WPLSoft 2.42"新建工程文件。

②点击工具栏上的通信程序（图 7-40）。

图 7-40 WPLSoft 2.42 通信程序向导

③COM 口参数设置。

a）DTU 与 PLC 串口选择 RS-485 口，即 PLC 的 COM2 口。

b）设置 COM2 串口参数。

c）点击"下一步"进入通信程序向导（RS-485 通信格式 Modbus 编码写 D1120 为 H81）（图 7-41）。

④通信程序向导中 COM2（RS-485）通信口基于 Modbus 数据传输读（MODRD）、写（MODWR）、读写（MODRW）指令参数组态定义。

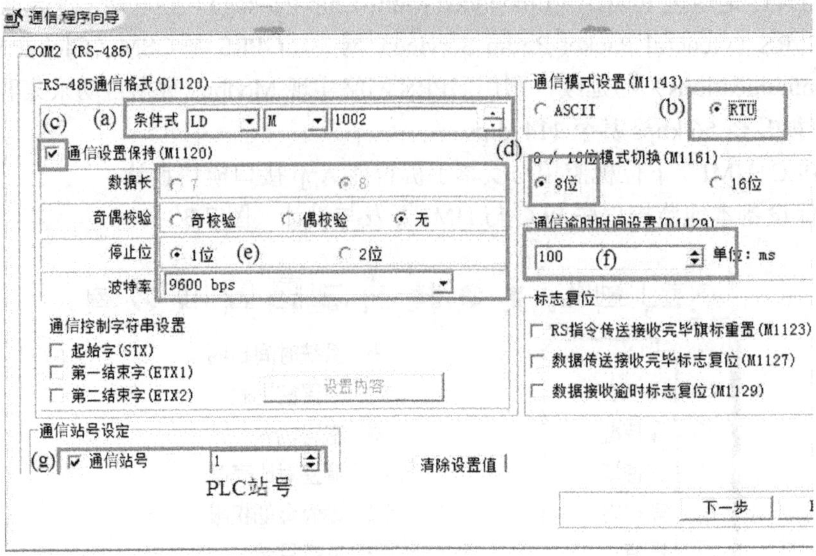

图 7-41　通信程序向导窗口

a）条件式：LD M1002（M1002 下降沿有效）。

b）COM2 串口 RS-485 通信协议（Protocol）控制装置 M1143：

M1143 = 0，ASCII（American Standard Code for Information Interchange）；

M1143 = 1，RTU（RemoteTerminalUnit）。

c）通信设置保持控制装置 M1120：

M1120 = 0，不保持；

M1120 = 1，保持。

d）8/16 位模式切换控制装置 M1161：

M1161 = 0，16 位；

M1161 = 1，8 位。

e）停止位 = 1，波特率 = 9 600（写 D1121）。

f）通信逾时时间设置，100 ms（写 D1129）。

g）Android Mobile 下位机（PLC）的 modbus 从站号设置（可在"WPLSoft 2.42"新建工程文件时确定）。

h）点击"下一步"进入通信程序向导第二页（图 7-42）。

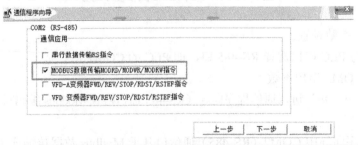

图 7-42　通信程序向导第二页窗口

i) 点击"下一步"进入通信程序向导第三页（图 7-43）。

图 7-43　通信程序向导第三页窗口

点击"完成"按钮，自动生成下位机（PLC+HMI）与 Android Mobile 的 RS-485 通信程序模块：

LD M1002

AND MOV D1120 H81　//RS-485 通信模式

AND SET M1120　　　　//通信设置保持控制装置

AND SET M1143　　　　//RS-485 通信协议控制（M1143 = 1，RTU）

AND SET M1161　　　　//8/16 位模式切换控制（M1161 = 1，8 位）

AND MOV D1129 K100 //通信逾时时间设置 100 ms

AND MOV D1121 K1　//停止位设置写 D1121

END　　　　　　　　　//程序结束

3）EMCP 云平台设置组态参数接口设置。

①用账号登录 EMCP 平台 www.lfemcp.com。

a）点击右上角的"后台管理"按钮（图 7-44）。

图 7-44　EMCP 物联网云平台

b）进入 EMCP 平台的后台管理后，再点击右上角"+绑定"（图 7-45）。

图 7-45 DTU 接口硬件与云平台绑定

c）模块绑定参数设置。

输入 DTU 的 SN 码（GM10-DTU 序列号）（图 7-46）。

图 7-46 DTU 的 SN 码

输入 DTU 的密码。

②点击"远程配置"操作打开"远程配置"窗口（图 7-47～图 7-50）：状态信息（a）、串口设置（b）、短信设置（c）、Modbus 设置（d）、AT 指令（e）5 项信息编辑对话框，建议先 DTU 的"读取"再"写入"配置，只有写入成功后，才表示该参数成功配置到 DTU 中，"写入"DTU 后，可以"读取"以检查之前配置的操作是否成功。

a）状态信息

图 7-47 是 DTU 接口硬件的状态信息，其中包括（f）"远程配置"操作热点菜单、（g）模块后台导航、（h）"+绑定"。

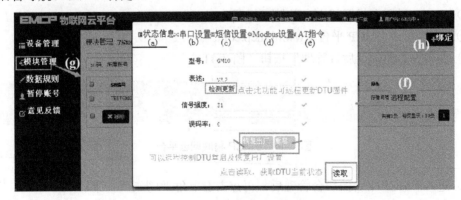

图 7-47 DTU 接口硬件的状态信息（a）

b）串口设置。

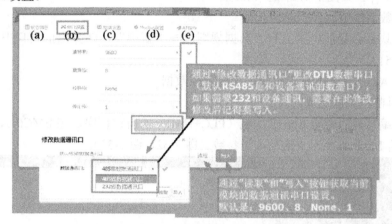

图 7-48　DTU 接口硬件的通信串口设置（b）

c）短信设置。

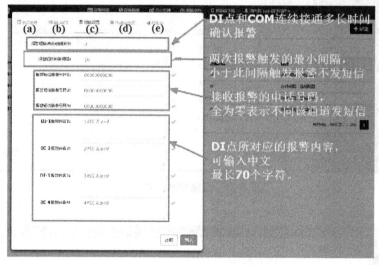

图 7-49　DTU 接口硬件的短信设置（c）

d）Modbus 设置。

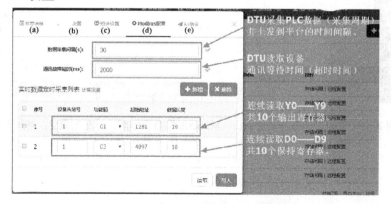

图 7-50　DTU 接口硬件的 Modbus 设置（d）

e）AT 指令，如图 7-47 中的（e）。

③创建数据规则。

点击模块后台导航中第三行"数据规则"→"新增"，在弹出的窗口中设置该数据规则（图 7-51）。

④配置 Android Mobile 上位机的实时监控数据。

a）实时监控数据配置。

根据已编写好的智能 App 下位机（PLC+HMI）的监控程序，在 EMCP 云平台上配置 PLC-DTU 的 Modbus 点对点通信通道参数（图 7-52、图 7-53）。

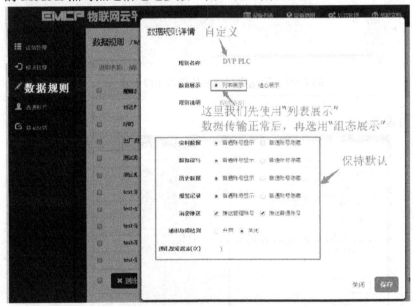

图 7-51　数据规则创建窗口

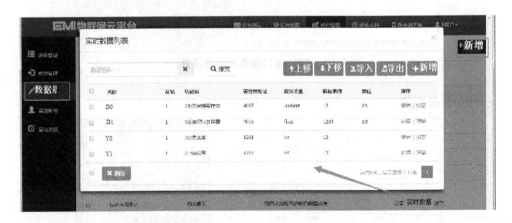

图 7-52　实时监控数据配置窗口（Modbus 配置页详解：详见附录 2、附录 3）

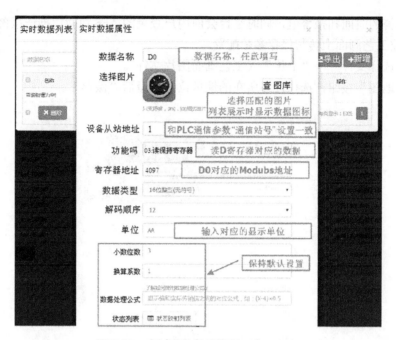

图 7-53 实时监控数据配置（表 7-24）

表 7-25 Delta PLC 本地寄存器与功能码

DTU 配置功能码	DVP-PLC 内部地址
01	S，Y，T，M，C
02	X
03	T（word），C（word），D
04	无

b）报警设置。

在已经创建好的实时数据中，点击对应数据的"报警"选项（图 7-54）。

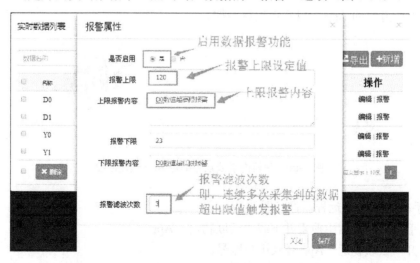

图 7-54 实时监控报警设置

设置报警的时间和报警值，同时平台会向用户登录的 App 和微信推送报警消息。

c）监控工艺画面上传与保存参数配置。

点击"选择文件"→"上传"（工艺画面图片文件）。

点击"地图"按钮，选择设备所在的地理位置，最后"保存"。

图 7-55　环保设备监控工艺图上传与保存

⑤新增智慧设备。

a）点击导航菜单"设备管理"→"新增"，新建一个设备"PLC"（图 7-45）。

b）输入要绑定的另一个 DTU 的 SN 编码（图 7-46）。

c）重复（3）①a）至（3）④c）的操作（图 7-45、图 7-46）。

（3）在 Android Mobile 手机上发布智能 App

1）手机微信公众号绑定 App 远程监控（图 7-56）。

①在手机公众号中搜索 EMCP 物联网云平台并关注。

②进入公众号点击"用户认证"→"账号绑定"。

③进入所开发的 App 即可实现远程监控。

图 7-56　手机微信公众号绑定 App 远程监控

2）手机 App 实现远程监控（图 7-57）。

①在手机应用商店中搜索并下载"云联物通"App。

②打开"云联物通"App 登录用户账号。

③进入所开发的 App 即可实现远程监控。

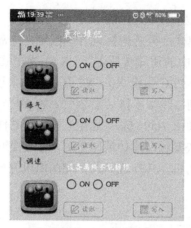

图 7-57　氧化堆肥远程监控手机智能 App 界面

7.6　项目六　基于 PLC+EMCP 云的智慧浮岛设计

　　智慧生态浮岛技术起步于 20 世纪 80 年代，利用丝瓜、水雍菜、水芹菜与其他花卉和蔬菜经济作物处理污水，净化效果良好，经济性也比较高；随后，人们采取示踪法研究美人蕉与菖蒲生态浮岛对净化水质的效果，结果表明，对磷的去除率分别为 28.7%、29.5%，对氮的去除率分别为 27.9%、31.8%，植物对水质具有一定的净化效果。

　　基于 PLC+EMCP 云的智慧浮岛不但可以动态净化水域，立体化的智慧浮岛同时可增加一定的大气碳汇功能。

　　（1）智慧浮岛及 PLC 电气 CAD 设计

　　1）浮岛布局。

　　本节中的智慧浮岛采用四驱动、八方位自动避障多个传感器检测浮岛本地环境变量，其结构布局见图 7-58，其中 1～4 号为四驱动的 4 个直流电机，5～12 号为 8 个方位的红外感应避障接近开关；另外，中间 13 号部分为浮岛的硬件电路，包括 PLC 主机、AD 转换模块、GPS 定位模块、EMCP 云的 GM10-DTU 数据传输单元模块、温度湿度光照度 pH 检测传感器以及电源模块接线端子等。

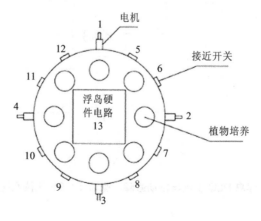

图 7-58　智慧浮岛整体布局

2）浮岛自动避障、驱动及 GPS 定位的 PLC 电气控制。

本设计采用 8 个 24V 光电式红外感应接近开关围绕在浮岛的四周布设完成八方位的自动避障的信号采样（图 7-59 中的避障传感器 1～8），光电式红外感应接近开关采样信号（图 7-59 中的黑色信号线）经 PLC 主机 X0～X7 开关量输入引脚、以灌电流方式［PLC 主机的 S/S 选择端子选择连接到接线端子排（图 7-61）的 0V 端子上］进入 PLC 主机，其工作电源连接 24V 电源模块上（图 7-59"棕+"连电源模块上 24V，"蓝-"连电源模块上 0V）。其实现的作用是当智慧浮岛快要触碰岸边或暗礁时，进入接近开关的范围，传输到 PLC 主机，停止接近开关相对的电动机，其接近开关一侧的电机开始旋转，从而避免与暗礁与岸边的触碰。

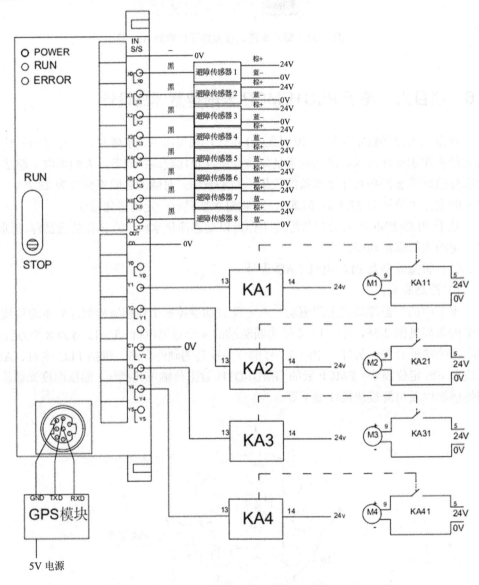

图 7-59　浮岛 PLC 主机与自动避障、驱动及 GPS 定位系统的连接图

①PLC 四驱系统。

如图 7-60 所示，采用两个 NO 和两个 NC 的中间继电器（KA1～KA4）与 4 个 24V 电机共同组成智慧浮岛的驱动系统。使用 PLC 的可编程继电器输出 Y1、Y2、Y3、Y4 引脚，C1 公共端接 0V，中间继电器（图 7-60）的 13、14 脚为线圈的 24V 电源接线端子，其中，KA1～KA4 的 13 脚分别接 PLC 主机的 Y1～Y4 可编程继电器开关量输出端，14 脚连接端子排（图 7-61）的 24V 电源；9 和 5 脚为继电器的常开开关，9 脚连接电机的正极，5 脚连接端子排的 24V 电源的正极。PLC 主机的 Y1～Y4 可编程继电器开关量输出的公共端 C0、C1 以及 4 个电机的负极均连在端子排电源参考地 0V。

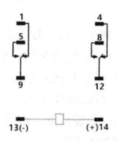

图 7-60　中间继电器 CDZ9-52P

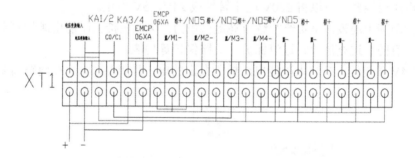

图 7-61　硬件系统接线端子图

②GPS 定位系统。

本设计中浮岛的实时位置由一个 GPS 模块进行经纬度信息定位并采用广播方式，经 RS232 串口将信号定位数据信息传输给 PLC 主机。如图 7-59 所示，GPS 模块的 GND 脚接 PLC 主机通信端口的 8 脚，TXD 脚接 PLC 主机的 5 脚，RXD 脚接 PLC 主机的 4 脚，GPS 的电源接 5V 直流电源。

3）浮岛 EMCP 云监控设计。

EMCP 云 GM10-DTU 模块与 PLC 主机接口：

如图 7-62 所示，EMCP 云模块的 485A 端口接 PLC 主机 RS485 端口的正极（+），485B 接负极（−），PLC 主机接 24V 电源。

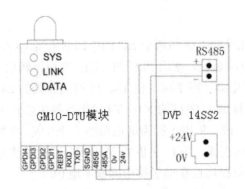

图 7-62　GM10-DTU 模块与 PLC 主机 DVP14SS211R 接口

　　GM10-DTU 是用于 EMCP 物联网云平台连接下位设备所用的 GPRS 网关，GM10-DTU 利用 GPRS 网络实现 Modbus 数据自动采集和传输，配置参数灵活，运行安全稳定，适合于恶劣的工业现场。用户通过 EMCP 物联网云平台远程进行简单配置就可以完成设备到 EMCP 物联云平台的可靠数据通信，GM10-DTU 作为 MODBUS 主站，可灵活地实现最多 4 个 MODBUS 子设备的接入，工程安装简单。适用于各种 MODBUS IO 模块、PLC、MODBUS 仪表或串口设备的远程联网与控制。

　　4）浮岛绿色低碳电源模块集成设计。

　　浮岛绿色低碳电源模块集成设计如图 7-63 所示。

　　（a）为电压变换器，可以将 220V 电压转换成 24V、5V 电压。

　　（b）为太阳能电池板，负责给智慧浮岛提供电力，电池板接太阳能电源控制器，可以保护蓄电池，有防止过充过放、过流保护、短路保护等功能。

　　（c）为 24V 蓄电池，接收太阳能电池板所发出的电，并储存起来，在电路需要的时候提供电力。

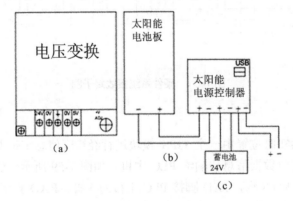

图 7-63　浮岛电源模块

　　5）浮岛环境变量采样模块（DVP 06XA）。

　　图 7-64 为浮岛环境变量采样模块，PLC 主机的 I1 输入正电流端口与光照度传感器的正极相连，负极与 PLC 主机输入的 COM1 公共端相连接，光照度传感器的棕黑线分别连 24V 电源的正极与负极。温度变送器正极连接 24V 电源的正极，负极连接公共端 COM2，PLC 主机的 I2+端口连接 24V 电源的负极，温度变送器的右边接温度传感器 Pt100，温度

传感器测得温度后经过温度变送器，最终传送到 PLC，PLC 主机连接 24V 电源。

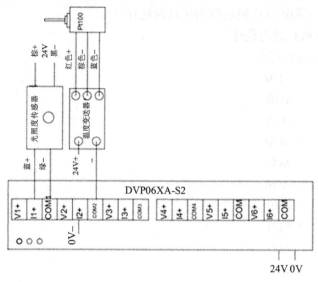

图 7-64 浮岛环境变量采样模块（DVP 06XA-S2）

6）智慧浮岛设计器件选型。

根据智慧浮岛实际布局及监控结构，本设计的器件选型见表 7-26。

表 7-26 智慧浮岛的器件选型

序号	器件名	规格与型号	数量
1	浮岛浮板	泡沫板	2 块
2	15 位接线端子	TD1515	1 个
3	24V 直流电机	JGB37-545	4 个
4	电机联轴器		4 个
5	24V 蓄电池		1 块
6	24V 太阳能电池板		1 块
7	24V 中间继电器	CDZ9-52P	4 个
8	24V 光电式红外感应接近开关	E3F-DS30P1	8 个
9	Pt100 温度传感器铂热电阻		1 个
10	Pt100 温度变送器 SBWZ		1 个
11	4～20 mA 光照度传感器		1 个
12	台达 DVP PLC-14SS2 模块		1 个
13	GPS 模块		1 个
14	EMCP 云模块	GM10-DTU	1 个

（2）智慧浮岛的物联网+智慧监控流程

智慧浮岛的物联网+智慧监控系统包括图 7-65 所示四大部分，浮岛的周围由 4 个电机与 8 个光电式红外感应接近开关组成，实现浮岛的避障系统。浮岛的中间为浮岛的电路部分，岛的上面覆盖培养的植物。

图 7-65 智慧浮岛的四大部分

图 7-65 为智慧浮岛的四大部分，分别为手机智能终端通过 EMCP 云物联网平台来控制 PLC 与 GPS 模块和由 PLC 模块控制浮岛的运行。

（3）智慧浮岛 PLC 参考程序

1）智慧浮岛的驱动程序。

0	LD	M30
1	SET	M40
2	LDI	M30
3	RST	M40
6	LD	M40
7	OR	M10
8	OUT	Y0
9	LD	M31
10	SET	M41
11	LDI	M31
12	RST	M41
15	LD	M41
16	OR	M11
17	OUT	Y1
18	LD	M32
19	SET	M42
20	LDI	M32
21	RST	M42
24	LD	M42
25	OR	M12
26	OUT	Y2
27	LD	M33
28	SET	M43
29	LDI	M33
30	RST	M43
33	LD	M43
34	OR	M13
35	OUT	Y3
36	LD	M34
37	SET	M44
38	LDI	M34
39	RST	M44
42	LD	M44
43	OR	M14
44	OUT	Y4

2）浮岛自动避障 PLC 程序。

290	LD	X0
291	OR	X1
292	OR	X2
293	SET	M10
294	LDI	X2
295	ANI	X0
296	ANI	X1
297	RST	M10
300	LD	X2
301	OR	X3
302	OR	X2
303	SET	M11
304	LDI	X4
305	ANI	X3
306	ANI	X2
307	RST	M11
310	LD	X4
311	OR	X5
312	OR	X6
313	SET	M12
314	LDI	X4
315	ANI	X4
316	ANI	X5
317	RST	M12
320	LD	X6
321	OR	X7
322	OR	X0
323	SET	M13
324	LDI	X0
325	ANI	X7
326	ANI	X6
327	RST	M13
330	END	

3）浮岛环境变量采样及线性化标定。

45	LD	M1000			
46	FROM	K0	K6	D20	K1
55	FROM	K0	K7	D22	K1
64	FROM	K0	K8	D24	K1

73	LD	M1000		
74	DEDIV	K6	K49900	D54
87	DEDIV	K1	K10	D50
100	DEDIV	K10	D54	D2
113	DESUB	D50	D2	D2
126	DEADD	D54	D2	D2
139	LD	M1000		
140	DEDIV	K6	K49900	D62
153	DEDIV	K1	K10	D58
166	DEMUL	K10	D62	D0
179	DESUB	D58	D0	D0
192	DEADD	D62	D0	D0
205	LD	M1000		
206	DEDIV	K6	K49900	D70
219	DEDIV	K1	K10	D66
232	DEMUL	K10	D70	D4
245	DESUB	D66	D4	D4
258	DEADD	D7	D4	D4

4）GPS 定位参数获取程序。

0	LD	M1000	
1	GPS	K0	D100
6	MOV	D100	D200
11	MOV	D101	D201
16	MOV	D102	D202
21	MOV	D103	D203
26	MOV	D105	D205
31	MOV	D106	D206
36	MOV	D108	D208
41	MOV	D109	D209
46	MOV	D110	D210
51	MOV	D111	D211
56	MOV	D112	D212
61	MOV	D113	D213
66	MOV	D115	D215
71	END		

（4）手机 App 参考设计

用管理员账号登录 EMCP 平台（www.lfemcp.com），对 EMCP 云平台进行设置。登录 EMCP 后首先进入设备列表显示页面，因为我们未创建任何设备，所以是一个空页面。点击右上角后台管理按钮，进入 EMCP 平台的后台。

1）远程配置 DTU。

打开"后台管理→模块管理"页面，将 DTU 绑定至此管理员账号，然后就可以使用"远程配置"功能来配置 DTU 的各项通信参数和功能参数。最主要有两个地方需要配置，一是与 PLC 通信参数串口参数，二是设置 DTU 定时采集 PLC 数据的 Modbus 通道参数，如图 7-66 所示。

图 7-66　绑定 GM10-DTU 模块

2）模块的远程配置。

远程配置最好先"读取"再"写入"，只有写入成功后才表示该参数成功配置到 DTU 中，写入后也可以读取以检查之前的操作是否成功。模块中只有在线后才可以进行远程配置。参照图 7-67。

图 7-67　GM10-DTU 远程配置

3）GM10-DTU 与 PLC 接口参数组态配置。

EMCP 云接口参数组态配置见图 7-68、图 7-69。

图 7-68　GM10-DTU 通信设置

图 7-69　GM10-DTU 数据采集

①设备从站号。

设备从站号为模块所连设备 MODBUS 从站地址（范围 1～255），此地址必须和 PLC 设置的 MODBUS 从站号一致，要认真查看从站侧的定义。例如，台达 PLC 站号 1、西门子 PLC 站号 2。

②功能码。

功能码为模块读取设备 Modbus 寄存区的标志符，见表 7-27。"功能码 01"对应"线圈"（0×××××），"功能码 02"对应"离散量输入"（1×××××），"功能码 03"对应"保持寄存器"（4×××××），"功能码04"对应"输入寄存器"（3×××××）。

表7-27 寄存器功能对应表

DTU配置功能码	PLC内部地址
01	S，Y，T，M，C
02	X
03	T（word），C（word），D
04	无

③起始地址。

起始地址为模块所连设备的 Modbus 寄存器读出的起始地址（不包含寄存区标识符），见书后附录2、附录3。

④数据长度。

数据长度为模块读取设备数据（M、Y、X、D等，见图7-69）的连续长度。

⑤DTU 从站。

标准 DTU 可连续设置多从站（最多4个 PLC 从站），可点击"新建"创建新子设备从站。

注：当 DTU 出现异常，如无法连接网络（不在线），或者无法与 PLC 正常通信，此时可以使用配置口（默认 RS232）连接 PC，使用"DTU 配置软件"来查看状态或者报警。

4）手机 App 组态程序设计。

监测系统在线状态进入 EMCP 云物联网平台：

①点击"后台设置→数据规则→画面组态→新增组态→组态编辑"，通过这几个步骤来使用组态编辑，展示组态对应数据的规则。

②点击组态，点击"画面组态"新增按钮（图7-70），创建一个子页面，完成后开始编辑画面组态。

图 7-70 创建手机 App 画面控制按钮组态

③给组态起一个标题，添加文本到指定的位置，编辑好后即已完成。

④点击"基本形状→添加圆形"，添加4个显示到指定的位置来标记8个方位4组自动避障的显示：

8、1、2侧方位自动避障显示，先选中所编辑的圆形，点击“填充颜色”（图7-71），再点击图7-71中的“选择变量”，在我们已经编辑好的实时数据中选择对应的避障显示（图7-72），完成后点击保存退出。下一步选择判断的条件，当没有采样到信号避障变量（“0”）时为红色；再下一步编辑“闪烁”（图7-73），选择的变量仍然是上面的信号避障变量，判断条件为触发“1”，当进入避障红外反射开关检测到障碍物（“1”）时，此时的填充图形绿色闪烁。

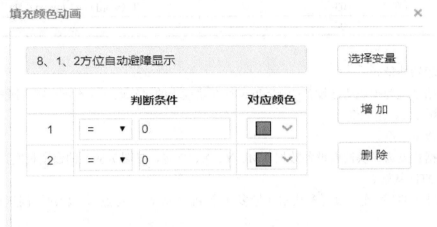

图7-71 创建图形“1/0”闪烁组态

选择实时数据

数据名称 搜索

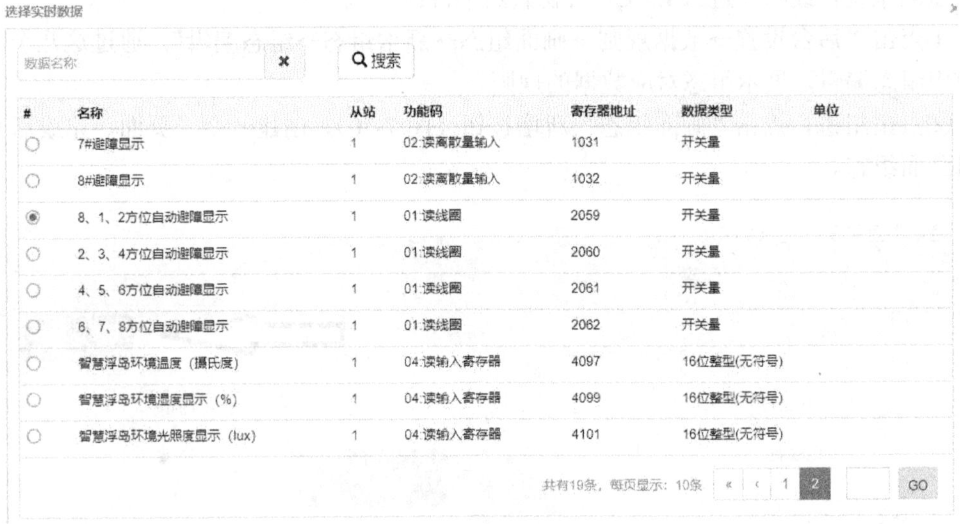

#	名称	从站	功能码	寄存器地址	数据类型	单位
○	7#避障显示	1	02:读离散量输入	1031	开关量	
○	8#避障显示	1	02:读离散量输入	1032	开关量	
◉	8、1、2方位自动避障显示	1	01:读线圈	2059	开关量	
○	2、3、4方位自动避障显示	1	01:读线圈	2060	开关量	
○	4、5、6方位自动避障显示	1	01:读线圈	2061	开关量	
○	6、7、8方位自动避障显示	1	01:读线圈	2062	开关量	
○	智慧浮岛环境温度（摄氏度）	1	04:读输入寄存器	4097	16位整型(无符号)	
○	智慧浮岛环境湿度显示（%）	1	04:读输入寄存器	4099	16位整型(无符号)	
○	智慧浮岛环境光照度显示（lux）	1	04:读输入寄存器	4101	16位整型(无符号)	

共有19条，每页显示：10条 « ‹ 1 2 GO

图7-72 避障显示选择变量

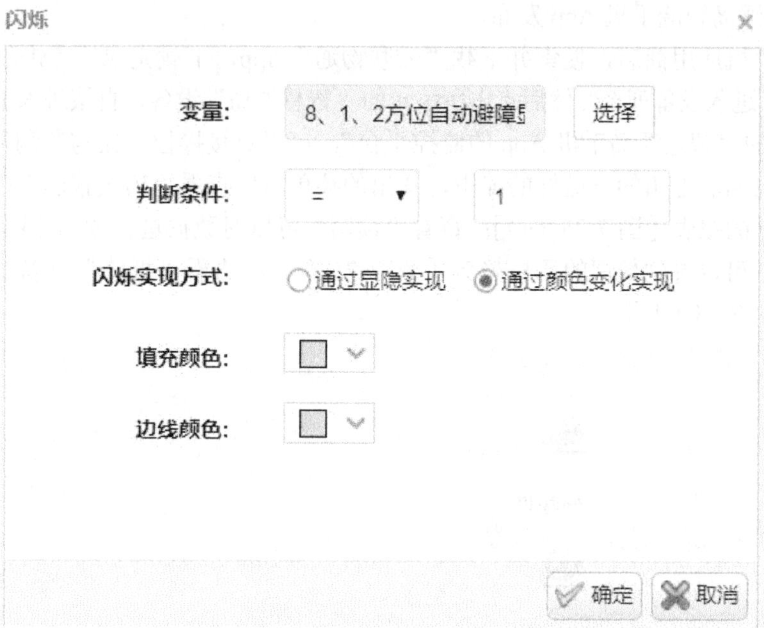

闪烁

变量:　8、1、2方位自动避障 | 选择

判断条件:　= ▼ | 1

闪烁实现方式:　○ 通过显隐实现　◉ 通过颜色变化实现

填充颜色:　□ ∨

边线颜色:　□ ∨

✓ 确定　✗ 取消

图 7-73　避障闪烁

⑤点击添加 3 个"数显框"绑定相对应的温度、湿度、光照度变量的显示，智慧浮岛运行时，可以直白地观察当前的实时数据。

⑥在温度、湿度、光照度等变量的下方添加相对应的曲线图，并绑定对应的变量，可以直白地观察在一段时间内的浮岛的参数变量。

⑦添加 4 个驱动的启停按钮，绑定相对应的 4 驱操作变量。

⑧完成组态的设计，调整组态的整体布局，尽量布局工整美观、操作方便（手机监控界面如图 7-74 所示）。

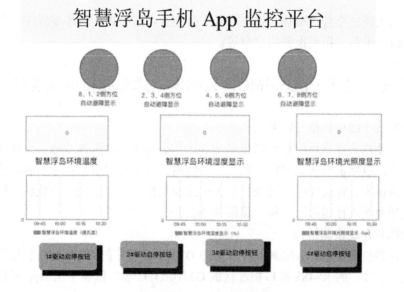

图 7-74　智慧浮岛手机 App 监控平台

5）智慧浮岛智能手机 App 发布。

①进入手机应用商店，搜索并下载"云联物通"App，下载完成后点击进入，绑定用户名与密码，进入设备列表，然后点击所编辑的"智慧浮岛"设备，直接进入组态设计的如图 7-74 所示的"智慧浮岛手机 App 的监控平台"，可以直接操控按钮与监测环境的变量。

②点击页面右上角的三道杠的编辑，弹出的菜单可以查看"历史报表"（图 7-75）中历史储存数据的报表 [图 7-75（a）]；查看"读写"可以对数据进行读写 [图 7-75（b）]；查看"曲线"可以看到数据的历史趋势 [图 7-75（c）]；查看"报警"可以看到该设备的报警记录 [图 7-75（d）]。

(a) 历史报表   (b) 读写数据   (c) 曲线   (d) 报警记录

图 7-75　编辑菜单

③在微信关注公众号"EMCP 物联网云平台"上，按照提示一步步绑定平台账号，即可使用微信监控设备，接受报警的信息等。

7.7　项目七　基于 PLC+EMCP 云的便携式在线检测仪设计

（1）便携式在线检测仪分解结构

本设计中便携式在线检测仪可以提供面向大气、污水、垃圾渗滤液、土壤等的多环境介质检测功能，包括机电传动结构、弧形运输轨道、背景片组单元托举板轨、背景片组单元空工位检测机构、背景片组单元进样到工位控制机构、入样准确定位机构、检测采样空间清洗结构和便携式在线检测结构，见图 7-76。

（2）便携式在线检测结构

便携式在线检测结构，由检测现场本地的 DVP PLC、与 PLC 特定 DI 相连接的检测信号变换电路、与 PLC 的 RS485 接口相连接的 GM10-DTU 模块以及手机 App 智能终端组成（图 7-76）。

1）与 PLC 特定 DI 相连接的检测信号变换电路，是一个 555 振荡电路，其振荡电容器就是权利 1 所述的固定在采样信号输出侧螺旋测微计的平行板电容器，该电容器 2 片极板外侧焊接引出的 2 根检测信号输出导线，与 555 振荡电路的振荡电容器接口相连接，在不同的载样片、不同的电介常数 ε、不同振荡电容 C 下，555 振荡电路输出不同频率的脉冲信号。

2）PLC 特定 DI，是 DVP PLC 的 X0 输入口，可采样高频脉冲进入 PLC 主机，基于 555 振荡电路输出不同频率的脉冲信号，通过控制变量法，可进行多种被检测环境标量的程控标定。

3）与 PLC 的 RS485 接口相连接的 GM10-DTU 模块，把 PLC 主机程控标定好的被检测变量或检测仪运行状态变量，经 RS485 接口进入 GM10-DTU 模块，通过 GM10-DTU 模块的天线运程发送至 EMCP 云平台，也可将所述的手机 App 智能终端的控制指令或调节设置变量，经过 GM10-DTU 模块、RS485 接口进入 PLC 主机，实现远程遥控检测仪本地执行器或远程遥调检测仪器的本地现场调节参量。

4）手机 App 智能终端，是基于 GM10-DTU 模块在线方式，在 EMCP 云平台环境组态开发区组态开发的手机版的检测与控制平台系统，即便携式在线检测仪的显示和控制终端。

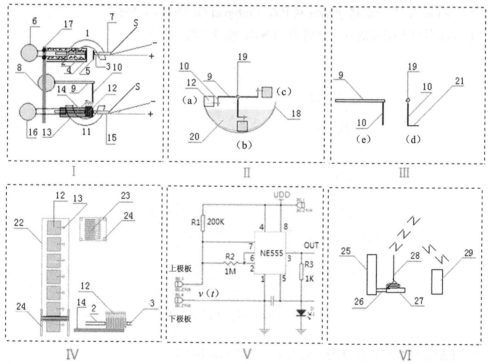

1—采样信号输出侧螺旋测微计；2—测微螺杆侧运动极板；3—小砝；4—测微螺杆侧运动极板；5—小砝侧极板；6—采样信号输出侧螺旋测微计的测微螺杆驱动步进电机；7—24VDC 光电式红外感应接近开关；8—背景片、载样片获取与检测入样连杆驱动步进电机；9—背景片、载样片获取与检测入样连杆；10—背景片、载样片获取与检测入样连杆钩针固定杆；11—背景片侧螺旋测微计；12—背景片；13—钩环；14—测微螺杆；15—24VDC 光电式红外感应接近开关；16—背景片侧螺旋测微计的测微螺杆驱动步进电机；17—反动极板驱动弹簧、固定端及支架；18—弧形运动轨道；19—背景片、载样片获取与检测入样连杆时钟侧图；20—被检测水介质；21—钩针；22—背景片组单元输送通道；23—背景片组单元输送通道俯视图；24—固定结构；25—DVP PLC；26—RS485 总线接口；27—GM10-DTU 模块；28—GM10-DTU 天线；29—手机。

图 7-76 便携式在线检测仪分解结构

7.8　项目八　单片机+OneNET 云+手机智能 APP 典型监控系统

采用 STC12C5460S2 与支持 4G 的 GSM（Global System for Mobile Communications）/GPRS（General Packet Radio Service）模块 SIM900A，共享免费的 OneNET 云，可以凭借该云以更加低廉的成本，进行基于物联网 plus 手机智能 App 监控接口的环保设备系统设计与开发。

7.8.1　在 OneNET 云端搭建物联网 IOT 平台

（1）OneNET 云

云计算基础设施包括网络、服务器、操作系统、存储等，其三种服务模式分别为：IaaS（Infrastructure-as-a-Service）、PaaS（Platform-as-a-Service）和 SaaS（Software-as-a-Service）。IaaS 是基础设施服务，PaaS 是平台服务，SaaS 是软件服务。

与 EMCP（Embedded Multi-Chip Package）物联网云平台不同，OneNET 是中国移动打造的 PaaS 物联网开放平台，该平台能够让开发者轻松实现设备接入与连接，快速完成产品开发部署，为智能硬件、智能家居产品提供完善的物联网解决方案。

（2）在 OneNET 云端搭建物联网 IOT（Internet Of Things）平台

1）以注册个人账号的方式注册 ONENET 账号（图 7-77）。

图 7-77　OneNET 云端个人注册

2）注册登录后在首页点击"开发者中心"（图 7-78）。

图 7-78　进入开发者中心页面

3）点击"创建产品"。

添加准备进行测试的产品大类。

7.8.2　GSM/GPRS 信息进入 IOT 平台构建物联网 plus

SIM900A 模块（SMT 封装、ARM926EJ-S 架构）（图 7-79），支持 GSM/GPRS 900/1 800MHz，可以基于不同客户设备通过 AT 命令进行二次开发，可广泛应用于车载跟踪、车队管理、无线 POS、手持 PDA、智能抄表与电力监控等众多方向。功耗低，待机模式电流低于 18 mA，sleep 模式低于 2 mA，供电范围广，为 3.2～4.8V。

（1）配套软件

1）USB 转串口芯片 CH340；

2）USB 串口驱动；

3）串口调试助手；

4）汉化 Unicode 互换工具。

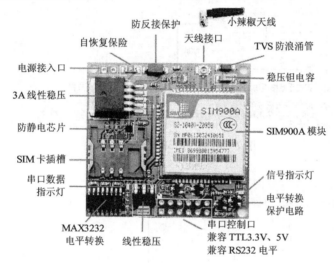

图 7-79　SIM900A 接口模块

（2）用串口调试助手发送 SIM900A 的 AT 指令数据包

SIM900A 接口模块的 AT 指令数据包见图 7-80。

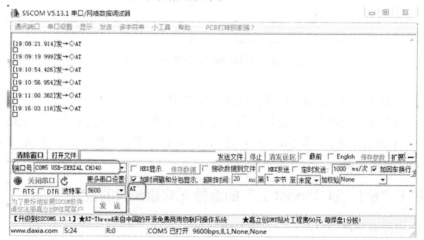

图 7-80　SIM900A 接口模块的 AT 指令数据包

7.8.3 STC12C5460S2 与 SIM900A 接口

（1）重构 STC12C5460S2 系列芯片的头文件

1）在 STC 官网 www.STCMCU.com 下载其头文件并拷到 Keil μVision 4 的工作目录中；

2）打开 STC-ISP-V6.85 仿真器（图 7-81），在 Keil μVision 4 设备库中添加 STC 的 MCU 型号（图 7-82）。

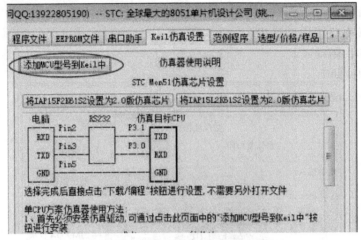

图 7-81　STC-ISP-V6.85 仿真器

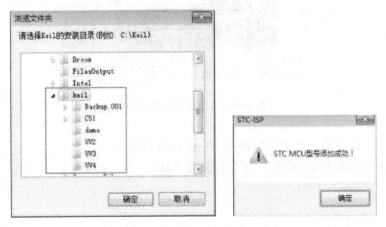

图 7-82　STC MCU 型号添加成功

（2）设计 SIM900A 的 AT 指令数据包的 STC MCU 解码程序

将基于 STC12C5460S2 系列芯片的环保设备监控数据，设计为其串口子程序，解码设计成 SIM900A 的 AT 指令数据包，通过 STC12C5460S2 串口中断方式，借助 SIM900A 模块，进驻 OneNET 云端。

7.8.4 基于"单片机+Onenet 云"的血糖无痛检测仪的设计

（1）无痛检测原理

用吸附性材料介质薄片采样检测者口气，并将该载气薄片作为可极板动态封装的平行板电容器的可更换介芯（图 7-83），再将该双动模式的电容器作为 555 振荡器的起振电容器（图 7-83），不同的载气介芯会使该双动电容器具有不同的介电常数 ε，进而动态改变了 555 振荡器的起振电容器电容 C，555 振荡器不同的输出脉冲进入检测调理电路与标定系统，最终达成检测者血糖的无痛检测。

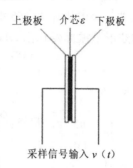

上极板　介芯ε　下极板

采样信号输入 $v(t)$

图 7-83　无痛血糖检测仪核心部件——双动电容器基本结构

如图 7-83 所示，将载有检测者口气的介芯放到电容器的两个平行极板间，则双动平行板电容器的电容可表示为

$$C = \frac{\varepsilon A}{d} \tag{7-18}$$

式中，C——平行板电容器的电容，F；

　　　ε——介电常数，F/m；

　　　A——平行板的面积，m^2；

　　　d——平行板间距离，m。

每次更换载气介芯，都会触发 555 振荡器产生充、放电激励，其充电电流可表示为：

$$i_C = \frac{dq}{dt} = C\frac{dv}{dt} \tag{7-19}$$

式中，q——极板上储存的瞬时电量；

　　　v——单片机采样的图 7-83 所示的平行板 3 个极板上的瞬时电压 $v = v(t)$。

电容器的电路模型可表示为漏电电阻 R 和电容器 C 并联的结构，应用基尔霍夫电流定律，充电电流 i_C 和漏电电阻电流 i_R 满足下列方程：

$$i_C + i_R = C\frac{dv}{dt} + \frac{v - V_S}{R} = 0 \tag{7-20}$$

式中，V_S——$v = v(t)$ 稳态过程达到稳态时电压值。

式（7-20）可变形为

$$\frac{dv}{dt} + \frac{v}{RC} = \frac{V_S}{RC} \tag{7-21}$$

解式（7-21）微分方程可得

$$v(t) = \begin{cases} V_0 & , \ t < 0 \\ V_S + (V_0 - V_S)e^{-t/\tau}, & t > 0 \end{cases} \tag{7-22}$$

式中，V_0——平行板瞬时电压 $v = v(t)$ 经过充放电稳态过程时的初值 $[V_0 = v(0^-) = v(0^+)]$，

电容器上放电时间常数 $\tau = RC$，当 $V_S = 0$ 时，放电电压 $v(t) = V_0 \mathrm{e}^{-t/\tau}$。

根据式（7-20）充电模型，刚开始充电时，充电电流很大，V_S 大部分落在充电电阻 R 上，电容器两端的电压很小，随着充电过程的进行，充电电流越来越小，电容器两端的电压越来越大，充电结束时达到最大，该电压作为 555 振荡器的输入 $v(t)$（图 7-84），充放电电压 $v(t)$ 在一个脉冲周期内的波形及振荡器输出 OUT 的电平脉冲 u_0 如图 7-85 所示。

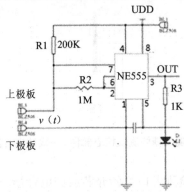

图 7-84 无痛血糖检测仪检测信号采样电路（$V_S = \mathrm{UDD} = 5\mathrm{V}$）

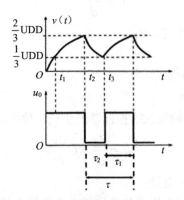

图 7-85 555 振荡器输出 OUT 的高频脉冲 u_0

根据图 7-84，可得对应图 7-85 的充电时间常数：

$$\tau_1 = (R_1 + R_2)C\ln 2 \approx 0.7(R_1 + R_2)C \tag{7-23}$$

放电时间常数：

$$\tau_2 = R_1 C \ln 2 \approx 0.7 R_1 C \tag{7-24}$$

（2）无痛检测仪检测、调理与便携式在线显示电路

1）信号 CAPx 采样与高精度调理接口电路。

信号 CAPx 采样与高精度调理接口电路单元见图 7-86。

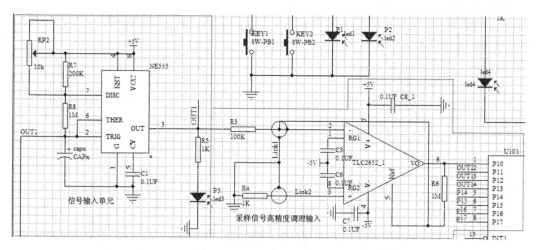

图 7-86　信号 CAPx 采样与高精度调理接口电路单元

2）采样电容器 CAPx 零点（上、下极板短路）复位输入电路单元（图 7-87）。

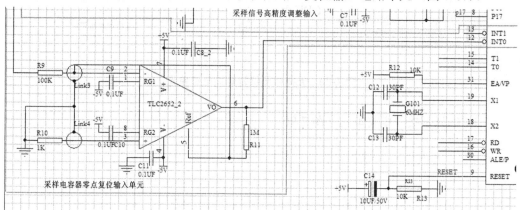

图 7-87　采样电容器 CAPx 零点（上、下极板短路）复位输入电路单元

3）电源去噪及指示电路单元（图 7-88）。

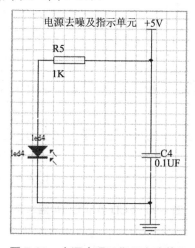

图 7-88　电源去噪及指示电路单元

4）调理信号、CAPx 过零复位以及标定信号与手机 App 在线显示接口（SIM900A）电路单元，见图 7-89。

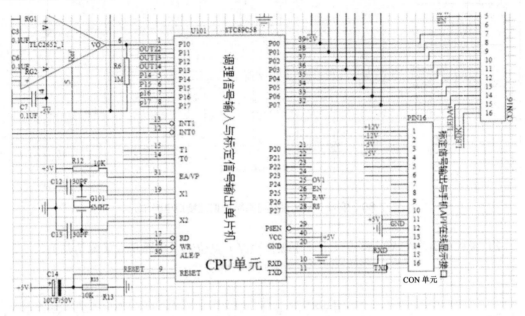

图 7-89　无痛检测仪智能核电路单元

5）LCD 显示接口电路单元（图 7-90）。

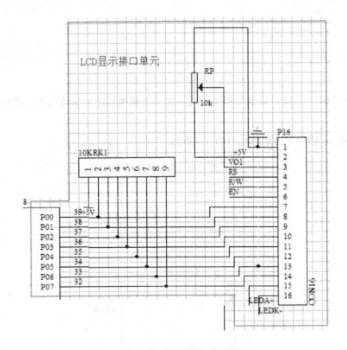

图 7-90　LCD 显示接口电路单元

6）App 控制与本地控制输入接口电路单元（图 7-91）。

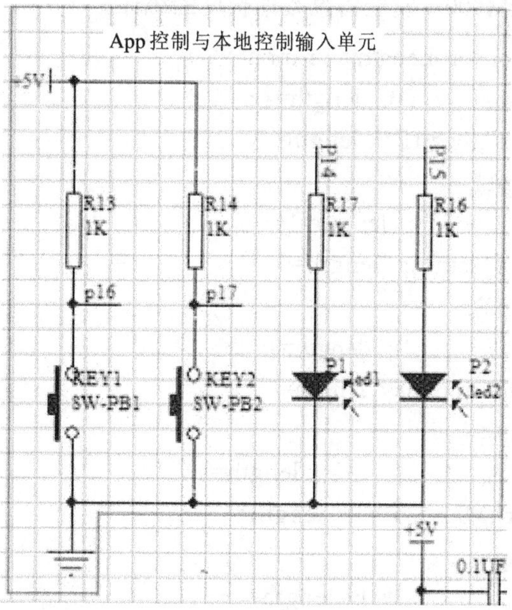

图 7-91 App 控制与班底控制输入接口电路单元

（3）高精度调理接口电路中运放保护环（Guard Ring）

为了提高检测信号检测精度，在弱信号放大情况下，尤其是对弱电流放大的情况，在运放输入端增设 1 个保护环，可以有效抑制漏电电流对运放输入端造成的影响。

1）漏电电流。

在 PCB 板上，运放工作电压、信号电压或外界干扰电压与漏电电阻间形成的电流，即漏电电流。

2）漏电电阻。

在 PCB 板上，理想情况下，任何 2 个网络节点间的电阻称为漏电电阻。这个漏电电阻应该是无穷大的实际电阻，一般为几百兆或几 G 兆欧姆范围。

3）漏电电流的形成。

PCB 板材料、劣质的 PCB 走线层及 PCB 污染（PCB 板表层油污、助焊剂或电路板清洁剂、空气潮湿、酸碱性工作环境等），会形成漏电电流的路径。比如，5V 工作电源与运放输入脚间电压是 5V，由于 PCB 板污染，它们之间的漏电电阻为 100GΩ，则进入输入引脚的漏电干扰电流为 50 pA，这个数值比高精度运放的偏置电流大几十倍。所以必须在运算放大器的输入端增设抑制漏电电流的设计。

4）抑制漏电电流保护环（Guard Ring）设计。

图 7-86、图 7-87 中的高精度运算放大器 TLC2653-1、TLC2653-2 信号输入脚（PIN 2）和信号地间增设了保护环（Guard Ring），即图上的圆形圈，也就是设计 PCB 板时，在保护环的 PCB 板部分进行电源地的覆铜设计，来抑制 TLC2653-1 和 TLC2653-2 输入端漏电电流的干扰。

（4）SIM900A 的 AT 指令数据包的 STC MCU 解码程序

1）STC MCU 向 SIM900A 发送信息数据长度的统计。

```
strcat(send_buf,"Content-Length:82\r\n\r\n")
strcat(send_buf,"{\"longit\":");// length=4+6
sprintf(tmp1,"%3.6f",longit1); // length=10
strcat(send_buf,tmp1);
strcat(send_buf,",\"latit\":");// length=4+5
sprintf(tmp2,"%2.6f",latit1); // length=9
strcat(send_buf,tmp2);
strcat(send_buf,",\"Temp\":");///length=4+4
sprintf(tmp,"%3.1f",temphh); // length=5
strcat(send_buf,tmp);
strcat(send_buf,",\"MEAS_PV\":"); // length=4+7
sprintf(tmp,"%4.1f",MEAS_PV);// length=6
strcat(send_buf,tmp);
strcat(send_buf,",\"Cali_PV\":");// length=4+7
sprintf(tmp,"%1.1f",Cali_PV); // length=3
strcat(send_buf,tmp);
strcat(send_buf,"}\r\n\r\n");
46+10+4+5+9+4+4+5+4+7+6+4+7+3=82


strcat(send_buf,"Content-Length:88\r\n\r\n")

strcat(send_buf,"{\"ch0ADC Blood Glucose Concentration\":"); //length=4
ch0ADC Blood Glucose Concentration    //length=34
sprintf(ADC_VAL,"%4.1f",ch0_ADC_value);//length=6
strcat(send_buf,",\"PCA0 Blood Glucose Concentration\":");//length=4
PCA0 Blood Glucose Concentration   //length=32
sprintf(CAP_VAL,"%6.1f",PCA0CAPTURE);  //length=8

4+34+6+4+32+8=88
```

2）STC MCU 接收解码手机 App 监控平台发送给 SIM900A 的控制指令。

通过串口助手寻找接收数据中要解码的指令"0/1"值。

（5）STC15F2K06S2 单片机 10 位 ADC 显示小数位

显示数据保留到小数点后 2 位，在计算小数的时候，有个技巧，就是可以不用 float，直接利用整数来换算。

```
unsigned int   Value;
Value = Read_Adc（0）5/1024;
```

Read_Adc（0）读取 0 通道的 ad 值，返回值为 unsigned int。将最大量程类型的分辨率（$2^{10} = 1\,024$）作为基准，按照运算优先级顺序，先计算 Read_Adc(0)5 并且结果装入 unsigned int 类型，然后计算剩下的值除以 1024，结果也装入 unsigned int 类型，然后把这个传递给 Value。

例如，STC 单片机最高工作电压为 5V，AD 测出的值为 m，则电压值 X 为 5 m/1 024，如果按照普通的 unsigned int 来做这个运算，如果测得的 m 为 1 023 的话，结果就为 4，小数就直接被忽略了，所以测得的电压为整数，不含小数。所以我们想到了这样计算：50 m/1 024，如果测的 m 为 1 023，结果就为 49，那么再将它分开显示，加上小数点就行了。但是这是一位小数的情况，还不会出错，这是因为 m 最高为 1 024，则 50×1 024 = 51 200，不会超过其 unsigned int（65 535）的大小，但是两位小数的话，运算表达式为 500 m/1 024，则最高为 1 024×500 = 512 000，大于 unsigned int 的值，所以会出现错误。所以在这种计算的时候最好衡量一下最大值，强制转换，比如两位小数我们可以这样表达：（unsigned long）500 m/1 024，这样的话就可以计算了，并且计算时都是用 unsigned long 作为类型基准，还有一个需要注意的就是计算完后传递给 Value 的时候，一定要看一下 Value 能否将结果完整保存上，比如最高为 1 024 的时候，采用上述方法，最后计算出来的结果是 500，并且类型为 unsigned long，所以 Value 的类型至少都应该为 unsigned int 类型。

（6）物联网 plus 手机智能 App 监控环保设备系统

在 4G 手机上登录，就可以通过所连入的 OneNET 云端平台环保设备监控点位，监控环保设备系统。STC MCU 发送到 OneNET 云端的测试数据见图 7-92。

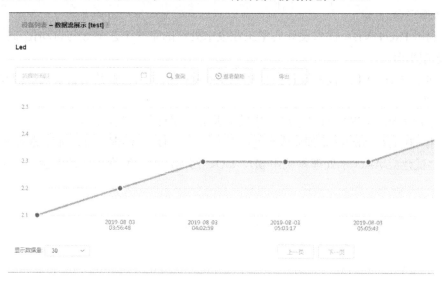

图 7-92　STC MCU 发送到 OneNET 云端的测试数据

7.9　环保工艺参量专家决策与软控优化

环保设备工程产业自动化的任务，是在了解熟悉环保设备工程处理工艺流程和运营过程中的净态、动态特性参数的基础上，根据以上环保设备工程产业自动化的需求，应用控制科学与控制理论，对控制系统进行分析和综合，采用适宜的手段与模型加以实现。因此，环保设备工程产业自动化，要满足：①环保设备工程产业自动化的条件；②良好的源负荷收集与输送系统；③科学合理优化的处理工艺设计；④性价比高的设备、传感器、监测仪表、执行器的选型与配置；⑤高水平的自动化控制系统。

环保设备的信息化、智能化与集成化设计，是现代环保设备发展的瓶颈，需要不断突破发展。

（1）高性价比的工艺智能部件的设计与开发

环保设备工程专业的技术人员可以采用上手快的 C51 单片机技术，设计开发各种经济型、高性价比的工艺智能部件接口，为环保工艺参量专家决策与软控优化提供基础数据。

（2）实现环保工艺参量软控优化整定

将专家决策与深度学习技术有效融合，实现环保工艺参量软控优化整定。利用各个智能部件采集到的工艺数据，构成原始基础数据矩阵，再采用相关专家决策系统或聚类算法等，进行工艺数据的优化，优化后的工艺数据再回馈给监控平台系统，依此规程，进行几轮的工艺参数学习，可弥补传统经验工艺参数监控的不足，最终实现环保设备处理系统排放达标的智慧监控。

课程设计

1. 利用 Excel+VBA 技术设计典型城镇污水处理的系统工艺参数与自动化监控设备系统器件选型平台。

2. 利用 Excel+VBA 技术设计典型工业废水处理的系统工艺参数与自动化监控设备系统器件选型平台。

3. 利用 Excel+VBA 技术设计典型烟气脱硫除硝系统工艺参数与自动化监控设备系统器件选型平台。

4. 请用 DVP 14SS2 设计出 7.3.3 中的高频脉冲采样与标定程序。

5. 用 STC12C5A60S2 系列完成水处理系统中 pH、DO、污泥浓度、浊度等采样设计。

6. 尝试建立 AAO 水处理系统中 pH、DO、污泥浓度、浊度等工艺参量的数学模型。

参考文献

[1] 陈家庆. 环保设备原理与设计[M]. 北京：中国石化出版社，2008.

[2] 郑铭. 环保设备——原理·设计·应用[M]. 北京：化学工业出版社，2001.

[3] 周敬萱. 环保设备及课程设计[M]. 北京：化学工业出版社，2007.

[4] 罗辉. 环保设备设计与应用[M]. 北京：高等教育出版社，2006.

[5] 刘朝霞，焦相卿. 仪表及自动化入门[M]. 北京：化学工业出版社，2008.

[6] 王洪斌，魏立新. 自动控制理论学习指导[M]. 大连：大连理工大学出版社，2008.

[7] 陈洪全，岳智. 仪表工程施工手册[M]. 北京：化学工业出版社，2005.

[8] 方大千. 实用继电器保护技术[M]. 北京：人民邮电出版社，2004.

[9] 周志祥，段建中，薛建明. 火电厂湿法脱销技术手册[M]. 北京：中国电力出版社，2006.

[10] Frank D，Petruzella. Programmable logic controllers[M]. 4th ed. Printer：R. R. Donnelley，2011.

[11] STC12C5A60S2 系列单片机指南（www. stcmcu. com）.